2015
교육과정

유형
+
내신

고쟁이

수학 〈상〉

유형 + 내신

고
쟁이

수학 개념과 원리를 꿰뚫는
내신 대비 집중 훈련서

고쟁이 끝에 내신 1등급이 온다!

중등

유형+심화
고쟁이

상위권을 위한
중등 우수 문제 선별

고등

유형+내신
고쟁이

1,000개 이상의
고등 내신 시험지
완벽 분석

실전+수능
고쟁이

수능 실전 대비
고난도 미니 모의고사

어 삼 쉬 사 Plus +

.수능필수.

유형 훈련서

—

수능에 출제되는 **37개 필수 유형** 분류
기출을 모티브로 제작한 **100% 신출 문항** (부록 짝기출 제공)
하루 **10문제**씩 **24일** 단기 완성

미적분

240제

어삼쉬사를 넘어 **1등급** 도전이 시작된다.

34

이투스북

| STAFF |

발행인 정선욱
퍼블리싱 총괄 남형주
개발·편집 김태원 김한길 이유미 김윤희 우주리
기획·디자인·마케팅 조비호 김정인 이연수
유통·제작 서준성 신성철

| 검토 |

김민정 김유진 오소현 김진솔 장인호

| 집필진 |

강정우 김명석 김상철 김성준 김원일 김의석 김정배
김형균 김형정 박상윤 박원균 유병범 이경진 이대원
이병하 이종일 정연석 차순규 최현탁

어삼쉬사 미적분 | 202310 제5판 1쇄　202411 제5판 3쇄
펴낸곳 이투스에듀㈜ 서울시 서초구 남부순환로 2547
고객센터 1599-3225　**등록번호** 제2007-000035호　**ISBN** 979-11-389-1808-4[53410]

유봉영	류선생 수학 교습소	이주희	고덕엠수학
유승우	중계탑클래스학원	이준석	목동로드맵수학학원
유자현	목동매쓰원수학학원	이지애	다비수수학교습소
유재현	일신학원	이지연	단디수학학원
윤상문	청어람수학원	이지우	제이 앤 수 학원
윤석원	공감수학	이지혜	세레나영어수학학원
윤수현	조이학원	이지혜	대치파인만
윤여균	전문과외	이진	수박에듀학원
윤영숙	윤영숙수학전문학원	이진덕	카이스트
윤형중	씨알학당	이진희	서준학원
은현	목동CMS 입시센터 과고반	이창석	핵수학 전문학원
이건우	송파이지엠수학학원	이충훈	QANDA
이경용	열공학원	이태경	엑시엄수학학원
이경주	생각하는 황소수학 서초학원	이학송	뷰티풀마인드 수학학원
이규만	SUPERMATH학원	이한결	밸류인수학학원
이동훈	감성수학 중계점	이현주	방배 스카이에듀 학원
이루마	김샘학원 성북캠퍼스	이현환	21세기 연세 단과 학원
이민아	정수학	이혜림	대동세무고등학교
이민호	강안교육	이혜림	다오른수학교습소
이상문	P&S학원	이혜수	대치 수 학원
이상영	대치명인학원 백마	이효준	다원교육
이상훈	골든벨 수학학원	이효진	올토수학
이서영	개념폴리아	임규철	원수학
이서은	송림학원	임다혜	시대인재 수학스쿨
이성용	전문과외	임민정	전문과외
이성훈	SMC수학	임상혁	양파아카데미
이세복	일타수학학원	임성국	전문과외
이소윤	목동선수학학원	임소영	123수학
이수지	전문과외	임영주	세빛학원
이수진	깡수학과학학원	임은희	세종학원
이수호	준토에듀수학학원	임정수	시그마수학 고등관 (성북구)
이슬기	예친에듀	임지우	전문과외
이승현	신도림케이투학원	임현우	선덕고등학교
이승호	동작 미래탐구	임현정	전문과외
이시현	SKY미래연수학학원	장석진	이덕재수학이미선국어학원
이영하	서울 신길뉴타운 래미안	장성훈	미독수학
	프레비뷰 키움수학 공부방	장세영	스펀지 영어수학 학원
이용우	올림피아드 학원	장승희	명품이앤엠학원
이용준	수학의비밀로고스학원	장영신	위례솔중학교
이원용	필과수 학원	장지식	피큐브아카데미
이원희	대치동 수학공작소	장혜윤	수리원수학교육
이유강	조재필수학학원 고등부	전기열	유니크학원
이유예	스카이플러스학원	전상현	뉴클리어수학
이유원	뉴파인 안국중고등관	전성식	맥스수학수리논술학원
이유진	명덕외국어고등학교	전은나	상상수학학원
이윤주	와이제이수학교습소	전지수	전문과외
이은숙	포르테수학	전진남	지니어스 수리논술 교습소
이은영	은수학교습소	전혜인	송파구주이배
이은주	제이플러스수학	정광조	로드맵수학
이재용	이재용 THE쉬운 수학학원	정다운	정다운수학교습소
이재환	조재필수학학원	정다운	해내다수학교습소
이정석	CMS 서초영재관	정대영	대치파인만
이정섭	은지호영감수학	정문정	연세수학원
이정한	전문과외	정민경	바른마테마티카학원
이정호	정샘수학교습소	정민준	명인학원
이제현	압구정 막강수학	정소흔	대치명인sky수학학원
이종운	알바트로스학원	정슬기	티포인트에듀학원
이종혁	강남N플러스	정영아	정이수학교습소
이종호	MathOne 수학	정원선	McB614

정유진	전문과외	한승우	같이상승수학학원
정은경	제이수학	한승환	반포 쌍솔학원
정재윤	성덕고등학교	한유리	강북청솔
정진아	정선생수학	한정우	휘문고등학교
정찬민	목동매쓰원수학학원	한태인	메가스터디 러셀
정하윤		한헌주	PMG학원
정화진	진화수학학원	허윤정	미래탐구 대치
정환동	씨앤씨0.1%의대수학	홍상민	수학도서관
정효석	서초 최상위하다 학원	홍성윤	전문과외
조경미	레벨업수학(feat.과학)	홍성주	굿매쓰수학교습소
조병훈	꿈을담는수학	홍성진	대치 김앤홍 수학전문학원
조수경	이투스수학학원 방학1동점	홍성현	서초TOT학원
조아라	유일수학학원	홍재화	티다른수학교습소
조아람	로드맵	홍정아	홍정아수학
조원해	연세YT학원	홍준기	서초CMS 영재관
조은경	아이파크해법수학	홍지윤	대치수과모
조은우	한솔플러스수학학원	홍지현	목동매쓰원수학학원
조의상	서초메가스터디 기숙학원,	황의숙	The나은학원
	강북메가, 분당메가	황정미	카이스트수학학원
조재묵	천광학원		
조정은	전문과외		
조한진	새미기픈수학	◇— 인천 —◇	
조현탁	전문가집단학원	강동인	전문과외
주병준	남다른 이해	강원우	수학을 탐하다 학원
주용호	아찬수학교습소	고준호	베스트교육(마전직영점)
주은재	주은재 수학학원	곽나래	일등수학
주정미	수학의꽃	곽현실	두꺼비수학
지명훈	선덕고등학교	권경원	강수학학원
지민경	고래수학	권기우	하늘스터디 수학학원
차민준	이투스수학학원 중계점	금상원	수미다
차용우	서울외국어고등학교	기미나	기쌤수학
채미옥	최강성지학원	기혜선	체리온탑 수학영어학원
채성진	수학에빠진학원	김강현	송도강수학학원
채종원	대치의 새벽	김건우	G1230 학원
최경민	배움틀수학학원	김남신	클라비스학원
최관석	열매교육학원	김도영	태풍학원
최동욱	숭의여자고등학교	김미진	미진수학 전문과외
최문석	압구정파인만	김미희	희수학
최백화	주은재 수학학원	김보경	오아수학공부방
최병옥	최코치수학학원	김연주	하나M수학
최서훈	피큐브 아카데미	김유미	꼼꼼수학교습소
최성용	봉쌤수학교습소	김윤경	SALT학원
최성재	수학공감학원	김응수	메타수학학원
최성희	최쌤수학학원	김준	쭌에듀학원
최세남	엑시엄수학학원	김진완	성일 올림학원
최엄견	차수학학원	김하은	전문과외
최영준	문일고등학교	김현우	더원스터디수학학원
최용희	명인학원	김현호	온풀이 수학 1관 학원
최정언	진화수학학원	김형진	형진수학학원
최종석	수재학원	김혜린	밀턴수학
최주혜	구주이배	김혜영	김혜영 수학
최지나	목동PGA전문가집단	김혜지	한양학원
최지선	직독직해 수학연구소	김효선	코다에듀학원
최찬희	CMS서초 영재관	남덕우	Fun수학 클리닉
최희서	최상위권수학교습소	노기성	노기성개인과외교습
편순창	알면쉽다연세수학학원	문초롱	클리어수학
하태성	은평G1230	박용석	절대학원
한명석	아드폰테스	박재섭	구월스카이수학과학전문학원
한선아	쌍솔학원 중계점	박정우	청라디에이블

<table>
<tr><td>박창수</td><td>온풀이 수학 1관 학원</td></tr>
</table>

박창수	온풀이 수학 1관 학원	김성민	수학을 권하다	김희주	생각하는수학공간학원

박창수 온풀이 수학 1관 학원
박치문 제일고등학교
박해석 효성 비상영수학원
박효성 지코스수학학원
변은경 델타수학
서대원 구름주전자
서미란 파이데이아학원
석동방 송도GLA학원
손선진 (주) 일품수학과학학원
송대익 청라 ATOZ수학과학학원
송세진 부평페르마
안서ⓒ Sun math
안예희 ME수학전문학원
안지훈 인천주안 수학의힘
양소영 양쌤수학전문학원
오상원 종로엠스쿨 불로분원
오선아 시나브로수학
오정민 갈루아수학학원
오지연 수학의힘 용현캠퍼스
왕건일 토모수학학원
유미선 전문과외
유상현 한국외대HS어학원 / 가우스
　　　　 수학학원 원당아라캠퍼스
유성규 현수학전문학원
윤지훈 두드림하이학원
이루다 이루다 교육학원
이명희 클수있는학원
이선미 이수수학
이애희 부평해법수학교실
이재섭 903ACADEMY
이준영 민트수학학원
이진민 전문과외
이필규 신현엠베스트SE학원
이혜경 이혜경고등수학학원
이혜선 우리공부
임정혁 위리더스 학원
장태식 인천자유자재학원
장혜림 와풀수학
장효근 유레카수학학원
전우진 인사이트 수학학원
정대웅 와이드수학
조민관 이앤에스 수학학원
조민기 더배움보습학원 조쓰매쓰
조현숙 부일클래스
지경일 팁탑학원
차승민 황제수학학원
채선영 전문과외
채수현 밀턴학원
최덕호 엠스퀘어 수학교습소
최문경 영웅아카데미
최웅철 큰샘수학학원
최은진 동춘수학
최지인 윙글즈영어학원
최진 절대학원
한성윤 카일하우교육원
한영진 라야스케이브
허진선 수학나무
현미선 써니수학
현진명 에임학원

홍미영 연세영어수학
홍종우 인명여자고등학교
황면식 늘품과학수학학원

◇— 경기 —◇

강민정 한진홈스쿨
강민종 필에듀학원
강성인 인재와고수
강수정 노마드 수학 학원
강신충 원리탐구학원
강영미 쌤과통하는학원
강예슬 수학의품격
강정희 쓱보고 싹푼다
강태희 한민고등학교
경지현 화서 이지수학
고동국 고동국수학학원
고명지 고쌤수학 학원
고상준 준수학교습소
고안나 기찬에듀 기찬수학
고지윤 고수학전문학원
고진희 지니Go수학
곽진영 전문과외
구창숙 이룸학원
권영미 에스이마고수학학원
권은주 나만 수학
권주현 메이드학원
김강환 뉴파인 동탄고등관
김강희 수학전문 일비충천
김경미 평촌 바른길수학학원
김경진 경진수학학원 다산점
김경호 호수학
김경훈 행복한학생학원
김규철 콕수학오드리영어보습학원
김덕락 준수학 학원
김도완 프라매쓰 수학 학원
김도현 홍성문수학2학원
김동수 김동수학원
김동은 수학의힘 지제동삭캠퍼스
김동현 수학의 아침
김동현 JK영어수학전문학원
김미선 예일영수학원
김미옥 공부방
김민겸 더퍼스트수학교습소
김민경 더원수학
김민경 경화여자중학교
김민진 부천중동프라임영수학원
김보경 새로운 희망 수학학원
김보람 효성 스마트 해법수학
김복현 시온고등학교
김상오 리더포스학원
김상욱 WookMath
김상윤 막강한 수학
김상현 노블수학스터디
김새로미 스터디온학원
김서영 다인수학교습소
김석원 강의하는아이들김석원수학학원
김선정 수공감학원
김선혜 수학의 아침(영재관)

김성민 수학을 권하다
김성은 블랙박스수학과학전문학원
김소영 예스셈올림피아드(호매실)
김소희 도촌동 멘토해법수학
김수림 전문과외
김수진 대림 수학의 달인
김수진 수매쓰학원
김슬기 클래스가다른학원
김승현 대치매쓰포유 동탄캠퍼스
김영아 브레인캐슬 사고력학원
김영옥 서원고등학교
김영준 청솔 교육
김영진 수학의 아침
김용덕 (주)매쓰토리수학학원
김용환 수학의아침_영통
김용희 솔로몬 학원
김원욱 아이픽수학학원
김유리 페르마수학
김윤경 국빈학원
김윤재 코스매쓰 수학학원
김은미 탑브레인수학과학학원
김은향 하이클래스
김재욱 수원영신여자고등학교
김정수 매쓰클루학원
김정연 신양영수학원
김정현 채움스쿨
김정환 필립스아카데미
　　　　 -Math Center
김종균 케이수학학원
김종남 제너스학원
김종화 퍼스널개별지도학원
김주용 스타수학
김준성 lmps학원
김지선 고산원탑학원
김지영 위너스영어수학학원
김지윤 광교오드수학
김지현 엠코드수학
김지효 로고스에이수학학원
김진국 스터디MK
김진록 지금수학학원
김진만 엄마영어아빠수학학원
김진민 에듀스템수학전문학원
김창영 에듀포스학원
김태익 설봉중학교
김태진 프라이미만수학학원
김태학 평택드림에듀
김하현 로지플수학
김학준 수담수학학원
김학철 에듀엠수학 학원
김현경 성공학원
김현정 소사스카이보습학원
김현정 생각하는Y.와이수학
김현정 퍼스트
김현주 서부세종학원
김현지 프라임대치수학
김혜정 수학을 말하다
김호숙 호수학원
김호원 분당 원수학학원
김희성 멘토수학교습소

김희주 생각하는수학공간학원
나영우 평촌에듀플렉스
나혜림 마녀수학
나혜원 청북고등학교
남선규 윌러스영수학원
남세희 남세희수학학원
노상명 s4
도건민 목동LEN
류종인 공부의정석수학과학관학원
마소영 스터디MK
마정이 정이 수학
마지희 이안의학원 화정캠퍼스
맹우영 쎈수학러닝센터 수지su
맹찬영 입실론수학전문학원
모리 이젠수학과학학원
문다영 에듀플렉스
문성진 일킴훈련소입시학원
문장원 에스원 영수학원
문재웅 수학의공간
문지현 문쌤수학
문혜연 입실론수학전문학원
민동건 전문과외
민윤기 배곧 알파수학
박가빈 박가빈 수학공부방
박가을 SMC수학학원
박규진 김포하이스트
박도솔 도솔샘수학
박도현 진성고등학교
박민정 지트에듀케이션
박민정 셈수학교습소
박민주 카라Math
박상일 수학의아침 이매중등관
박성찬 성찬쌤's 수학의공간
박소연 강남청솔기숙학원
박수민 유레카영수학원
박수현 용인 능원 씨앗학원
박수현 리더가되는수학 교습소
박여진 수학의아침
박연지 상승에듀
박영주 일산 후곡 쉬운수학
박우희 푸른보습학원
박원용 동탄트리즈나루수학학원
박유승 스터디모드
박윤호 이룸학원
박은주 은주짱샘 수학공부방
박은주 스마일수학교습소
박은희 지오수학학원
박은희 수학에빠지다
박재연 아이셀프수학교습소
박재현 렛츠(LETS)
박재홍 열린학원
박정현 서울삼육고등학교
박정화 우리들의 수학원
박종모 신갈고등학교
박종선 뮤엠영어차수학가남학원
박종필 정석수학학원
박주리 수학에반하다
박지혜 수이학원
박진한 엡실론학원

최성필 서진수학
최수지 싹수학학원
최수진 재밌는수학
최승권 스터디올킬학원
최영성 에이블수학영어학원
최영식 수학의신학원
최용재 와이솔루션수학학원
최웅용 유타스 수학학원
최유미 분당파인만교육
최윤수 동탄김샘 신수연수학과학
최윤형 청운수학전문학원
최은경 목동학원, 입시는이쌤학원
최정윤 송탄중학교
최종찬 초당필탑학원
최지윤 전문과외
최지형 남양 뉴탑학원
최한나 수학의 아침
최효원 레벨업수학
표광수 수지 풀무질 수학전문학원
하정훈 하쌤학원
한경태 한경태수학전문학원
한규욱 알찬교육학원
한기언 한스수학전문학원
한미정 한쌤수학
한상훈 1등급 수학
한성필 더프라임
한수민 SM수학
한원규 스터디모드
한유호 에듀셀파 독학기숙학원
한은기 참쌤생 수학(동탄호수)
한인화 전문과외
한준희 매스탑수학전문사동분원학원
한지희 이음수학학원
한진규 SOS학원
함영호 함영호 고등수학클럽
허란 the배움수학학원
현승평 화성고등학교
홍규성 전문과외
홍성문 홍성문 수학학원
홍성미 홍수학
홍세정 전문과외
홍유진 평촌 지수학원
홍의찬 원수학
홍재욱 셈마루수학학원
홍정옥 광교김샘수학 3.14고등수학
홍지훈 HONGSSAM창의수학
황두연 딜라이트 영어수학
황민지 수학하는날 수학교습소
황삼철 멘토수학
황선아 서나수학
황애리 애리수학
황영미 오산일신학원
황은지 멘토수학과학학원
황인영 더올림수학학원
황재철 성빈학원
황지훈 명문JS입시학원
황희찬 아이엘에스 학원

◇ 부산 ◇

고경희 대연고등학교
권병국 케이스학원
권영린 과사람학원
김경희 해운대 수학 와이스터디
김나현 MI수학학원
김대현 연제고등학교
김명선 김쌤 수학
김민 금정미래탐구
김민규 다비드수학학원
김민지 블랙박스수학전문학원
김유상 끝장교육
김정은 피엠수학학원
김지연 김지연수학교습소
김태경 Be수학학원
김태영 뉴스터디종합학원
김태진 한빛단과학원
김현경 플러스민샘수학교습소
김효상 코스터디학원
나기열 프로매스수학교습소
노하영 확실한수학학원
류형수 연제한샘학원
문서현 명품수학
민상희 민상희수학
박대성 키움수학교습소
박성칠 프라임학원
박연주 매쓰메이트 수학학원
박재용 해운대 수학 와이스터디
박주형 삼성에듀학원
배진옥 전문과외
배철우 명지 명성학원
백융일 과사람학원
서자현 과사람학원
서평승 신의학원
손희옥 매쓰폴수학전문학원(부암동)
송유림 한수연하이매쓰학원
신동훈 과사람학원
안남희 실력을키움수학
안찬종 전문과외
오인혜 하단초 수학교실
원옥영 괴정스타삼성영수학원
유소영 파플수학
이경덕 수학으로 물들어 가다
이동건 PME수학학원
이상욱 MI수학학원
이아름누리 청어람학원
이연희 부산 해운대 오른수학
이영민 MI수학학원
이은련 더플러스수학교습소
이정화 수학의 힘 가야캠퍼스
이지영 오늘도, 영어 그리고 수학
이지은 한수연하이매쓰
이철 과사람학원
이효정 해 수학
전완재 강앤전수학학원
정운용 정쌤수학교습소
정의진 남천다수인
정휘우 제이매쓰수학방
정희정 정쌤수학

조아영 플레이팩토오션시티교육원
조우영 위드유수학학원
조은영 MIT수학교습소
조훈 캔필학원
채송화 채송화 수학
최수정 이루다수학
최준승 주감학원
한주환 과사람학원(해운센터)
한혜경 한수학교습소
허영재 정관 자하연
허윤정 올림수학전문학원
허정인 삼정고등학교
황성필 다원KNR
황영찬 이룸수학
황진영 진심수학
황하남 과학수학의봄날학원

◇ 울산 ◇

강규리 퍼스트클래스 수학영어전문학원
고규라 고수학
고영준 비엠더블유수학전문학원
권상수 호크마수학전문학원
권희선 전문과외
김민정 전문과외
김봉조 퍼스트클래스 수학영어전문학원
김수영 학명수학학원
김영배 화정김쌤수학과학학원
김제득 퍼스트클래스수학전문학원
김현조 깊은생각수학학원
나순현 물푸레수학교습소
박국진 강한수학전문학원
박민식 위더스수학전문학원
박원기 에듀프레소종합학원
반려진 우정 수학의달인
성수경 위룰수학영어전문학원
안지환 전문과외
오종민 수학공작소학원
유아름 더쌤수학전문학원
이승목 울산 옥동 위너수학
이윤수 제이앤에스영어수학
이은수 삼산차수학학원
이한나 꿈꾸는고래학원
정경래 로고스영어수학학원
최규종 울산뉴토모수학전문학원
최영희 재미진최쌤수학
최이영 한양수학전문학원
한창희 한선생&최선생 studyclass
허다민 대치동허쌤수학

◇ 경남 ◇

강경희 티오피에듀
강도윤 강도윤수학컨설팅학원
강지혜 강선생수학학원
고민정 고민정 수학교습소
고병옥 옥쌤수학과학학원
고성은 Math911
고은정 수학은고쌤학원

권영애 전문과외
김경문 참진학원
김가령 킴스아카데미
김기현 수과람학원
김미양 오렌지클래스학원
김민석 한수위수학학원
김민정 창원스키마수학
김병철 CL학숙
김선희 책벌레국영수학원
김양준 이룸학원
김연지 CL학숙
김옥경 다온수학전문학원
김인덕 성지여자고등학교
김정두 해성고등학교
김지니 수학의달인
김진형 수풀림 수학학원
김치남 수나무학원
김해성 AHHA수학
김형균 칠원채움수학
김혜영 프라임수학
노경희 전문과외
노현석 비코즈수학전문학원
문소영 문소영수학관리학원
민동록 민쌤수학
박규태 에듀탑영수학원
박소현 오름수학전문학원
박영진 대치스터디 수학학원
박우열 앤즈스터디메이트
박임수 고탑(GO TOP)수학학원
박정길 아쿰수학학원
박주연 마산무학여자고등학교
박진수 펠릭스수학학원
박혜인 참좋은학원
배미나 이루다 학원
배종우 매쓰팩토리수학학원
백은애 매쓰플랜수학학원 양산물금지점
백장태 창원중앙LNC학원
백지현 백지현수학교습소
서주량 한입수학
송상윤 비상한수학학원
신욱희 창의학원
안지영 모두의수학학원
어다혜 전문과외
유인영 마산중앙고등학교
유준성 시퀀스영수학원
윤영진 유클리드수학과학학원
이근영 매스마스터수학전문학원
이아름 애시앙 수학맛집
이유진 멘토수학교습소
이정훈 장정미수학학원
이지수 수과람영재에듀
이진우 전문과외
이현주 진해 즐거운 수학
전창근 수과원학원
정승엽 해냄학원
조소현 스카이하이영수학원
주기호 비상한수학국어학원
진경선 탑앤탑수학학원
최소현 펠릭스수학학원

하수미	진동삼성영수학원	백승대	백박사학원

하수미 진동삼성영수학원
하윤석 거제 정금학원
한광록 대치퍼스트학원
한희광 양산성신학원
황진호 타임수학학원

◇— 대구 —◇
강민영 매씨지수학학원
고민정 전문과외
곽미선 좀다른수학
곽병무 다원MDS
구정모 제니스
구현태 나인쌤 수학전문학원
권기현 이렇게좋은수학교습소
권보경 수%수학교습소
김기연 스텝업수학
김대운 중앙sky학원
김동규 폴리아수학학원
김동영 통쾌한 수학
김득현 차수학(사월보성점)
김명서 샘수학
김미소 에스엠과학수학학원
김미정 일등수학학원
김상우 에이치투수학 교습소
김수영 봉덕김쌤수학학원
김수진 지니수학
김영진 더퍼스트 김진학원
김우진 종로학원하늘교육 사월학원
김재홍 경일여자중학교
김정우 이룸수학학원
김종희 학문당입시학원
김지연 찐수학
김지영 더이룸국어수학
김지은 정화여자고등학교
김진수 수학의진수수학교습소
김창섭 섭수학과학학원
김태진 구정남수학전문학원
김태환 로고스 수학학원(침산원)
김해은 한상철수학학원
김현숙 METAMATH
김효선 매쓰업
노경희 전문과외
문소연 연쌤 수학비법
문윤정 전문과외
민병문 엠플수학
박경득 파란수학
박도희 전문과외
박민정 빡쎈수학교습소
박산성 Venn수학
박선회 전문과외
박옥기 매쓰플랜수학학원
박정욱 연세(SKY)스카이수학학원
박지훈 더엠수학학원
박철진 전문과외
박태호 프라임수학교습소
박현주 매쓰플래너
방소연 나인쌤수학학원
배한국 굿쌤수학교습소

백승대 백박사학원
백태민 학문당입시학원
백현식 바른입시학원
변용기 라온수학학원
서경도 보승수학study
서재은 절대등급수학
성웅경 더빡쎈수학학원
손승연 스카이수학
손태수 트루매쓰 학원
송영배 수학의정원
신광섭 광 수학학원
신수진 폴리아수학학원
신은경 황금라온수학교습소
양강일 양쌤수학과학학원
오세욱 IP수학과학학원
유화진 진수학
윤기호 샤인수학
윤석창 수학의창학원
윤혜정 채움수학학원
이규철 좋은수학
이나경 대구지성학원
이남희 이남희수학
이동환 동환수학
이명희 잇츠생각수학 학원
이원경 엠제이통수학영어학원
이은주 전문과외
이인호 본투비수학교습소
이일균 수학의달인 수학교습소
이종환 이꼼수학
이준우 깊을준수학
이진욱 시지이룸수학학원
이창우 강철에프엠수학학원
이태형 가토수학과학학원
이효진 진선생수학학원
임신옥 KS수학학원
임유진 박진수학
장두영 바움수학학원
장세완 장선생수학학원
장현정 전문과외
전동형 땡큐수학학원
전수민 전문과외
전지영 전지영수학
정민호 스테듀입시학원
정은숙 페르마학원
정재현 율사학원
조성애 조성애세움영어수학학원
조익제 MVP수학학원
조인혁 루트원수학과학학원
　　　 범어시매쓰영재교육
조지연 연쌤영·수학원
주기현 송현여자고등학교
최대진 엠프로학원
최시연 이룸수학 교습소
최정이 탑수학교습소(국우동)
최현정 MQ멘토수학
하태호 팀하이퍼 수학학원
한원기 한쌤수학
현혜수 현혜수 수학
황가영 루나수학

황지현 위드제스트수학학원

◇— 경북 —◇
강경훈 예천여자고등학교
강혜연 BK 영수전문학원
권수지 에임(AIM)수학교습소
권오준 필수학영어학원
권호준 인투학원
김대훈 이상렬입시학원
김동수 문화고등학교
김동욱 구미정보고등학교
김득락 우석여자고등학교
김보아 매쓰킹공부방
김성용 경북 영천 이리풀수학
김수현 꿈꾸는 아이
김영희 라온수학
김윤정 더채움영수학원
김은미 매쓰그로우 수학학원
김이슬 포항제철고등학교
김재경 필즈수학영어학원
김정훈 현일고등학교
김형진 닥터박수학전문학원
남영준 아르베수학전문학원
문소연 조쌤보습학원
박명훈 메디컬수학학원
박윤신 한국수학교습소
박진성 포항제철중학교
방성훈 유성여자고등학교
배재현 수학만영어도학원
백기남 수학만영어도학원
성세현 이투스수학두호장량학원
소효진 전문과외
손나래 이든샘영수학원
손주희 이루다수학과학
송종진 김천중앙고등학교
신승규 영남삼육고등학교
신승용 유신수학전문학원
신지현 문영어수학 학원
신채윤 포항제철고등학교
염성군 근화여고
오선민 수학만영어도
오세현 칠곡수학여우공부방
오윤경 닥터박수학학원
윤장영 윤쌤아카데미
이경하 안동 풍산고등학교
이다례 문매쓰달쌤수학
이민선 공감수학학원
이상원 전문가집단 영수학원
이상현 인투학원
이성국 포스카이학원
이영성 영주여자고등학교
이재광 생존학원
이재억 안동고등학교
이혜은 김천고등학교
장아름 아름수학 학원
전정현 YB일등급수학학원
정은주 정스터디
조진우 늘품수학학원

조현정 올댓수학
채원석 영남삼육고등학교
최민 엠베스트 옥계점
최수영 수학만영어도학원
최이광 혜윰플러스학원
추민지 닥터박 수학학원
표현석 안동풍산고등학교
홍영준 하이맵수학학원
홍현기 비상아이비츠학원

◇— 광주 —◇
강민결 광주수피아여자중학교
강승완 블루마인드아카데미
공민지 심미선수학학원
곽웅수 카르페영수학원
김국진 김국진짜학원
김국철 풍암필즈수학학원
김대균 김대균수학학원
김미경 임팩트학원
김안나 풍암필즈수학학원
김원진 메이블수학전문학원
김은석 만문제수학전문학원
김재광 디투엠 영수전문보습학원
김종민 퍼스트수학학원
김태성 일곡지구 김태성 수학
김현진 에이블수학학원
나혜경 고수학학원
박용우 광주 더샘수학학원
박주흥 KS수학
박충현 본수학과학학원
박현영 KS수학
변석주 153유클리드수학전문학원
빈선욱 빈선욱수학전문학원
서세은 피타과학수학학원
손광일 송원고등학교
송승용 송승용수학학원
신예준 광주 JS영재학원
신현석 프라임아카데미
양귀제 양선생수학전문학원
양동식 A+수리수학원
이만재 매쓰로드수학 학원
이상혁 감성수학
이승현 본영수학원
이주현 리얼매쓰수학전문학원
이창현 알파수학학원
이채연 알파수학학원
이충현 전문과외
이헌기 보문고등학교
어흥범 매쓰피아
임태관 매쓰멘토수학전문학원
장민경 일대일코칭수학학원
장성태 장성태수학학원
전주현 이창길수학학원
정다원 광주인성고등학교
정다희 다희쌤수학
정미연 신샘수학학원
정수인 더최선학원
정원섭 수리수학학원

<table>
<tr><td>정인용</td><td>일품수학학원</td></tr>
</table>

정인용 일품수학학원	성영재 성영재수학전문학원	박지성 엠아이큐수학학원	이현아 다정 현수학
정재윤 대성여자중학교	성준우 광양제철고등학교	배용제 굿티처강남학원	장준영 백년대계입시학원
정태규 가우스수학전문학원	손주형 전주토피아어학원	서동원 수학의 중심학원	조은애 전문과외
정형진 BMA롱맨영수학원	송시영 블루오션수학학원	서영준 힐탑학원	최성실 샤위너스학원
조은주 조은수학교습소	신영진 유나이츠 학원	선진규 로하스학원	최시안 고운동 최쌤수학
조일양 서안수학	심우성 오늘은수학학원	손일형 손일형수학	황성관 전문과외
조현진 조현진수학학원	양옥희 쎈수학 전주혁신학원	송규성 하이클래스학원	
조형서 전문과외	양은지 군산중앙고등학교	송다인 일인주의학원	
천지선 고수학학원	양재호 양재호카이스트학원	송정은 바른수학	◇ 충북 →
최성호 광주동신여자고등학교	양형준 대들보 수학	심훈흠 일인주의 학원	고정균 엠스터디수학학원
최승원 더블수학학원	오윤하 오늘도신이나효자학원	오세준 오엠수학교습소	구강서 상류수학 전문학원
최지웅 미라클학원	유현수 수학당 학원	오우진 양영학원	구태우 전문과외
	윤병오 이투스247학원 익산	우현석 EBS 수학우수학원	김경희 점프업수학
	이가영 마루수학국어학원	유수림 이앤유수학학원	김대호 온수학전문학원
◇ 전남 →	이은지 리젠입시학원	유준호 더브레인코어 수학	김미화 참수학공간학원
김광현 한수위수학학원	이인성 전주우림중학교	윤석주 윤석주수학전문학원	김병용 동남 수학하는 사람들 학원
김도희 가람수학전문과외	이정현 로드맵수학학원	이규영 쉐마수학학원	김영은 연세고려E&M
김성문 창평고등학교	이지원 전문과외	이봉환 메이저	김용구 용프로수학학원
김은경 목포덕인고	이한나 알파스터디영어수학전문학원	이성재 알파수학학원	김재광 노블가온수학학원
김은서 나주혁신위즈수학영어학원	이혜승 S수학전문학원	이수진 대전관저중학교	김정호 생생수학
박미옥 목포폴리아학원	임승진 이터널수학영어학원	이인욱 양영학원	김주희 매쓰프라임수학학원
박유정 해봄학원	정용재 성영재수학전문학원	이일녕 양영학원	김하나 하나수학
박진성 해남한가람학원	정혜승 샤인학원	이준희 전문과외	김현주 루트수학학원
백지하 M&m	정환희 릿지수학학원	이채윤 대전대신고등학교	문지혁 수학의 문 학원
유혜정 전문과외	조세진 수학의 길	인승열 신성수학나무 공부방	박영경 전문과외
이강화 강승학원	채승희 윤영권수학전문학원	임병수 모티브에듀학원	박준 오늘수학 및 전문과외
임정원 순천매산고등학교	최성훈 최성훈수학학원	임율리 더브레인코어 수학	안진아 전문과외
정현옥 Jk영수전문	최영준 최영준수학학원	임현호 전문과외	윤성길 엑스클래스 수학학원
조두희	최윤 엠투엠수학학원	장용훈 프라임수학교습소	윤성희 윤성수학
조예은 스페셜매쓰	최형진 수학본부중고등수학전문학원	전하윤 전문과외	이경미 행복한수학 공부방
진양수 목포덕인고등학교		전혜진 일인주의학원	이예찬 입실론수학학원
한지선 전문과외		정재현 양영수학학원	이지수 일신여자고등학교
		조영선 대전 관저중학교	전병호 이루다 수학
	◇ 대전 →	조용호 오르고 수학학원	정수연 모두의 수학
◇ 전북 →	강유식 연세제일학원	조충현 로하스학원	조병교 에르매쓰수학학원
강원택 탑시드 영수학원	강홍규 최강학원	진상욱 양영학원 특목관	조형우 와이파이수학학원
권정욱 권정욱 수학과외	강희규 최성수학학원	차영진 연세언더우드수학	최윤아 피티엠수학학원
김석진 영스타트학원	고지훈 고지훈수학 지적공감학원	최지영 둔산마스터학원	한상호 한매쓰수학전문학원
김선호 혜명학원	권은향 권샘수학	홍진국 저스트수학	홍병관 서울학원
김성혁 S수학전문학원	김근아 닥터매쓰205	황성필 일인주의학원	
김수연 전선생 수학학원	김근라 MCstudy 학원	황은실 나린학원	
김재순 김재순수학학원	김남홍 대전 종로학원		◇ 충남 →
김혜정 차수학	김덕한 더칸수학전문학원		강범수 전문과외
나승현 나승현전유나수학전문학원	김도혜 더브레인코어 수학		고영지 전문과외
문승혜 이일여자고등학교	김복응 더브레인코어 수학	◇ 세종 →	권순필 에이커리어학원
민태홍 전주한일고	김상현 세종입시학원	강태원 원수학	권오운 광풍중학교
박광수 박선생수학학원	김수빈 제타수학학원	고창균 더올림입시학원	김경민 수학다이닝학원
박미숙 매쓰트리 수학전문 (공부방)	김승환 청운학원	권현수 권현수 수학전문학원	김명 더하다 수학
박미화 엄쌤수학전문학원	김영우 뉴샘학원	김기평 바른길수학전문학원	김태화 김태화수학학원
박선미 박선생수학학원	김윤혜 슬기로운수학	김서현 봄날영어수학학원	김한빛 한빛수학학원
박세희 멘토이젠수학	김은지 더브레인코어 수학	김수경 김수경수학교실	김현영 마루공부방
박소영 황규종수학전문학원	김일화 대전 엘트	김영웅 반곡고등학교	남구현 내포 강의하는 아이들
박영진 필즈수학학원	김주성 대전 양영학원	김혜림 너희가꽃이다	노서윤 스터디멘토학원
박은미 박은미수학교습소	김지현 파스칼 대덕학원	류바른 세종 YH영수학원(중고등관)	박유진 제이홈스쿨
박재성 올림수학학원	김진 발상의전환 수학전문학원	배명욱 GTM수학전문학원	박재혁 명성학원
박지유 박지유수학전문학원	김진수 김진수학교실	배지후 해밀수학과학학원	박혜정
박철우 청운학원	김태형 청명대입학원	윤여민 전문과외	서봉용 서산SM수학교습소
배태익 스키마아카데미 수학교실	김하은 고려바움수학학원	이경희 매쓰 히어로(공부방)	서승우 전문과외
서현수 수학귀신	나효명 열린아카데미	이민호 세종과학예술영재학교	서유리 더배움영수학원
	류재원 양영학원	이지희 수학의강자학원	

서정기	시너지S클래스 불당학원	이민호	하이탑 수학학원
성유림	Jns오름학원	이우성	이코수학
송명준	JNS오름학원	이태현	하이탑 수학학원
송은선	전문과외	장윤의	수학의부활 이코수학
송재호	불당한일학원	정복인	하이탑 수학학원
신경미	Honeytip	정인혁	수학과통하다학원
신유미	무한수학학원	최수남	강릉 영 · 수배움교실
유정수	천안고등학교	최재현	KU고대학원
유창훈	전문과외	최정현	최강수학전문학원
윤보희	충남삼성고등학교		
윤재웅	베테랑수학전문학원		
윤지영	더올림	◇─ 제주 ─◇	
이근영	홍주중학교	강경혜	강경혜수학
이봉이	더수학 교습소	고진우	전문과외
이승훈	탑씨크리트	김기정	저청중학교
이아람	퍼펙트브레인학원	김대환	The원 수학
이은아	한다수학학원	김보라	라딕스수학
이재장	깊은수학학원	김시운	전문과외
이현주	수학다방	김지영	생각틔움수학교실
장정수	G.O.A.T수학	김홍남	셀파우등생학원
전성호	시너지S클래스학원	류혜선	진정성 영어수학학원
전혜영	타임수학학원	박승우	남녕고등학교
조현정	J.J수학전문학원	박찬	찬수학학원
채영미	미매쓰	오동조	에임하이학원
최문근	천안중앙고등학교	오재일	
최소영	빛나는수학	이민경	공부의마침표
최원석	명사특강	이상민	서이현아카데미
한상훈	신불당 한일학원	이선혜	더쎈 MATH
한호선	두드림영어수학학원	이현우	루트원플러스입시학원
허영재	와이즈만 영재교육학원	장영환	제로링수학교실
		편미경	편쌤수학
		하혜림	제일아카데미
◇─ 강원 ─◇		현수진	학고제 입시학원
고민정	로이스물맷돌수학		
강선아	펀&FUN수학학원		
김명동	이코수학		
김서인	세모가꿈꾸는수학당학원		
김성영	빨리강해지는 수학 과학 학원		
김성진	원주이루다수학과학학원		
김수지	이코수학		
김호동	하이탑 수학학원		
남정훈	으뜸장원학원		
노명훈	노명훈쌤의 알수학학원		
노명희	탑클래스		
박미경	수올림수학전문학원		
박병석	이코수학		
박상윤	박상윤수학		
박수지	이코수학학원		
배형진	화천학습관		
백경수	춘천 이코수학		
손선나	전문과외		
손영숙	이코수학		
신동혁	수학의 부활 이코수학		
신현정	hj study		
심상용	동해 과수원 학원		
안현지	전문과외		
오준환	수학다움학원		
윤소연	이코수학		
이경복	전문과외		

어 삼 쉬 사

Plus+

미적분

240제

어삼쉬사를 넘어 1등급 도전이 시작된다.

수능 수학
'어려운 3점 ~ 쉬운 4점'을 공략한다!

수능 및 평가원 모의평가 수학영역의 문제의 배점은 2점, 3점, 4점으로 구분되며
배점이 높은 문항일수록 난이도가 어렵게 출제됩니다.
하지만 배점이 같은 문항이지만 시험의 변별력을 위해
공통과목 선다형 마지막 문항인 15번과 단답형 마지막 문항인 22번, 선택과목 마지막 문항인 30번은
다른 4점 문항에 비해서도 높은 난이도의 문제로 출제되고 있습니다.
마찬가지로 3점 문항도 출제 번호에 따라 난이도가 다르게 출제되고 있습니다.
그렇기 때문에 모의고사 30문항을 난이도에 따라 '2점', '쉬운 3점', '어려운 3점', '쉬운 4점', '어려운 4첨'
으로 분류하여 학습 목표에 따라 난이도별 집중 학습 전략을 세우는 것이 중요합니다.
다음은 수능 수학영역 30문항을 난이도에 따라 분류한 예입니다.

구분	공통과목																						선택과목							
점수	2점		쉬운 3점				어려운 3점	쉬운 4점							어려운 4점	쉬운 3점			어려운 3점	쉬운 4점		어려운 4점	2점	쉬운 3점			어려운 3점	어려운 4점	쉬운 4점	어려운 4점
번호	1	2	3	4	5	6	7	8	9	10	11	12	13	14	15	16	17	18	19	20	21	22	23	24	25	26	27	28	29	30

어려운 3점~쉬운 4점 문항에 대한 연습이 부족하다면
중하위권 학생은 고득점은커녕 '어려운 4점' 문항을 풀기도 전에 시험시간 100분이 다 지나가버릴 수 있고,
상위권 학생은 실수로 앞의 문항을 틀려 '어려운 4점' 문항을 풀었더라도 본인의 목표를 달성하지 못할 수 있습니다.

그렇다면 어떻게 어려운 3점~쉬운 4점 문항들을 연습해야 할까요?
그 해답은 수학영역 30문항 중 '허리'에 해당하는 어려운 3점~쉬운 4점을 집중 공략하는 <어삼쉬사>에 있습니다.
중하위권 학생이라면 빈출 유형을 집중적으로 연습하여 완벽히 해결하고 본인의 약점을 파악하여 보완할 수 있습니다.
상위권 학생이라면 빠르고 정확하게 문항을 푸는 습관을 길러 실수를 줄이고
어려운 4점 문항을 풀 시간을 확보할 수 있습니다.
많은 학생들이 <어삼쉬사>를 통해 목표하는 등급의 고지를 점령하길 바랍니다.

구성과 특징

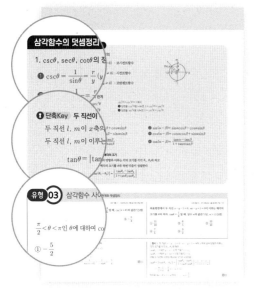

수능에 진짜 나오는 핵 / 심 / 유 / 형

■ 개념정리
- 수능에 진짜 나오는 핵심 개념 정리 제공

■ ❶ 단축Key
- 문제 접근 순서, 예시를 통해 빠르게 푸는 방법 제공

■ 대표기출
- 유형 이해를 돕기 위한 대표 기출문제와 해설 제시
- 너기출과 연계 학습이 가능하도록 동일한 유형 분류 제시

어려운 3점 쉬운 4점 핵 / 심 / 문 / 제

■ 10문항씩 1세트, 총 24세트 구성
- 기출의 핵심내용 담은 100% 제작문제
- 각 대단원별 8세트를 난이도 순으로 수록
- 세트별 고른 유형 분배로 단원별 전범위 학습 가능

■ '유형', '짝기출' 번호 제시
- 약점 유형, 제작 모티브가 된 기출문제 확인 가능

|부록| 핵심 문제 짝기출

■ 문항 제작의 모티브가 된 기출문제를 '짝기출'로 제시
- 제작 문제와 실제 기출문제의 핵심 아이디어 비교 가능
  (짝기출은 해설 없이 정답만 제공)

약점 유형 확인

각 유형별로 틀린 문제를 기입하여 약점 유형 확인 및 복습

풀이 시간 확인

SET별로 풀이 시간을 기입하여 시간 단축 연습

Ⅰ. 수열의 극한

SET	SET 01	SET 02	SET 03	SET 04	SET 05	SET 06	SET 07	SET 08
Time	15분	15분	15분	20분	15분	25분	25분	20분

Ⅱ. 미분법

SET	SET 09	SET 10	SET 11	SET 12	SET 13	SET 14	SET 15	SET 16
Time	15분	15분	15분	20분	15분	25분	25분	20분

Ⅲ. 적분법

SET	SET 17	SET 18	SET 19	SET 20	SET 21	SET 22	SET 23	SET 24
Time	15분	15분	15분	20분	15분	25분	25분	20분

① 개념학습 및 대표기출로 유형을 학습한다.

② 한 세트를 시간을 재고 푼다.

③ 답을 맞추어 보고, 틀린 문제와 풀이 시간을 '학습진단표'에 기록한다.

④ 이렇게 총 24세트 분량을 '학습진단표'에 기록한 후 자신의 약점 유형을 찾는다.

⑤ 개념 및 대표기출, 짝기출 등을 활용하여 약점을 보완한다.

I

수열의 극한

1 수열의 극한

수열의 수렴과 발산

1. $n \to \infty$일 때의 수열의 수렴

수열 $\{a_n\}$에서 n이 한없이 커질 때,

일반항 a_n의 값이 일정한 값 α에 한없이 가까워지면 수열 $\{a_n\}$은 α에 수렴한다고 하고,

α를 수열 $\{a_n\}$의 극한값 또는 극한이라고 한다.

$$\lim_{n \to \infty} a_n = \alpha \text{' 또는 '} n \to \infty \text{일 때 } a_n \to \alpha \text{'} \qquad \lim_{n \to \infty} a_n = \alpha \text{이면 } \lim_{n \to \infty} a_{n+1} = \alpha \text{이다.}$$

특히, 수열 $\{a_n\}$에서 모든 자연수 n에 대하여 $a_n = c$ (c는 상수)인 경우에

수열 $\{a_n\}$은 c에 수렴한다고 한다.

$$\lim_{n \to \infty} a_n = \lim_{n \to \infty} c = c$$

2. $n \to \infty$일 때의 수열의 발산

수열 $\{a_n\}$에서 n이 한없이 커질 때,

❶ 일반항 a_n의 값도 한없이 커지면 수열 $\{a_n\}$은 양의 무한대로 발산한다고 한다.

$$\lim_{n \to \infty} a_n = \infty \text{' 또는 '} n \to \infty \text{일 때 } a_n \to \infty \text{'}$$

❷ 일반항 a_n의 값이 음수이면서 그 절댓값이 한없이 커지면

수열 $\{a_n\}$은 음의 무한대로 발산한다고 한다.

$$\lim_{n \to \infty} a_n = -\infty \text{' 또는 '} n \to \infty \text{일 때 } a_n \to -\infty \text{'}$$

❸ 일반항 a_n이 수렴하지도 않고 양의 무한대나 음의 무한대로 발산하지도 않으면

그 수열은 진동한다고 한다.

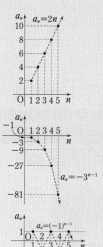

3. 수열의 극한에 대한 기본성질

수렴하는 두 수열 $\{a_n\}$, $\{b_n\}$에 대하여 $\lim_{n \to \infty} a_n = \alpha$, $\lim_{n \to \infty} b_n = \beta$ (α, β는 실수)일 때

❶ $\lim_{n \to \infty} ca_n = c \lim_{n \to \infty} a_n = c\alpha$ (단, c는 상수)

❷ $\lim_{n \to \infty} (a_n + b_n) = \lim_{n \to \infty} a_n + \lim_{n \to \infty} b_n = \alpha + \beta$

❸ $\lim_{n \to \infty} (a_n - b_n) = \lim_{n \to \infty} a_n - \lim_{n \to \infty} b_n = \alpha - \beta$

❹ $\lim_{n \to \infty} a_n b_n = \lim_{n \to \infty} a_n \times \lim_{n \to \infty} b_n = \alpha\beta$

❺ $\lim_{n \to \infty} \dfrac{a_n}{b_n} = \dfrac{\lim_{n \to \infty} a_n}{\lim_{n \to \infty} b_n} = \dfrac{\alpha}{\beta}$ (단, $b_n \neq 0$, $\beta \neq 0$)

❶ 단축Key **수열의 극한값 구하는 방법**

(1) $\dfrac{\infty}{\infty}$꼴 수열의 극한값

　분모, 분자가 다항식일 때 차수를 비교하여 극한값을 구한다.

　- (분모)>(분자) : 0으로 수렴

　- (분모)<(분자) : 발산

　- (분모)=(분자) : $\dfrac{분자의\ 최고차항의\ 계수}{분모의\ 최고차항의\ 계수}$ 로 수렴

(2) $\infty - \infty$꼴의 수열의 극한값

　유리화 등을 이용하여 $\dfrac{\infty}{\infty}$꼴로 바꾸어 (1)과 같이 구한다.

유형 01 수렴하는 수열의 극한의 성질과 $\dfrac{\infty}{\infty}$꼴 수열의 극한값 계산

대표기출1 _ 2022학년도 수능 (미적분) 23번

$\displaystyle\lim_{n\to\infty} \dfrac{\dfrac{5}{n}+\dfrac{3}{n^2}}{\dfrac{1}{n}-\dfrac{2}{n^3}}$ 의 값은? [2점]

① 1　　　　　② 2　　　　　③ 3

④ 4　　　　　⑤ 5

| 풀이 | $\displaystyle\lim_{n\to\infty} \dfrac{\dfrac{5}{n}+\dfrac{3}{n^2}}{\dfrac{1}{n}-\dfrac{2}{n^3}} = \lim_{n\to\infty} \dfrac{5+\dfrac{3}{n}}{1-\dfrac{2}{n^2}} = 5$　　　　답 ⑤

유형 02 $\dfrac{\infty}{\infty}$꼴 수열의 극한 활용

대표기출2 _ 2016학년도 6월 평가원 B형 10번

자연수 n에 대하여 직선 $y=2nx$ 위의 점 $\mathrm{P}(n,\,2n^2)$을 지나고 이 직선과 수직인 직선이 x축과 만나는 점을 Q라 할 때, 선분 OQ의 길이를 l_n 이라 하자. $\displaystyle\lim_{n\to\infty} \dfrac{l_n}{n^3}$의 값은? (단, O는 원점이다.) [3점]

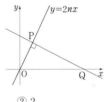

① 1　　　　　② 2　　　　　③ 3

④ 4　　　　　⑤ 5

| 풀이 | 직선 $y=2nx$ 위의 점 $\mathrm{P}(n,\,2n^2)$을 지나고 이 직선과 수직인 직선의 방정식은 $y=-\dfrac{1}{2n}(x-n)+2n^2$이고 이 직선이 x축과 만나는 점 Q 의 좌표가 $(l_n,\,0)$이므로 $0=-\dfrac{1}{2n}(l_n-n)+2n^2$에서 $l_n=4n^3+n$ 이다.

$\therefore \displaystyle\lim_{n\to\infty} \dfrac{l_n}{n^3} = \lim_{n\to\infty} \dfrac{4n^3+n}{n^3} = \lim_{n\to\infty}\left(4+\dfrac{1}{n^2}\right) = 4$　　　　답 ④

유형 03 $\infty - \infty$꼴 수열의 극한값 계산

대표기출3 _ 2016학년도 9월 평가원 B형 24번

자연수 n에 대하여 x에 대한 이차방정식

$$x^2+2nx-4n=0$$

의 양의 실근을 a_n 이라 하자. $\displaystyle\lim_{n\to\infty} a_n$ 의 값을 구하시오. [3점]

| 풀이 | 이차방정식 $x^2+2nx-4n=0$의 양의 실근은 근의 공식에 의하여

$a_n = -n + \sqrt{n^2-1\times(-4n)} = \sqrt{n^2+4n}-n$

$= \dfrac{(\sqrt{n^2+4n}-n)(\sqrt{n^2+4n}+n)}{\sqrt{n^2+4n}+n} = \dfrac{4n}{\sqrt{n^2+4n}+n}$

$\therefore \displaystyle\lim_{n\to\infty} a_n = \lim_{n\to\infty} \dfrac{4n}{\sqrt{n^2+4n}+n} = \lim_{n\to\infty} \dfrac{4}{\sqrt{1+\dfrac{4}{n}}+1} = \dfrac{4}{1+1} = 2$　　　　답 2

4. 수열의 극한의 대소 관계

수렴하는 두 수열 $\{a_n\}$, $\{b_n\}$에 대하여 $\lim\limits_{n \to \infty} a_n = \alpha$, $\lim\limits_{n \to \infty} b_n = \beta$ (α, β는 실수)일 때

❶ 모든 자연수 n에 대하여 $a_n \leq b_n$이면 $\alpha \leq \beta$이다.

❷ 수열 $\{c_n\}$이 모든 자연수 n에 대하여

$a_n \leq c_n \leq b_n$이고 $\alpha = \beta$이면 $\lim\limits_{n \to \infty} c_n = \alpha$이다.

이는 수열의 대소에 등호가 없을 때에도 성립한다. 즉,
❶ 모든 자연수 n에 대하여 $a_n < b_n$이면 $\alpha \leq \beta$이다.
❷ 수열 $\{c_n\}$이 모든 자연수 n에 대하여 $a_n < c_n < b_n$이고
$\alpha = \beta$이면 $\lim\limits_{n \to \infty} c_n = \alpha$이다.

5. 등비수열 $\{r^n\}$의 수렴과 발산

❶ $r > 1$일 때, $\lim\limits_{n \to \infty} r^n = \infty$ (발산)

❷ $r = 1$일 때, $\lim\limits_{n \to \infty} r^n = 1$ (수렴)

❸ $-1 < r < 1$일 때, $\lim\limits_{n \to \infty} r^n = 0$ (수렴)

❹ $r \leq -1$일 때, 수열 $\{r^n\}$은 진동한다. (발산)

🔑 **단축Key**   **등비수열의 수렴조건**

(1) 등비수열 $\{r^n\}$의 수렴조건은 $-1 < r \leq 1$이다.

(2) 등비수열 $\{ar^{n-1}\}$의 수렴조건은 $a = 0$ 또는 $-1 < r \leq 1$이다.

🔑 **단축Key** x^n (또는 x^{2n})을 포함한 함수식

x^n (또는 x^{2n})을 포함한 함수는 '구간별로 정의된 함수'로 해석한다.

이때 x (또는 x^2)를 등비수열 $\{x^n\}$ (또는 $\{x^{2n}\}$)에서 공비로 생각하여

$|x| < 1$, $|x| = 1$, $|x| > 1$로 구간을 나누어 함수식을 구한다.

예 $f(x) = \lim\limits_{n \to \infty} \dfrac{x^{2n+1} + 2}{3x^{2n} + 5}$인 경우 x의 범위에 따른 식은 다음과 같다.

(i) $|x| < 1$일 때, $f(x) = \dfrac{0+2}{0+5} = \dfrac{2}{5}$

(ii) $x = -1$일 때, $f(-1) = \dfrac{(-1)+2}{3 \times 1 + 5} = \dfrac{1}{8}$

(iii) $x = 1$일 때, $f(1) = \dfrac{1+2}{3+5} = \dfrac{3}{8}$

(iv) $|x| > 1$일 때, $f(x) = \lim\limits_{n \to \infty} \dfrac{x + \dfrac{2}{x^{2n}}}{3 + \dfrac{5}{x^{2n}}} = \dfrac{x+0}{3+0} = \dfrac{x}{3}$

유형 04 등비수열의 극한값 계산

대표기출4 _ 2023학년도 수능 (미적분) 25번

등비수열 $\{a_n\}$에 대하여 $\displaystyle\lim_{n\to\infty}\dfrac{a_n+1}{3^n+2^{2n-1}}=3$일 때, a_2의 값은?

[3점]

① 16　　　　② 18　　　　③ 20

④ 22　　　　⑤ 24

| 풀이 | 등비수열 $\{a_n\}$의 첫째항을 a, 공비를 r라 하면 $a_n=ar^{n-1}$

$$\lim_{n\to\infty}\frac{a_n+1}{3^n+2^{2n-1}}=\lim_{n\to\infty}\frac{ar^{n-1}+1}{3^n+\frac{1}{2}\times4^n}=\lim_{n\to\infty}\frac{\frac{a}{r}\times\left(\frac{r}{4}\right)^n+\left(\frac{1}{4}\right)^n}{\left(\frac{3}{4}\right)^n+\frac{1}{2}}$$

위의 극한이 수렴하려면 수열 $\left\{\left(\dfrac{r}{4}\right)^n\right\}$이 수렴해야 하므로

$-4<r\le4$

(i) $|r|<4$일 때 $\displaystyle\lim_{n\to\infty}\dfrac{\frac{a}{r}\times\left(\frac{r}{4}\right)^n+\left(\frac{1}{4}\right)^n}{\left(\frac{3}{4}\right)^n+\frac{1}{2}}=0\ne3$

(ii) $r=4$일 때 $\displaystyle\lim_{n\to\infty}\dfrac{\frac{a}{r}\times\left(\frac{r}{4}\right)^n+\left(\frac{1}{4}\right)^n}{\left(\frac{3}{4}\right)^n+\frac{1}{2}}=\dfrac{a}{2}=3$　∴ $a=6$

(i), (ii)에서 $a=6$, $r=4$이므로 $a_2=ar=6\times4=24$

답 ⑤

유형 05 등비수열의 극한 활용

대표기출5 _ 2017학년도 수능 나형 28번

자연수 n에 대하여 직선 $x=4^n$이 곡선 $y=\sqrt{x}$와 만나는 점을 P_n이라 하자. 선분 P_nP_{n+1}의 길이를 L_n이라 할 때,

$\displaystyle\lim_{n\to\infty}\left(\dfrac{L_{n+1}}{L_n}\right)^2$의 값을 구하시오. [4점]

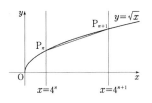

| 풀이 | $P_n(4^n,\,2^n)$, $P_{n+1}(4^{n+1},\,2^{n+1})$이므로

$(L_n)^2=\overline{P_nP_{n+1}}^2$

$\qquad=(4^{n+1}-4^n)^2+(2^{n+1}-2^n)^2$

$\qquad=9\times16^n+4^n$

$\left(\dfrac{L_{n+1}}{L_n}\right)^2=\dfrac{9\times16^{n+1}+4^{n+1}}{9\times16^n+4^n}$

$\therefore\displaystyle\lim_{n\to\infty}\left(\dfrac{L_{n+1}}{L_n}\right)^2=\lim_{n\to\infty}\dfrac{9\times16+4\times\left(\frac{1}{4}\right)^n}{9+\left(\frac{1}{4}\right)^n}$

$\qquad=\dfrac{9\times16+4\times0}{9+0}=16$

답 16

유형 06 수열의 극한의 대소 관계

대표기출6 _ 2020학년도 9월 평가원 나형 10번

모든 항이 양수인 수열 $\{a_n\}$이 모든 자연수 n에 대하여 부등식

$$\sqrt{9n^2+4}<\sqrt{na_n}<3n+2$$

를 만족시킬 때, $\displaystyle\lim_{n\to\infty}\dfrac{a_n}{n}$의 값은? [3점]

① 6　　　　② 7　　　　③ 8

④ 9　　　　⑤ 10

| 풀이 | $\sqrt{9n^2+4}<\sqrt{na_n}<3n+2$에서

$9n^2+4<na_n<(3n+2)^2$,

$\dfrac{9n^2+4}{n^2}<\dfrac{a_n}{n}<\dfrac{9n^2+12n+4}{n^2}$이다.

이때 $\displaystyle\lim_{n\to\infty}\dfrac{9n^2+4}{n^2}=9$, $\displaystyle\lim_{n\to\infty}\dfrac{9n^2+12n+4}{n^2}=9$이므로

수열의 극한의 대소 관계에 의하여

$\displaystyle\lim_{n\to\infty}\dfrac{a_n}{n}=9$

답 ④

2 급수

급수의 수렴과 발산

1. 급수와 부분합

❶ 급수 : 수열 $\{a_n\}$의 각 항을 차례대로 한없이 덧셈 기호 $+$로 연결한 식

$$a_1 + a_2 + a_3 + \cdots = \sum_{n=1}^{\infty} a_n$$

❷ 부분합 : 급수 $\displaystyle\sum_{n=1}^{\infty} a_n$에서 첫째항부터 제$n$항까지의 합

$$S_n = a_1 + a_2 + a_3 + \cdots + a_n = \sum_{k=1}^{n} a_k$$

2. 급수의 수렴과 발산

❶ 급수 $\displaystyle\sum_{n=1}^{\infty} a_n$의 부분합으로 이루어진 수열 $\{S_n\}$이 일정한 값 S에 수렴할 때, 즉

$$\lim_{n \to \infty} S_n = \lim_{n \to \infty} \sum_{k=1}^{n} a_k = S$$

일 때, 급수 $\displaystyle\sum_{n=1}^{\infty} a_n$은 S에 수렴한다고 하고 S를 급수의 합이라고 한다.

$$\text{`} a_1 + a_2 + a_3 + \cdots + a_n + \cdots = S \text{'} \quad \text{또는} \quad \text{`} \sum_{n=1}^{\infty} a_n = S \text{'}$$

❷ 급수 $\displaystyle\sum_{n=1}^{\infty} a_n$의 부분합으로 이루어진 수열 $\{S_n\}$이 발산할 때, 이 급수는 **발산**한다고 한다.

$$\lim_{n \to \infty} S_n = \infty \text{ 일 때 } \sum_{n=1}^{\infty} a_n = \infty, \ \lim_{n \to \infty} S_n = -\infty \text{ 일 때 } \sum_{n=1}^{\infty} a_n = -\infty$$

3. 급수와 일반항의 관계

❶ 급수 $\displaystyle\sum_{n=1}^{\infty} a_n$이 수렴하면 $\displaystyle\lim_{n \to \infty} a_n = 0$이다.

❷ $\displaystyle\lim_{n \to \infty} a_n \neq 0$이면 급수 $\displaystyle\sum_{n=1}^{\infty} a_n$은 발산한다.

❶의 역은 성립하지 않는다. 즉,
$\displaystyle\lim_{n \to \infty} a_n = 0$이라고 해서 $\displaystyle\sum_{n=1}^{\infty} a_n$이 반드시 수렴하는 것은 아니다.

4. 급수의 성질

두 급수 $\displaystyle\sum_{n=1}^{\infty} a_n$, $\displaystyle\sum_{n=1}^{\infty} b_n$이 수렴하고, 그 합을 각각 S, T라 할 때

❶ $\displaystyle\sum_{n=1}^{\infty} ca_n = c\sum_{n=1}^{\infty} a_n = cS$ (단, c는 상수)

❷ $\displaystyle\sum_{n=1}^{\infty} (a_n + b_n) = \sum_{n=1}^{\infty} a_n + \sum_{n=1}^{\infty} b_n = S + T$

❸ $\displaystyle\sum_{n=1}^{\infty} (a_n - b_n) = \sum_{n=1}^{\infty} a_n - \sum_{n=1}^{\infty} b_n = S - T$

🔑 단축Key 급수의 합을 구하는 방법

급수 $\displaystyle\sum_{n=1}^{\infty} a_n$의 값은 다음 순서로 구한다.

[1단계] 부분합 $\displaystyle\sum_{k=1}^{n} a_k$를 구한다.

[2단계] 부분합의 극한값 $\displaystyle\lim_{n\to\infty}\sum_{k=1}^{n} a_k$를 구한다.

유형 07 급수의 수렴과 성질

대표기출7 _ 2021학년도 6월 평가원 가형 5번

수열 $\{a_n\}$에 대하여 $\displaystyle\sum_{n=1}^{\infty} \frac{a_n}{n} = 10$일 때, $\displaystyle\lim_{n\to\infty} \frac{a_n + 2a_n^2 + 3n^2}{a_n^2 + n^2}$의 값은? [3점]

① 3　　　　② $\dfrac{7}{2}$　　　　③ 4

④ $\dfrac{9}{2}$　　　　⑤ 5

| 풀이 | 급수 $\displaystyle\sum_{n=1}^{\infty} \frac{a_n}{n}$이 수렴하므로 $\displaystyle\lim_{n\to\infty} \frac{a_n}{n} = 0$

$\therefore \displaystyle\lim_{n\to\infty} \frac{a_n + 2a_n^2 + 3n^2}{a_n^2 + n^2} = \lim_{n\to\infty} \frac{\dfrac{a_n}{n^2} + \dfrac{2a_n^2}{n^2} + 3}{\dfrac{a_n^2}{n^2} + 1}$

$= \displaystyle\lim_{n\to\infty} \frac{\dfrac{a_n}{n} \times \dfrac{1}{n} + 2\left(\dfrac{a_n}{n}\right)^2 + 3}{\left(\dfrac{a_n}{n}\right)^2 + 1}$

$= \dfrac{0 + 0 + 3}{0 + 1} = 3$

답 ①

유형 08 분수꼴로 표현된 수열의 급수

대표기출8 _ 2016학년도 9월 평가원 A형 9번

등차수열 $\{a_n\}$에 대하여 $a_1 = 4$, $a_4 - a_2 = 4$일 때, $\displaystyle\sum_{n=1}^{\infty} \frac{2}{na_n}$의 값은? [3점]

① 1　　　　② $\dfrac{3}{2}$　　　　③ 2

④ $\dfrac{5}{2}$　　　　⑤ 3

| 풀이 | 첫째항이 4인 등차수열 $\{a_n\}$의 공차를 d라 하면

$d = \dfrac{a_4 - a_2}{2} = 2$이므로

$a_n = 4 + 2(n-1) = 2(n+1)$이다.

따라서 $\dfrac{2}{na_n} = \dfrac{1}{n(n+1)} = \dfrac{1}{n} - \dfrac{1}{n+1}$이므로

$\displaystyle\sum_{k=1}^{n} \frac{2}{ka_k} = \sum_{k=1}^{n}\left(\frac{1}{k} - \frac{1}{k+1}\right)$

$= \left(\dfrac{1}{1} - \dfrac{1}{2}\right) + \left(\dfrac{1}{2} - \dfrac{1}{3}\right) + \left(\dfrac{1}{3} - \dfrac{1}{4}\right) + \cdots + \left(\dfrac{1}{n} - \dfrac{1}{n+1}\right)$

$= 1 - \dfrac{1}{n+1}$

$\therefore \displaystyle\sum_{n=1}^{\infty} \frac{2}{na_n} = \lim_{n\to\infty}\sum_{k=1}^{n} \frac{2}{ka_k}$

$= \displaystyle\lim_{n\to\infty}\left(1 - \frac{1}{n+1}\right)$

$= 1 - 0 = 1$

답 ①

등비급수의 수렴과 발산

1. 등비급수

첫째항이 $a\,(a \neq 0)$, 공비가 r인 등비수열 $\{ar^{n-1}\}$의 각 항을
차례대로 한없이 덧셈 기호 $+$로 연결하여 얻은 급수,

$$\sum_{n=1}^{\infty} ar^{n-1} = a + ar + ar^2 + \cdots$$

을 첫째항이 a, 공비가 r인 **등비급수**라고 한다.

2. 등비급수의 수렴과 발산

등비급수 $\displaystyle\sum_{n=1}^{\infty} ar^{n-1} = a + ar + ar^2 + \cdots \, (a \neq 0)$은

❶ $|r| < 1$일 때 수렴하고, 그 합은 $\dfrac{a}{1-r}$이다. $\displaystyle\sum_{n=1}^{\infty} ar^{n-1} = \lim_{n\to\infty} \dfrac{a(1-r^n)}{1-r}$

❷ $|r| \geq 1$일 때 발산한다.

🔑 단축Key   **닮은 도형과 등비급수의 공비**

도형의 닮음비가 $m : n\,(m > n)$일 때,

(1) 도형의 길이로 이루어진 등비급수에서

   $(\text{공비}) = \dfrac{n}{m}$

(2) 도형의 넓이로 이루어진 등비급수에서

   넓이의 비는 $m^2 : n^2$이므로 $(\text{공비}) = \dfrac{n^2}{m^2}$

이때 도형의 개수도 일정한 비율 k로 증가하면 $(\text{공비}) = \dfrac{kn^2}{m^2}$

유형 09   등비급수의 수렴 조건과 등비급수의 합

대표기출9 _ 2019학년도 6월 평가원 나형 11번

급수 $\displaystyle\sum_{n=1}^{\infty} \left(\dfrac{x}{5}\right)^n$이 수렴하도록 하는 모든 정수 x의 개수는? [3점]

① 1   ② 3   ③ 5

④ 7   ⑤ 9

대표기출10 _ 2015학년도 6월 평가원 B형 25번

공비가 양수인 등비수열 $\{a_n\}$이

$$a_1 + a_2 = 20, \quad \sum_{n=3}^{\infty} a_n = \dfrac{4}{3}$$

를 만족시킬 때, a_1의 값을 구하시오. [3점]

| 풀이 | 등비급수 $\displaystyle\sum_{n=1}^{\infty} \left(\dfrac{x}{5}\right)^n$이 수렴하려면

공비가 $-1 < \dfrac{x}{5} < 1$이어야 한다.

즉, $-5 < x < 5$를 만족시키는 모든 정수 x의 개수는
$-4, -3, \cdots, 3, 4$로 9이다.

답 ⑤

| 풀이 | 등비수열 $\{a_n\}$의 공비를 $r\,(r > 0)$라 하면

$a_1 + a_2 = a_1(1 + r) = 20$에서 $a_1 = \dfrac{20}{1+r}$ ······㉠

$\displaystyle\sum_{n=3}^{\infty} a_n = \dfrac{a_1 r^2}{1-r} = \dfrac{4}{3}$에서 $a_1 = \dfrac{4(1-r)}{3r^2}$ ······㉡

㉠=㉡이므로 $\dfrac{20}{1+r} = \dfrac{4(1-r)}{3r^2}$에서 $(1-r)(1+r) = 5 \times 3r^2$

$\therefore r = \dfrac{1}{4}\ (\because r > 0),\ a_1 = 16\ (\because ㉠)$

답 16

유형 10 등비급수와 도형(1) - 닮음

대표기출11 _ 2023학년도 9월 평가원 (미적분) 27번

그림과 같이 $\overline{A_1B_1}=4$, $\overline{A_1D_1}=1$인 직사각형 $A_1B_1C_1D_1$에서 두 대각선의 교점을 E_1이라 하자.

$\overline{A_2D_1}=\overline{D_1E_1}$, $\angle A_2D_1E_1=\dfrac{\pi}{2}$이고 선분 D_1C_1과 선분 A_2E_1이 만나도록 점 A_2를 잡고, $\overline{B_2C_1}=\overline{C_1E_1}$, $\angle B_2C_1E_1=\dfrac{\pi}{2}$이고 선분 D_1C_1과 선분 B_2E_1이 만나도록 점 B_2를 잡는다. 두 삼각형 $A_2D_1E_1$, $B_2C_1E_1$을 그린 후 ⋈ 모양의 도형에 색칠하여 얻은 그림을 R_1이라 하자.

그림 R_1에서 $\overline{A_2B_2}:\overline{A_2D_2}=4:1$이고 선분 D_2C_2가 두 선분 A_2E_1, B_2E_1과 만나지 않도록 직사각형 $A_2B_2C_2D_2$를 그린다.

그림 R_1을 얻은 것과 같은 방법으로 세 점 E_2, A_3, B_3을 잡고 두 삼각형 $A_3D_2E_2$, $B_3C_2E_2$를 그린 후 ⋈ 모양의 도형에 색칠하여 얻은 그림을 R_2라 하자.

이와 같은 과정을 계속하여 n번째 얻은 그림 R_n에 색칠되어 있는 부분의 넓이를 S_n이라 할 때, $\displaystyle\lim_{n\to\infty}S_n$의 값은? [3점]

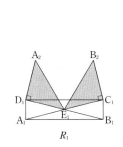
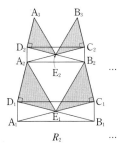

R_1 R_2 …

① $\dfrac{68}{5}$ ② $\dfrac{34}{3}$ ③ $\dfrac{68}{7}$

④ $\dfrac{17}{2}$ ⑤ $\dfrac{68}{9}$

| 풀이 | 직각삼각형 $D_1A_1B_1$에서 $\overline{D_1B_1}=\sqrt{1^2+4^2}=\sqrt{17}$ 이므로

$\overline{D_1E_1}=\dfrac{1}{2}\overline{D_1B_1}=\dfrac{\sqrt{17}}{2}$ 이다. $\therefore S_1=2\times\left\{\dfrac{1}{2}\times\left(\dfrac{\sqrt{17}}{2}\right)^2\right\}=\dfrac{17}{4}$

한편 오른쪽 그림과 같이 세 점 A_2, B_2, E_1에서 선분 D_1C_1에 내린 수선의 발을 각각 H_1, H_2, O라 하자.

이때 $\angle E_1D_1O=\theta$라 하면 $\angle A_2D_1H_1=90°-\theta$ 이므로 $\angle D_1A_2H_1=\theta$이다.

즉, 두 직각삼각형 E_1D_1O, $D_1A_2H_1$은 RHA 합동이므로 $\overline{D_1H_1}=\overline{E_1O}=\dfrac{1}{2}$ 이다.

$\overline{C_1H_2}=\overline{D_1H_1}=\dfrac{1}{2}$ 이므로 $\overline{A_2B_2}=\overline{H_1H_2}=4-\dfrac{1}{2}-\dfrac{1}{2}=3$이다.

따라서 $\overline{A_1B_1}:\overline{A_2B_2}=4:3=1:\dfrac{3}{4}$ 이고,

같은 과정이 반복되므로 모든 자연수 n에 대하여 두 그림 R_n, R_{n+1}에 새로 색칠된 두 도형의 닮음비는 $1:\dfrac{3}{4}$ 이고 넓이의 비는 $1^2:\left(\dfrac{3}{4}\right)^2=1:\dfrac{9}{16}$ 이다.

$\therefore \displaystyle\lim_{n\to\infty}S_n=\dfrac{\dfrac{17}{4}}{1-\dfrac{9}{16}}=\dfrac{68}{7}$

답 ③

유형 11 등비급수와 도형(2) - 개수 변화

대표기출12 _ 2020학년도 9월 평가원 나형 18번

그림과 같이 중심이 O, 반지름의 길이가 2이고 중심각의 크기가 90°인 부채꼴 OAB가 있다. 선분 OA의 중점을 C, 선분 OB의 중점을 D라 하자. 점 C를 지나고 선분 OB와 평행한 직선이 호 AB와 만나는 점을 E, 점 D를 지나고 선분 OA와 평행한 직선이 호 AB와 만나는 점을 F라 하자. 선분 CE와 선분 DF가 만나는 점을 G, 선분 OE와 선분 DG가 만나는 점을 H, 선분 OF와 선분 CG가 만나는 점을 I라 하자. 사각형 OIGH를 색칠하여 얻은 그림을 R_1이라 하자.

그림 R_1에 중심이 C, 반지름의 길이가 $\overline{CI}$, 중심각의 크기가 90°인 부채꼴 CJI와 중심이 D, 반지름의 길이가 $\overline{DH}$, 중심각의 크기가 90°인 부채꼴 DHK를 그린다. 두 부채꼴 CJI, DHK에 그림 R_1을 얻는 것과 같은 방법으로 두 개의 사각형을 그리고 색칠하여 얻은 그림을 R_2라 하자.

R_1 R_2

이와 같은 과정을 계속하여 n번째 얻은 그림 R_n에 색칠되어 있는 부분의 넓이를 S_n이라 할 때, $\displaystyle\lim_{n\to\infty}S_n$의 값은? [4점]

R_3 …

① $\dfrac{2(3-\sqrt{3})}{5}$ ② $\dfrac{7(3-\sqrt{3})}{15}$ ③ $\dfrac{8(3-\sqrt{3})}{15}$

④ $\dfrac{3(3-\sqrt{3})}{5}$ ⑤ $\dfrac{2(3-\sqrt{3})}{3}$

| 풀이 | 직각삼각형 OCE에서 $\overline{OE}=2$, $\overline{OC}=1$이므로 $\overline{EC}=\sqrt{3}$ 이고 $\angle EOC=60°$이다.

$\angle DOH=30°$, $\overline{OD}=1$에서 $\overline{DH}=\dfrac{1}{\sqrt{3}}$ 이므로

삼각형 ODH의 넓이는 $\dfrac{1}{2}\times1\times\dfrac{1}{\sqrt{3}}=\dfrac{1}{2\sqrt{3}}$ 이다.

$\therefore S_1=$(정사각형 OCGD의 넓이)$-$(삼각형 ODH의 넓이)$\times2$

$=1-\dfrac{1}{2\sqrt{3}}\times2=1-\dfrac{1}{\sqrt{3}}$

한편 그림 R_1, R_2에서 새로 색칠된 부채꼴 OAB와 부채꼴 DHK의 닮음비는 $\overline{OA}:\overline{DH}=2:\dfrac{1}{\sqrt{3}}$ 이고

같은 과정을 계속하므로 모든 자연수 n에 대하여

두 그림 R_n, R_{n+1}에 새로 색칠된 부분의 닮음비도 $2:\dfrac{1}{\sqrt{3}}$ 이고

넓이의 비는 $2^2:\left(\dfrac{1}{\sqrt{3}}\right)^2=1:\dfrac{1}{12}$ 이며 부채꼴의 개수가 2배씩 증가한다.

따라서 S_n은 첫째항이 $1-\dfrac{1}{\sqrt{3}}$ 이고 공비가 $\dfrac{1}{12}\times2=\dfrac{1}{6}$ 인 등비수열의 첫째항부터 제 n 항까지의 합이므로

$\displaystyle\lim_{n\to\infty}S_n=\dfrac{1-\dfrac{1}{\sqrt{3}}}{1-\dfrac{1}{6}}=\dfrac{2(3-\sqrt{3})}{5}$

답 ①

핵심유형
SET 01
SET 02
SET 03
SET 04
SET 05
SET 06
SET 07
SET 08

001

등차수열 $\{a_n\}$에 대하여 $a_2 = 12$, $a_7 - a_4 = 9$일 때,

$\displaystyle\sum_{n=1}^{\infty} \frac{3}{(n+1)a_n}$ 의 값은?

① $\dfrac{1}{2}$ ② 1 ③ $\dfrac{3}{2}$

④ 2 ⑤ $\dfrac{5}{2}$

002

수열 $\{a_n\}$이 모든 자연수 n에 대하여

$$\sqrt{n^2+4n} - n < a_n < \sqrt{n^2+4n+3} - n$$

을 만족시킬 때, $\displaystyle\lim_{n\to\infty} a_n$의 값은?

① 1 ② 2 ③ 3

④ 4 ⑤ 5

003

등비수열 $\{a_n\}$에 대하여 $\displaystyle\lim_{n\to\infty} \frac{2^n a_n}{2^n + 3^n} = 2$일 때, a_3의 값은?

① $\dfrac{3}{2}$ ② $\dfrac{9}{4}$ ③ 3

④ $\dfrac{27}{4}$ ⑤ 9

004

수열 $\left\{\left(\dfrac{x}{4}\right)^n\right\}$과 급수 $\displaystyle\sum_{n=1}^{\infty} (1 - \log_3 x)^n$이 모두 수렴하도록 하는 정수 x의 값의 합을 구하시오.

005

유형 01

두 수열 $\{a_n\}$, $\{b_n\}$이 다음 조건을 만족시킨다.

(가) 모든 자연수 n에 대하여 $\displaystyle\sum_{k=1}^{n} a_k b_k = \frac{1}{n}$ 이다.

(나) $\displaystyle\lim_{n\to\infty} n b_n = 3$

$\displaystyle\lim_{n\to\infty} n a_n = k$ 일 때, $36k^2$ 의 값을 구하시오.

006

짝기출 004 유형 10

그림과 같이 $\overline{AB_1} = \overline{AC_1} = 3$이고 $\angle B_1AC_1 = \dfrac{\pi}{2}$인 직각삼각형 AB_1C_1이 있다. 선분 B_1C_1의 삼등분점을 각각 P_1, Q_1이라 하고 선분 P_1Q_1을 지름으로 하는 반원에 색칠하여 얻은 그림을 R_1이라 하자.

그림 R_1에서 선분 P_1Q_1을 지름으로 하는 반원에 접하고 직선 B_1C_1에 평행한 직선이 두 선분 AB_1, AC_1과 만나는 점을 각각 B_2, C_2라 하자. 그림 R_1을 얻은 것과 같은 방법으로 두 점 P_2, Q_2를 잡고 선분 P_2Q_2를 지름으로 하는 반원에 색칠하여 얻은 그림을 R_2라 하자.

이와 같은 과정을 계속하여 n번째 얻은 그림 R_n에 색칠되어 있는 부분의 넓이를 S_n이라 할 때, $\displaystyle\lim_{n\to\infty} S_n$의 값은?

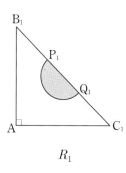

R_1

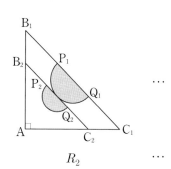

R_2

$\cdots$

① $\dfrac{\pi}{9}$ ② $\dfrac{\pi}{5}$ ③ $\dfrac{9}{20}\pi$

④ $\dfrac{4}{5}\pi$ ⑤ π

I 수열의 극한

핵심유형
SET 01
SET 02
SET 03
SET 04
SET 05
SET 06
SET 07
SET 08

007

찍기출 005 유형 03

좌표평면에서 자연수 n에 대하여 두 곡선 $y = \sqrt{x+2}$, $y = \sqrt{x}$ 가 직선 $x = n$과 만나는 두 점을 각각 A_n, B_n이라 하자. 선분 A_nB_n의 길이를 a_n이라 할 때, $\lim\limits_{n \to \infty} \dfrac{a_{2n}}{a_n}$ 의 값은?

① $\dfrac{\sqrt{2}}{8}$ ② $\dfrac{1}{4}$ ③ $\dfrac{\sqrt{2}}{4}$

④ $\dfrac{1}{2}$ ⑤ $\dfrac{\sqrt{2}}{2}$

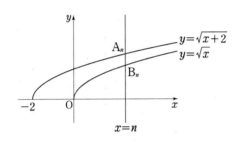

008

찍기출 006 유형 05

$x > 0$에서 정의된 함수

$$f(x) = \lim_{n \to \infty} \frac{x^{n+1} + 1}{x^n + x}$$

에 대하여 $f(f(k)) = 2$가 되도록 하는 모든 실수 k의 값의 합은?

① $\dfrac{3}{2}$ ② $\dfrac{7}{4}$ ③ 2

④ $\dfrac{9}{4}$ ⑤ $\dfrac{5}{2}$

009

유형 02

함수 $f(x)$가 다음 조건을 만족시킨다.

> (가) $-1 \leq x \leq 1$에서 $f(x)=-|x|+1$
> (나) 모든 실수 x에 대하여 $f(x+2)=f(x)$

자연수 n에 대하여 직선 $y=\dfrac{1}{2n}(x+1)$과 함수 $y=f(x)$의 그래프의 교점의 개수를 a_n이라 할 때, $\displaystyle\lim_{n\to\infty}\dfrac{a_n}{n}$의 값을 구하시오.

010

유형 04

첫째항이 양수이고 공비가 음수인 등비수열 $\{a_n\}$의 첫째항부터 제n항까지의 합을 S_n이라 하자. a_n과 S_n이 다음 조건을 만족시킬 때, a_7의 값을 구하시오.

> (가) $\displaystyle\sum_{n=1}^{4}\left(|a_n|+a_n\right)=10$
> (나) $\displaystyle\lim_{n\to\infty}\dfrac{a_n+a_{n+1}}{S_n}=-\dfrac{3}{2}$

011

수열 $\{a_n\}$과 $\{b_n\}$이

$$\lim_{n\to\infty}(3n-1)a_n = 5,\quad \lim_{n\to\infty}(2n+3)^2 b_n = 8$$

을 만족시킬 때, $\lim_{n\to\infty}\dfrac{(15n+1)b_n}{a_n}$ 의 값을 구하시오.

012

수열 $\{a_n\}$은 모든 자연수 n에 대하여

$$3n^2 + 3n \le a_n \le 3n^2 + 4n$$

이고, 수열 $\{b_n\}$은 $\lim_{n\to\infty}(2n^2 + 5n)b_n = 10$을 만족시킨다.

$\lim_{n\to\infty}a_n b_n$의 값은?

① 10   ② 15   ③ 20

④ 25   ⑤ 30

013

유형 03

등차수열 $\{a_n\}$에 대하여 $a_2 = 5$, $a_4 = 13$일 때, $\lim_{n\to\infty}\sqrt{2n}\,(\sqrt{a_{n+1}} - \sqrt{a_n})$의 값은?

① $\dfrac{1}{2}$ ② $\dfrac{\sqrt{2}}{2}$ ③ 1

④ $\sqrt{2}$ ⑤ 2

014

수열 $\{a_n\}$이

$$\lim_{n \to \infty} \frac{(6^n - 1)a_n}{5^n} = 4$$

를 만족시킬 때, $\lim\limits_{n \to \infty} \dfrac{a_n}{a_{n+1}}$의 값은?

① $\dfrac{2}{5}$　　　　② $\dfrac{3}{5}$　　　　③ $\dfrac{4}{5}$

④ 1　　　　⑤ $\dfrac{6}{5}$

015

유형 08

자연수 n에 대하여 점 $A(2n,\ 2)$와 직선 $x + y - n = 0$

사이의 거리를 a_n이라 할 때, $\sum\limits_{n=1}^{\infty} \dfrac{1}{a_n a_{n+1}}$의 값은?

① $\dfrac{1}{3}$　　　　② $\dfrac{2}{3}$　　　　③ 1

④ $\dfrac{4}{3}$　　　　⑤ $\dfrac{5}{3}$

016

유형 05

자연수 n에 대하여 x에 대한 다항식 $x^n + x$를 $x - 2$로 나누었을 때의 나머지를 a_n이라 하자. 수열 $\{a_n\}$에 대하여 $\lim\limits_{n \to \infty} \dfrac{a_n}{p^n} = q$를 만족시키는 두 양수 p, q의 합 $p + q$의 값을 구하시오.

I 수열의 극한

핵심유형

SET 01
SET 02
SET 03
SET 04
SET 05
SET 06
SET 07
SET 08

017

픽기출 011 유형 02

자연수 n에 대하여 세 점 $A_n(\sqrt{n}, 0)$, $B_n(0, n)$,

$C_n(\sqrt{n}, 2n)$을 꼭짓점으로 하는 삼각형 $A_nB_nC_n$이 있다.

이 삼각형 $A_nB_nC_n$에 내접하는 원의 반지름의 길이를

r_n이라 할 때, $\lim\limits_{n \to \infty} \dfrac{r_n}{\sqrt{n}}$의 값은?

① $\dfrac{3}{8}$

② $\dfrac{1}{2}$

③ $\dfrac{5}{8}$

④ $\dfrac{3}{4}$

⑤ $\dfrac{7}{8}$

018

유형 09

수열 $\{a_n\}$이 다음 조건을 만족시킨다.

> (가) $a_1 = 2$
>
> (나) 모든 자연수 n에 대하여 $a_n a_{n+1} = 4^n$이다.

$\sum\limits_{n=1}^{\infty} \dfrac{1}{a_{2n-1}}$의 값은?

① $\dfrac{1}{2}$

② $\dfrac{2}{3}$

③ $\dfrac{3}{4}$

④ $\dfrac{4}{3}$

⑤ $\dfrac{3}{2}$

019

짝기출 012 유형 05

자연수 n에 대하여 직선 $x = n$이 두 곡선 $y = 2^x$, $y = a^x \ (a > 2)$과 만나는 점을 각각 P_n, Q_n이라 하자. 사각형 $\mathrm{P}_n \mathrm{P}_{n+1} \mathrm{Q}_{n+1} \mathrm{Q}_n$의 넓이를 S_n이라 하고,

$T_n = \displaystyle\sum_{k=1}^{n} S_k$라 하자. $\displaystyle\lim_{n \to \infty} \dfrac{T_n}{a^n} = \dfrac{10}{3}$일 때, a의 값은?

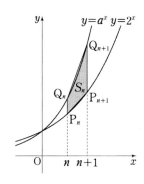

① 3

② $\dfrac{10}{3}$

③ $\dfrac{11}{3}$

④ 4

⑤ $\dfrac{13}{3}$

020

짝기출 013 유형 10

그림과 같이 $\overline{\mathrm{AB}_1} = 1$, $\overline{\mathrm{AD}_1} = 2$인 직사각형 $\mathrm{AB}_1\mathrm{C}_1\mathrm{D}_1$이 있다. $\overline{\mathrm{C}_1\mathrm{D}_1} = \overline{\mathrm{C}_1\mathrm{F}_1}$을 만족시키는 선분 $\mathrm{B}_1\mathrm{D}_1$ 위의 D_1이 아닌 점 F_1에 대하여 삼각형 $\mathrm{B}_1\mathrm{C}_1\mathrm{F}_1$을 색칠하여 얻은 그림을 R_1이라 하자.

그림 R_1에서 선분 AB_1 위의 점 B_2, 선분 $\mathrm{B}_1\mathrm{D}_1$ 위의 점 C_2, 선분 AD_1 위의 점 D_2를 꼭짓점으로 하고 $\overline{\mathrm{AB}_2} : \overline{\mathrm{B}_2\mathrm{C}_2} = 1 : 2$인 직사각형 $\mathrm{AB}_2\mathrm{C}_2\mathrm{D}_2$를 그린다.

그림 R_1을 얻는 것과 같은 방법으로 만들어지는 삼각형 $\mathrm{B}_2\mathrm{C}_2\mathrm{F}_2$를 색칠하여 얻은 그림을 R_2라 하자.

이와 같은 과정을 계속하여 n번째 얻은 그림 R_n에 색칠되어 있는 부분의 넓이를 S_n이라 할 때, $\displaystyle\lim_{n \to \infty} S_n$의 값은?

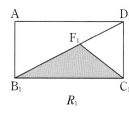 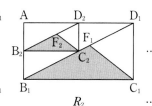

R_1 R_2

① $\dfrac{2}{3}$

② $\dfrac{4}{5}$

③ $\dfrac{14}{15}$

④ $\dfrac{16}{15}$

⑤ $\dfrac{6}{5}$

I 수열의 극한

핵심유형
SET 01
SET 02
SET 03
SET 04
SET 05
SET 06
SET 07
SET 08

021

짝기출 014 유형 04

첫째항이 4이고 공비가 3인 등비수열 $\{a_n\}$의 첫째항부터

제n항까지의 합을 S_n이라 하자. $\lim\limits_{n\to\infty}\dfrac{S_n}{a_n}$의 값은?

① $\dfrac{7}{6}$ ② $\dfrac{4}{3}$ ③ $\dfrac{3}{2}$

④ $\dfrac{5}{3}$ ⑤ $\dfrac{11}{6}$

022

유형 01

수렴하는 두 수열 $\{a_n\}$, $\{b_n\}$이 $\lim\limits_{n\to\infty}\dfrac{a_n+1}{b_n}=2$,

$\lim\limits_{n\to\infty}\dfrac{b_n+4}{a_n}=2$를 만족시킬 때, $\lim\limits_{n\to\infty}(a_n+b_n)$의 값은?

① 3   ② 4   ③ 5

④ 6   ⑤ 7

023

유형 07

모든 항이 0이 아닌 두 수열 $\{a_n\}$, $\{b_n\}$에 대하여

$$\lim_{n\to\infty}a_n=\infty,\ \sum_{n=1}^{\infty}(a_n-3b_n)=3$$

일 때, $\lim\limits_{n\to\infty}\dfrac{2a_n+3b_n+1}{2a_n-3b_n+2}$의 값은?

(단, $2a_n-3b_n\neq-2$)

① -3 ② -1 ③ 0

④ 1 ⑤ 3

024

짝기출 015 유형 06

두 수열 $\{a_n\}$, $\{b_n\}$이 모든 자연수 n에 대하여 부등식

$$\frac{6}{n+3}<a_n<\frac{6}{n+1},$$
$$5n^2+n<b_n<5n^2+3n$$

을 만족시킬 때, $\lim\limits_{n\to\infty}\dfrac{a_nb_n}{3n+2}$의 값을 구하시오.

025

유형 09

등비수열 $\{a_n\}$에 대하여

$$\sum_{n=1}^{\infty} a_n = 6, \quad \sum_{n=1}^{\infty} a_{2n} = 2$$

일 때, $\displaystyle\sum_{n=1}^{\infty} (a_n)^2$의 값을 구하시오.

026

짝기출 016 유형 02

좌표평면에서 자연수 n에 대하여 곡선
$y = ax^2 - nx \, (a > 1)$가 x축과 만나는 점 중 원점이 아닌
점을 P, 직선 $x = n$과 만나는 점을 Q라 하자. 삼각형
OPQ의 넓이를 S_n이라 할 때

$$\lim_{n \to \infty} \frac{S_n}{2n^3 - 3n} = \frac{1}{6}$$

이다. 상수 a의 값을 구하시오. (단, O는 원점이다.)

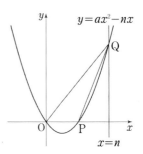

027

짝기출 017 유형 09

등비수열 $\{a_n\}$에 대하여

$$\sum_{n=1}^{\infty} a_n = 6,\ \sum_{n=1}^{\infty} {a_n}^2 = 18$$

일 때, $\sum_{n=1}^{\infty} (a_{2n-1} - a_{2n})$의 값은?

① 1 ② $\frac{3}{2}$ ③ 2 ④ $\frac{5}{2}$ ⑤ 3

028

짝기출 018 유형 05

함수

$$f(x) = \lim_{n \to \infty} \frac{\left(\frac{x^2}{4}\right)^{n+1} + x}{2 \times \left(\frac{x^2}{4}\right)^n + 1}$$

에 대하여 부등식 $f(k) \le k$를 만족시키는 정수 k의 개수를 구하시오.

029

유형 09

수열 $\{a_n\}$에 대하여 높이가 a_n인 정삼각형이 있다. 수열 $\{a_n\}$이 다음 조건을 만족시키고 이 정삼각형의 넓이를 S_n이라 할 때, $\displaystyle\sum_{n=1}^{\infty} S_n$의 값은?

> (가) $a_1 = 1$, $a_2 = \dfrac{1}{2}$
>
> (나) 모든 자연수 n에 대하여 $(a_{n+1})^2 = a_n a_{n+2}$이다.

① $\dfrac{1}{9}\sqrt{3}$ ② $\dfrac{2}{9}\sqrt{3}$ ③ $\dfrac{1}{3}\sqrt{3}$

④ $\dfrac{4}{9}\sqrt{3}$ ⑤ $\dfrac{6}{9}\sqrt{3}$

030

짝기출 019 유형 10

그림과 같이 $\overline{A_1B_1} = 3$, $\overline{B_1C} = 3\sqrt{3}$, $\angle B_1 = 90°$인 삼각형 A_1B_1C가 있다. 점 B_1을 지나고 선분 B_1C 위에 중심이 있으며 선분 A_1C에 접하는 반원을 그린 후 그 접점을 B_2라 하자. 이 반원이 선분 B_1C와 만나는 점 중 점 B_1이 아닌 점을 A_2라 하고, 반원과 두 선분 A_2B_2, B_2B_1로 둘러싸인 부분인 ⌒ 모양에 색칠하여 얻은 그림을 R_1이라 하자.

그림 R_1에 점 B_2를 지나고 선분 B_1B_2 위에 중심이 있으며 선분 B_1C에 접하는 반원을 그린 후 그 접점을 B_3이라 하자. 이 새로 그린 반원이 선분 B_1B_2와 만나는 점 중 점 B_2가 아닌 점을 A_3이라 하고, 새로 그린 반원과 두 선분 A_3B_3, B_3B_2로 둘러싸인 부분인 ⌒ 모양에 색칠하여 얻은 그림을 R_2라 하자.

이와 같은 과정을 계속하여 n번째 얻은 그림 R_n에 색칠되어 있는 부분의 넓이를 S_n이라 할 때, $\displaystyle\lim_{n\to\infty} S_n$의 값은?

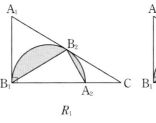

R_1

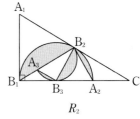

R_2

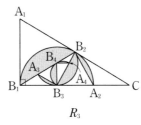

R_3

...

① $\dfrac{7}{4}(\pi - \sqrt{3})$ ② $2(\pi - \sqrt{3})$

③ $\dfrac{9}{4}(\pi - \sqrt{3})$ ④ $\dfrac{5}{2}(\pi - \sqrt{3})$

⑤ $\dfrac{11}{4}(\pi - \sqrt{3})$

핵심유형

SET 01
SET 02
SET 03
SET 04
SET 05
SET 06
SET 07
SET 08

031

짝기출 020 **유형 01**

수열 $\{a_n\}$과 $\{b_n\}$이

$$\lim_{n \to \infty} na_n = \infty, \quad \lim_{n \to \infty}(2na_n - b_n) = 6$$

을 만족시킬 때, $\lim_{n \to \infty} \dfrac{na_n - 2b_n}{3na_n + b_n}$ 의 값은?

① -1 ② $-\dfrac{4}{5}$ ③ $-\dfrac{3}{5}$

④ $-\dfrac{2}{5}$ ⑤ $-\dfrac{1}{5}$

032

유형 06

수열 $\{a_n\}$이 모든 자연수 n에 대하여

$$n(n+2) < a_n < (n+2)^2$$

을 만족시킬 때, $\lim_{n \to \infty} \dfrac{a_{2n}}{a_n}$ 의 값은?

① 1 ② 2 ③ 4

④ 8 ⑤ 16

033

짝기출 021 **유형 09**

등비수열 $\left\{\left(\dfrac{2-x}{4}\right)^n\right\}$과 등비급수

$\displaystyle\sum_{n=1}^{\infty}(x+1)\left(1-\dfrac{x}{4}\right)^{n-1}$ 이 모두 수렴하도록 하는 정수

x의 개수를 구하시오.

034

짝기출 022 유형 08

첫째항이 1인 등차수열 $\{a_n\}$에 대하여

$$\sum_{n=1}^{\infty} \frac{1}{a_n a_{n+1}} = \frac{1}{3}$$

일 때, $\sum_{n=1}^{\infty} \left(\frac{a_n}{n} - \frac{3n+4}{n+2} \right)$의 값은?

① -1 ② -2 ③ -3

④ -4 ⑤ -5

035

짝기출 023 유형 05

자연수 n에 대하여 집합 A_n을

$$A_n = \{ x \mid x \text{는 } 9^n \text{의 양의 약수} \}$$

라 하자. 집합 A_n의 부분집합의 개수를 a_n이라 할 때,

$$\lim_{n \to \infty} \frac{3^n + 4^{n-1}}{a_n - 3^{n+1}} = \frac{q}{p}$$ 이다. $p+q$의 값을 구하시오.

(단, p와 q는 서로소인 자연수이다.)

036

짝기출 024 유형 08

자연수 n에 대하여 x에 대한 부등식

$$x^2 - 4px + 3p^2 + n^2 \ge 0$$

이 있다. 실수 x의 값에 관계없이 이 부등식이 항상 성립하도록

하는 정수 p의 개수를 a_n이라 할 때, $\sum_{n=1}^{\infty} \frac{1}{a_n a_{n+1}}$의 값은?

① $\dfrac{1}{6}$ ② $\dfrac{1}{3}$ ③ $\dfrac{1}{2}$

④ $\dfrac{2}{3}$ ⑤ $\dfrac{5}{6}$

I 수열의 극한

핵심유형

SET 01
SET 02
SET 03
SET 04
SET 05
SET 06
SET 07
SET 08

037

유형 03

자연수 n에 대하여 좌표평면에서 함수 $y = \dfrac{n}{x}$의 그래프와 직선 $y = x$가 만나는 두 점 사이의 거리를 a_n이라 하자. $\displaystyle\lim_{n \to \infty} \sqrt{n}\,(a_{n+1} - a_n)$의 값은?

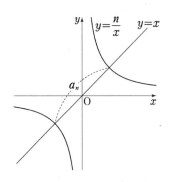

① $\sqrt{2}$ ② 2 ③ $2\sqrt{2}$

④ 4 ⑤ $4\sqrt{2}$

038

유형 02

자연수 n에 대하여 두 함수

$$f(x) = (x-n)^2 \ (x \ge n),$$
$$g(x) = \sqrt{x} + n$$

이 있다. 좌표평면에서 두 곡선 $y = f(x)$, $y = g(x)$가 만나는 점을 P_n이라 할 때, 선분 OP_n의 길이를 a_n이라 하자. $\displaystyle\lim_{n \to \infty} \dfrac{a_n}{n}$의 값은? (단, O는 원점이다.)

① 1 ② $\sqrt{2}$ ③ $\sqrt{3}$

④ 2 ⑤ $\sqrt{5}$

039

유형 05

첫째항이 3이고 공비가 5인 등비수열 $\{a_n\}$의 첫째항부터 제n항까지의 합을 S_n이라 하자. $\displaystyle\lim_{n\to\infty}\dfrac{S_n - k^n}{a_n + k^n} > 0$이 되도록 하는 모든 자연수 k의 값의 합을 구하시오.

040

찍기출 025 유형 11

$\overline{AB}=1$, $\overline{BC}=2$인 직사각형 ABCD에 대하여 그림과 같이 두 선분 BC, AD의 중점을 각각 M, N이라 하자. 점 M을 중심으로 하고 세 점 B, N, C를 지나는 반원의 내부를 색칠하여 얻은 그림을 R_1이라 하자.

그림 R_1에 점 A, 선분 AB 위의 한 점, 호 BN 위의 한 점, 선분 NA 위의 한 점을 꼭짓점으로 하는 직사각형과 점 D, 선분 DC 위의 한 점, 호 CN 위의 한 점, 선분 ND 위의 한 점을 꼭짓점으로 하는 직사각형을 직사각형 ABCD와 닮음이 되도록 그리고, 이 두 개의 직사각형 안에 R_1을 얻는 과정과 같은 방법으로 각각 만들어지는 반원 모양의 2개의 도형에 색칠하여 얻은 그림을 R_2라 하자.

그림 R_2에 새로 만들어진 두 개의 직사각형에 각각 R_1에서 R_2를 얻는 과정과 같은 방법으로 만들어지는 반원 모양의 4개의 도형에 색칠하여 얻은 그림을 R_3이라 하자.

이와 같은 과정을 계속하여 n번째 얻은 그림 R_n에 색칠되어 있는 모든 부분의 넓이를 S_n이라 할 때, $\displaystyle\lim_{n\to\infty} S_n$의 값은?

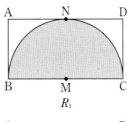

R_1

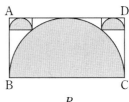

R_2

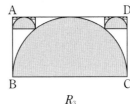

R_3

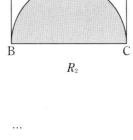

① $\dfrac{25}{48}\pi$ 　　② $\dfrac{10}{19}\pi$ 　　③ $\dfrac{25}{47}\pi$

④ $\dfrac{50}{93}\pi$ 　　⑤ $\dfrac{25}{46}\pi$

I 수열의 극한

핵심유형
SET 01
SET 02
SET 03
SET 04
SET 05
SET 06
SET 07
SET 08

041

짝기출 026 **유형 07**

두 수열 $\{a_n\}$, $\{b_n\}$에 대하여

$$\sum_{n=1}^{\infty} \frac{a_n}{n} = 3, \ \sum_{n=1}^{\infty} b_n = 2$$

일 때, $\lim_{n \to \infty} \dfrac{a_n + 2n}{2nb_n + n + 1}$의 값은?

① $\dfrac{1}{4}$ ② $\dfrac{1}{2}$ ③ 1

④ 2 ⑤ 4

042

유형 03

자연수 n에 대하여 $\sqrt{n^2 + 5n + 7}$ 보다 크지 않은 최대의 정수를 a_n이라 할 때, $\lim_{n \to \infty} (\sqrt{n^2 + 5n + 7} - a_n)$의 값은?

① -1 ② $-\dfrac{1}{2}$ ③ 0

④ $\dfrac{1}{2}$ ⑤ 1

043

짝기출 027 **유형 01**

두 수열 $\{a_n\}$, $\{b_n\}$에 대하여

$$\lim_{n \to \infty} \frac{a_n - 3}{2} = 1, \ \lim_{n \to \infty} \frac{3}{b_n + 2} = \frac{1}{2}$$

일 때, $\lim_{n \to \infty} \dfrac{2na_n + b_n}{nb_n + n}$의 값은? (단, $b_n \neq -2$)

① 1 ② 2 ③ 3

④ 4 ⑤ 5

044

짝기출 028 **유형 06**

수열 $\{a_n\}$이 모든 자연수 n에 대하여

$$\frac{n}{2} < a_n < \frac{n+1}{2}$$

을 만족시킬 때, $\lim_{n \to \infty} \dfrac{n^2 - n}{\displaystyle\sum_{k=1}^{n} a_k}$의 값을 구하시오.

045

짝기출 029 유형 09

모든 항이 양수인 수열 $\{a_n\}$에 대하여

$$\sum_{k=1}^{n} \log a_k = \log(2^n) - \frac{1}{2}\log(3^{n^2-n})$$

일 때, $\sum_{n=1}^{\infty} a_n$의 값은?

① 1 　　　　② 2 　　　　③ 3

④ 4 　　　　⑤ 5

046

짝기출 030 유형 08

2 이상의 자연수 n에 대하여 좌표평면에서 원 $x^2+y^2=n^2$과 직선 $y=\sqrt{n}$이 제1사분면에서 만나는 점을 A_n이라 하고, 점 A_n의 x좌표를 a_n이라 하자.

$$\sum_{n=2}^{\infty} \frac{1}{(a_n)^2}$$의 값은?

① $\frac{1}{2}$ 　　　　② 1 　　　　③ $\frac{3}{2}$

④ 2 　　　　⑤ $\frac{5}{2}$

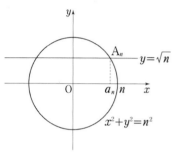

I 수열의 극한

047

유형 01

첫째항이 1이고 모든 항이 0이 아닌 수열 $\{a_n\}$이 모든

자연수 n에 대하여 $\displaystyle\sum_{k=1}^{n}\frac{a_{k+1}-a_k}{a_k a_{k+1}}=\frac{3n+1}{3n+2}$을 만족시킬

때, $\displaystyle\lim_{n\to\infty}\frac{(a_n)^2}{\sum_{k=1}^{n}a_k}$의 값을 구하시오.

048

유형 09

모든 항이 양수인 등비수열 $\{a_n\}$이

$$\lim_{n\to\infty}\frac{3^n a_n + 2^{2n+1}}{3\times 4^n + 1}=\frac{5}{3}$$

를 만족시킬 때, $\displaystyle\sum_{n=1}^{\infty}\frac{10}{a_n}$의 값을 구하시오.

049

짝기출 031 유형 02

자연수 n에 대하여 좌표평면 위의 점 $A_n(n, 0)$을 지나고 기울기가 $2n$인 직선 l이 직선 $x = 2n$과 만나는 점을 B_n, 직선 l과 수직이고 점 B_n을 지나는 직선이 y축과 만나는 점을 C_n이라 하자. 사각형 $OA_nB_nC_n$의 넓이를 S_n이라 할 때, $\lim\limits_{n \to \infty} \dfrac{S_n}{n^3}$ 의 값을 구하시오. (단, O 는 원점이다.)

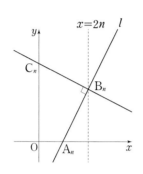

050

짝기출 032 유형 10

그림과 같이 $\overline{AB_1} = 3$인 정사각형 $AB_1C_1D_1$이 있다. 선분 AD_1, C_1D_1을 $2 : 1$로 내분하는 점을 각각 E_1, F_1이라 하자. 반지름의 길이가 $\overline{D_1E_1}$인 부채꼴 $D_1E_1F_1$의 내부와 삼각형 $B_1C_1F_1$의 내부로 이루어진 ⬲ 모양의 도형에 색칠하여 얻은 그림을 R_1이라 하자. 그림 R_1에서 선분 AB_1 위의 점 B_2, 선분 B_1F_1 위의 점 C_2, 선분 AD_1 위의 점 D_2와 점 A를 꼭짓점으로 하는 정사각형 $AB_2C_2D_2$를 그리고, 그림 R_1을 얻은 것과 같은 방법으로 정사각형 $AB_2C_2D_2$에 ⬲ 모양의 도형을 그리고 색칠하여 얻은 그림을 R_2라 하자. 이와 같은 과정을 계속하여 n번째 얻은 그림 R_n에 색칠되어 있는 부분의 넓이를 S_n이라 할 때, $\lim\limits_{n \to \infty} S_n$의 값은?

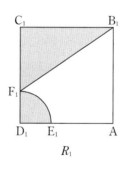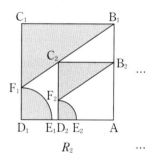

R_1 R_2 $\cdots$

① $\dfrac{25}{16}\left(3 + \dfrac{\pi}{4}\right)$ ② $\dfrac{16}{9}\left(3 + \dfrac{\pi}{4}\right)$ ③ $\dfrac{9}{4}\left(3 + \dfrac{\pi}{4}\right)$

④ $\dfrac{25}{16}\left(6 + \dfrac{\pi}{2}\right)$ ⑤ $\dfrac{9}{4}\left(6 + \dfrac{\pi}{2}\right)$

I
수열의 극한

핵심유형

SET 01
SET 02
SET 03
SET 04
SET 05
SET 06
SET 07
SET 08

051

짝기출 033 유형 09

등비수열 $\{a_n\}$이 $a_2 = 2$, $a_4 = \dfrac{4}{5}$ 를 만족시킬 때

$$\sum_{n=2}^{\infty} a_{n-1}a_{n+1} \text{의 값은?}$$

① 6　　　　② $\dfrac{19}{3}$　　　　③ $\dfrac{20}{3}$

④ 7　　　　⑤ $\dfrac{22}{3}$

052

짝기출 034 유형 01

수렴하는 두 수열 $\{a_n\}$과 $\{b_n\}$이 모든 자연수 n에 대하여

$$a_{n+1} = \frac{1}{2}b_n + \frac{7}{2},$$

$$b_{n+1} = -\frac{1}{2}a_n + \frac{1}{2}$$

을 만족시킬 때, $\displaystyle\lim_{n\to\infty}(a_n + b_n)$의 값을 구하시오.

053

유형 06

수열 $\{a_n\}$이 모든 자연수 n에 대하여 부등식

$$\left| na_n - \frac{2n^2 + 1}{3n} \right| < \frac{n}{2^n}$$

을 만족시킬 때, $\displaystyle\lim_{n\to\infty} a_n$의 값은?

① $\dfrac{1}{3}$　　　　② $\dfrac{2}{3}$　　　　③ 1

④ $\dfrac{3}{2}$　　　　⑤ 2

054

유형 08

자연수 n에 대하여 네 직선

$$x = 1, \; x = n+3, \; y = x, \; y = 3x$$

로 둘러싸인 도형의 넓이를 S_n이라 할 때, $\displaystyle\sum_{n=1}^{\infty} \frac{1}{S_n}$의 값은?

① $\dfrac{1}{24}$　　　② $\dfrac{1}{8}$　　　③ $\dfrac{5}{24}$

④ $\dfrac{7}{24}$　　　⑤ $\dfrac{3}{8}$

055

짝기출 035 유형 04

수열 $\{a_n\}$의 첫째항부터 제n항까지의 합 S_n이 다음 조건을 만족시킬 때, 상수 k의 값을 구하시오.

(가) $S_n = 3^n + k \times 5^n$

(나) $\displaystyle\lim_{n\to\infty} \frac{a_n}{S_n - 5^{n+1}} = \frac{8}{5}$

056

유형 02

첫째항이 2이고 공차가 3인 등차수열 $\{a_n\}$에 대하여 집합

$$\{a_n \,|\, a_n \le k, \; k \text{는 자연수}\}$$

의 원소의 개수를 b_k라 하자. $\displaystyle\lim_{n\to\infty} \frac{a_{3n-1}}{b_{3n-1}}$의 값은?

① 9　　　② 12　　　③ 15

④ 18　　　⑤ 21

Ⅰ 수열의 극한

핵심유형

SET 01
SET 02
SET 03
SET 04
SET 05
SET 06
SET 07
SET 08

057

찍기출 036 유형 05

함수

$$f(x) = \begin{cases} 2x - 3 & (x \le -1) \\ \lim\limits_{n \to \infty} \dfrac{ax^n + bx}{x^{n+1} + 3} & (x > -1) \end{cases}$$

이 실수 전체의 집합에서 연속이다. $a + b$의 값을 구하시오.

(단, a, b는 상수이다.)

058

찍기출 037 유형 09

공비가 같은 두 등비수열 $\{a_n\}$, $\{b_n\}$이 다음을 만족시킬 때, $\sum\limits_{n=1}^{\infty} (a_n - b_n)^2$의 값을 구하시오.

(가) $a_1 + b_1 = 2$

(나) $\sum\limits_{n=1}^{\infty} a_n = \dfrac{9}{4}$, $\sum\limits_{n=1}^{\infty} b_n = -\dfrac{3}{4}$

059

짝기출 038 유형 02

자연수 n에 대하여 좌표평면에서 원점 O를 지나고 원 $(x-2n)^2+y^2=n^2+n$에 접하는 직선의 기울기를 a_n이라 할 때, $\lim\limits_{n\to\infty}|a_n|$의 값은?

① $\dfrac{\sqrt{3}}{5}$ ② $\dfrac{\sqrt{2}}{4}$ ③ $\dfrac{\sqrt{3}}{4}$

④ $\dfrac{\sqrt{2}}{3}$ ⑤ $\dfrac{\sqrt{3}}{3}$

060

유형 11

그림과 같이 $\overline{AB}=\overline{AC}=3$이고 $\angle BAC=\dfrac{\pi}{2}$인 직각삼각형 ABC가 있다. 선분 BC 위의 두 점 D, E를 꼭짓점으로 하고 두 선분 AB, AC 위의 두 점 G, F를 꼭짓점으로 하는 정사각형을 그리고 정사각형 DEFG에 색칠하여 얻은 그림을 R_1이라 하자.

그림 R_1에서 선분 BD를 빗변으로 하고 $\angle BHD=\dfrac{\pi}{2}$인 직각삼각형 HBD와 선분 CE를 빗변으로 하고 $\angle CIE=\dfrac{\pi}{2}$인 직각삼각형 IEC를 그린다. 두 삼각형 HBD, IEC에 그림 R_1을 얻은 것과 같은 방법으로 두 개의 정사각형을 그리고 색칠하여 얻은 그림을 R_2라 하자.

이와 같은 과정을 계속하여 n번째 얻은 그림 R_n에 색칠되어 있는 부분의 넓이를 S_n이라 할 때, $\lim\limits_{n\to\infty}S_n$의 값은?

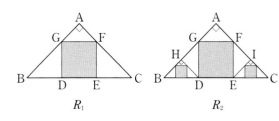

R_1 R_2

① $\dfrac{9}{7}$ ② $\dfrac{18}{7}$ ③ $\dfrac{9}{5}$

④ $\dfrac{18}{5}$ ⑤ $\dfrac{36}{5}$

061

짝기출 039 유형 09

등비수열 $\{a_n\}$에 대하여 $\displaystyle\lim_{n\to\infty} \frac{4^{n+1}}{a_n+3^n}=2$일 때,

$\displaystyle\sum_{n=1}^{\infty} \frac{1}{a_{2n-1}}$의 값은?

① $\dfrac{1}{15}$ ② $\dfrac{2}{15}$ ③ $\dfrac{1}{5}$

④ $\dfrac{4}{15}$ ⑤ $\dfrac{1}{3}$

062

유형 04

등비수열 $\{(x^2-x-1)^n\}$이 수렴하도록 하는 모든 정수 x의 합은?

① -2 ② -1 ③ 0

④ 1 ⑤ 2

063

짝기출 040 유형 03

양수 a와 실수 b에 대하여

$$\lim_{n\to\infty}\left(\sqrt{an^2+6n}-n\right)=b$$

일 때, $a+b$의 값을 구하시오.

064

짝기출 041 유형 09

수열 $\{a_n\}$에 대하여

$$a_n=\frac{1}{2^{n-1}}\sin\frac{(n-1)\pi}{3}$$

일 때, $\displaystyle\sum_{n=1}^{\infty} a_n$의 값은?

① $\dfrac{\sqrt{3}-1}{3}$ ② $\dfrac{2\sqrt{3}-1}{6}$ ③ $\dfrac{\sqrt{3}}{3}$

④ $\dfrac{2\sqrt{3}+1}{6}$ ⑤ $\dfrac{\sqrt{3}+1}{3}$

065

유형 06

두 수열 $\{a_n\}$, $\{b_n\}$이 모든 자연수 n에 대하여 다음 조건을

만족시킬 때, $\lim\limits_{n\to\infty}\dfrac{16b_n}{3^n+9^n}$의 값을 구하시오.

(가) $\dfrac{9^{n+1}-3}{8} < a_n+b_n < 1+3^2+3^4+\cdots+3^{2n}$

(나) $3+3^3+3^5+\cdots+3^{2n-1} < a_n-b_n < \dfrac{3\times 9^n+1}{8}$

066

짝기출 042 유형 05

자연수 n에 대하여 직선 $y=n$이 곡선 $y=\log_3 x$, y축과

만나는 점을 각각 P_n, Q_n이라 하자. 사각형

$\mathrm{P}_n\mathrm{P}_{n+1}\mathrm{Q}_{n+1}\mathrm{Q}_n$의 둘레의 길이를 L_n이라 할 때,

$\lim\limits_{n\to\infty}\dfrac{L_n}{3^n}$의 값을 구하시오.

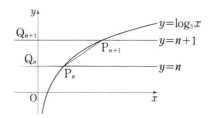

I
수열의 극한

핵심유형

SET 01
SET 02
SET 03
SET 04
SET 05
SET 06
SET 07
SET 08

067

픽기출 043 유형 04

모든 자연수 k에 대하여 $a_k = \lim\limits_{n \to \infty} \dfrac{k^{n+1} + 3^n}{3 \times k^n + 4^n}$ 이라 할 때,

$\displaystyle\sum_{k=1}^{10} a_k$의 값을 구하시오.

068

유형 08

그림과 같이 자연수 n에 대하여 곡선 $y = \dfrac{2-x}{2x}$와 두 직선

$y = n$, $y = n+1$이 만나는 점을 각각 A_n, B_n이라 하자.

삼각형 OA_nB_n의 넓이를 S_n이라 할 때, $\displaystyle\sum_{n=1}^{\infty} \dfrac{S_n}{4n+3}$의

값은? (단, O는 원점이다.)

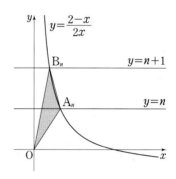

① $\dfrac{1}{12}$

② $\dfrac{1}{6}$

③ $\dfrac{1}{4}$

④ $\dfrac{1}{3}$

⑤ $\dfrac{5}{12}$

069

유형 05

모든 항이 자연수인 등비수열 $\{a_n\}$의 첫째항부터 제n항까지의 합을 S_n이라 하자.

$$\lim_{n \to \infty} \frac{a_{n+1} + 3^{2n+1}}{4a_n + 9^n} = 3, \quad \lim_{n \to \infty} \frac{a_n}{S_n} > \frac{7}{8}$$

일 때, $\dfrac{S_2}{a_2}$의 값은?

① $\dfrac{9}{8}$ ② $\dfrac{10}{9}$ ③ $\dfrac{11}{10}$

④ $\dfrac{12}{11}$ ⑤ $\dfrac{13}{12}$

070

팍기출 044 유형 10

그림과 같이 길이가 1인 선분 A_1B_1을 지름으로 하는 반원에서 $\angle C_1A_1B_1 = \dfrac{\pi}{6}$가 되도록 호 A_1B_1 위에 점 C_1을 잡는다. 두 선분 A_1B_1, A_1C_1과 호 B_1C_1로 둘러싸인 △ 모양의 도형에 색칠하여 얻은 그림을 R_1이라 하자. 그림 R_1에서 직선 A_2B_2가 호 A_1C_1과 접하고 $\angle A_2B_2C_1 = \dfrac{\pi}{4}$가 되도록 호 A_1C_1, 반직선 A_1C_1 위에 각각 점 A_2, 점 B_2를 잡는다. 선분 A_1B_1을 지름으로 하는 반원과 겹치지 않도록 선분 A_2B_2를 지름으로 하는 반원을 그린 후 $\angle C_2A_2B_2 = \dfrac{\pi}{6}$가 되도록 호 A_2B_2 위에 점 C_2를 잡는다. 두 선분 A_2B_2, A_2C_2와 호 B_2C_2로 둘러싸인 △ 모양의 도형에 색칠하여 얻은 그림을 R_2라 하자. 이와 같은 과정을 계속하여 n번째 얻은 그림 R_n에 색칠되어 있는 부분의 넓이를 S_n이라 할 때, $\lim\limits_{n \to \infty} S_n$의 값은?

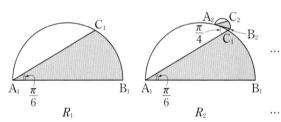

① $\dfrac{(3\sqrt{3} + 2\pi)(5 - 2\sqrt{2})}{136}$

② $\dfrac{(3\sqrt{3} + 2\pi)(5 + 2\sqrt{2})}{136}$

③ $\dfrac{(3\sqrt{3} + 2\pi)(5 - 2\sqrt{2})}{102}$

④ $\dfrac{(3\sqrt{3} + 2\pi)(5 + 2\sqrt{2})}{102}$

⑤ $\dfrac{(3\sqrt{3} + 2\pi)(5 - 2\sqrt{2})}{68}$

071

찍기출 045 유형 07

두 수열 $\{a_n\}$, $\{b_n\}$에 대하여

$$\sum_{n=1}^{\infty} \frac{na_n - 3}{n} = 1, \ \sum_{n=1}^{\infty}\left(b_n - \frac{3n^3 - 1}{n^3 + 2n^2}\right) = 3$$

일 때, $\lim_{n\to\infty}(a_n + b_n)$의 값을 구하시오.

072

찍기출 046 유형 02

수열 $\{a_n\}$의 첫째항부터 제n항까지의 합 S_n이

$S_n = 6n^2 - 8n$이고 수열 $\{b_n\}$의 첫째항부터 제n항까지의

합 T_n이 $T_n = \frac{1}{4}n^2 + 2n$이다. $\lim_{n\to\infty}\dfrac{a_n}{b_n}$의 값을 구하시오.

073

유형 06

두 수열 $\{a_n\}$, $\{b_n\}$이 다음 조건을 만족시킨다.

(가) $\lim_{n\to\infty}\dfrac{a_n}{5n^2 + 2} = 2$

(나) 모든 자연수 n에 대하여

$4n^2 + 2 \leq a_n + n^2 b_n \leq 4n^2 + 5$

$-5 \times \lim_{n\to\infty} b_n$의 값을 구하시오.

074

자연수 n에 대하여 n^2을 5로 나눈 나머지를 a_n이라 하자.

$f(n) = \displaystyle\sum_{k=1}^{n} a_k$일 때, $\displaystyle\lim_{n\to\infty} \frac{f(5^{n+1}) - f(5^n)}{f(5^n) + 5^n} = \frac{q}{p}$이다.

$p+q$의 값을 구하시오. (단, p와 q는 서로소인 자연수이다.)

075

짝기출 047 유형 09

수열 $\{a_n\}$이 $a_1 = 2$이고 모든 자연수 n에 대하여

$$a_n a_{n+1} = \frac{4}{3}$$

를 만족시킬 때, $\displaystyle\sum_{n=1}^{\infty} \left(\frac{a_n - a_{n+1}}{a_n + a_{n+1}} \right)^{2n}$의 값은?

① $\dfrac{1}{6}$ ② $\dfrac{1}{3}$ ③ $\dfrac{1}{2}$

④ $\dfrac{2}{3}$ ⑤ $\dfrac{5}{6}$

076

유형 09

첫째항이 양수인 등비수열 $\{a_n\}$이

$$\sum_{n=1}^{\infty} a_{2n-1} = \frac{8}{3}, \quad \sum_{n=1}^{\infty} (|a_n| - 3a_n) = 0$$

을 만족시킬 때, $\displaystyle\sum_{n=1}^{\infty} a_{3n-1}$의 값은?

① $-\dfrac{16}{9}$ ② $-\dfrac{8}{9}$ ③ $-\dfrac{4}{9}$

④ $\dfrac{4}{9}$ ⑤ $\dfrac{8}{9}$

I 수열의 극한

핵심유형
SET 01
SET 02
SET 03
SET 04
SET 05
SET 06
SET 07
SET 08

077

유형 09

모든 항이 양수인 등비수열 $\{a_n\}$에 대하여

$$\lim_{n\to\infty}\frac{a_1+a_{n+1}}{a_2+a_n}=\frac{3}{2},\ \sum_{n=1}^{\infty}\frac{1}{(a_n)^2}=5$$

일 때, $\displaystyle\sum_{n=1}^{\infty}\frac{1}{a_n}$의 값을 구하시오.

078

유형 02

그림과 같이 원점 O를 중심으로 하고 반지름의 길이가 $\sqrt{2}$ 인 원이 직선 $l:x+y=2$와 만나는 점을 A라 하자. 2 이상의 자연수 n에 대하여 직선 l 위의 점 $P(n,\ 2-n)$을 잡고 점 A에서 직선 OP에 내린 수선의 발을 H라 하자.

삼각형 AHP의 넓이를 S_n이라 할 때, $\displaystyle\lim_{n\to\infty}\frac{S_n}{n}$의 값은?

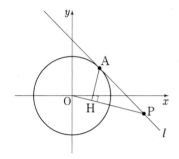

① $\dfrac{1}{4}$ ② $\dfrac{1}{2}$ ③ 1

④ $\dfrac{3}{2}$ ⑤ 2

079

짝기출 048 유형 05

최고차항의 계수가 1인 이차함수 $f(x)$가 다음 조건을 만족시킬 때, $f(5)$의 값을 구하시오.

(가) $\displaystyle\lim_{n\to\infty}\dfrac{\left|n^2 f(k)-2\right|-n^2 f(k)}{n^2+1}=2$를 만족시키는 실수 k의 개수는 1이다.

(나) $\displaystyle\lim_{n\to\infty}\{f(x)+1\}^n$의 값이 존재하도록 하는 실수 x의 최댓값은 3이다.

080

짝기출 049 유형 10

그림과 같이 $\overline{AB_1}=2\sqrt{3}$, $\overline{AC_1}=2$이고 $\angle B_1 AC_1=\dfrac{\pi}{2}$인 삼각형 AB_1C_1이 있다. 선분 AB_1 위에 $\overline{AB_2}=\overline{AC_1}$인 점 B_2를 잡고, 삼각형 AB_2C_1과 겹치는 부분이 생기지 않도록 선분 B_2C_1을 지름으로 하는 반원을 그린다. 호 B_2C_1이 선분 B_1C_1과 만나는 점 중 C_1이 아닌 점을 D_1이라 할 때, 두 선분 B_1B_2, B_1D_1과 호 B_2D_1로 둘러싸인 부분, 선분 C_1D_1과 호 C_1D_1로 둘러싸인 부분인 ✏ 모양의 도형에 색칠하여 얻은 그림을 R_1이라 하자.

그림 R_1에서 점 B_2를 지나고 직선 B_1C_1에 평행한 직선이 선분 AC_1과 만나는 점을 C_2라 하자. 선분 AB_2 위에 $\overline{AB_3}=\overline{AC_2}$인 점 B_3을 잡고, 삼각형 AB_3C_2와 겹치는 부분이 생기지 않도록 선분 B_3C_2를 지름으로 하는 반원을 그린다. 호 B_3C_2가 선분 B_2C_2와 만나는 점 중 C_2가 아닌 점을 D_2라 할 때, 두 선분 B_2B_3, B_2D_2와 호 B_3D_2로 둘러싸인 부분, 선분 C_2D_2와 호 C_2D_2로 둘러싸인 부분인 ✏ 모양의 도형에 색칠하여 얻은 그림을 R_2라 하자.

이와 같은 과정을 계속하여 n번째 얻은 그림 R_n에 색칠되어 있는 부분의 넓이를 S_n이라 할 때, $\displaystyle\lim_{n\to\infty}S_n$의 값은?

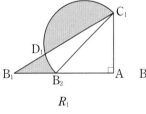

R_1

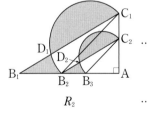

R_2 $\cdots$

① $3\sqrt{3}+\pi-\dfrac{9}{2}$ ② $3\sqrt{3}+\pi-\dfrac{3}{2}$

③ $3\sqrt{3}+\dfrac{3}{2}\pi-\dfrac{9}{2}$ ④ $3\sqrt{3}+\dfrac{3}{2}\pi-\dfrac{3}{2}$

⑤ $3\sqrt{3}+2\pi-\dfrac{9}{2}$

I 수열의 극한

핵심유형

SET 01
SET 02
SET 03
SET 04
SET 05
SET 06
SET 07
SET 08

II

미분법

1 여러 가지 함수의 미분

지수함수와 로그함수의 극한

1. 지수함수의 극한

지수함수 $y = a^x \, (a > 0, \, a \neq 1)$에서

❶ $\lim\limits_{x \to r} a^x = a^r$ (r는 실수)

❷ $a > 1$일 때 $\lim\limits_{x \to -\infty} a^x = 0$, $\lim\limits_{x \to \infty} a^x = \infty$

$0 < a < 1$일 때 $\lim\limits_{x \to -\infty} a^x = \infty$, $\lim\limits_{x \to \infty} a^x = 0$

2. 로그함수의 극한

로그함수 $y = \log_a x \, (a > 0, \, a \neq 1)$에서

❶ $\lim\limits_{x \to r} \log_a x = \log_a r$ (r는 양수)

❷ $a > 1$일 때 $\lim\limits_{x \to \infty} \log_a x = \infty$, $\lim\limits_{x \to 0+} \log_a x = -\infty$

$0 < a < 1$일 때 $\lim\limits_{x \to \infty} \log_a x = -\infty$, $\lim\limits_{x \to 0+} \log_a x = \infty$

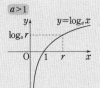 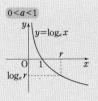

3. 무리수 e와 자연로그

❶ 무리수 e

$$e = \lim_{x \to 0} (1 + x)^{\frac{1}{x}} = \lim_{x \to \infty} \left(1 + \frac{1}{x}\right)^x \quad (e = 2.7182818284 \cdots)$$

❷ 자연로그

무리수 e를 밑으로 하는 로그를 자연로그라 하고, 간단히 $\ln x$와 같이 나타낸다. $\ln 1 = \log_e 1 = 0$, $\ln e = \log_e e = 1$

4. e의 정의를 이용한 지수, 로그함수의 극한

$a > 0$, $a \neq 1$일 때

❶ $\lim\limits_{x \to 0} \dfrac{\ln(1+x)}{x} = 1$ ❷ $\lim\limits_{x \to 0} \dfrac{\log_a(1+x)}{x} = \dfrac{1}{\ln a}$ $\lim\limits_{x \to 0} \dfrac{\ln(1+ax)}{bx} = \lim\limits_{x \to 0} \left\{ \dfrac{\ln(1+ax)}{ax} \times \dfrac{a}{b} \right\} = 1 \times \dfrac{a}{b} \; (ab \neq 0)$

❸ $\lim\limits_{x \to 0} \dfrac{e^x - 1}{x} = 1$ ❹ $\lim\limits_{x \to 0} \dfrac{a^x - 1}{x} = \ln a$ $\lim\limits_{x \to 0} \dfrac{e^{ax} - 1}{bx} = \lim\limits_{x \to 0} \left\{ \dfrac{e^{ax} - 1}{ax} \times \dfrac{a}{b} \right\} = 1 \times \dfrac{a}{b} \; (ab \neq 0)$

대표기출13 _ 2024학년도 9월 평가원 (미적분) 23번

$\lim\limits_{x \to 0}\dfrac{e^{7x}-1}{e^{2x}-1}$ 의 값은? [2점]

① $\dfrac{1}{2}$ ② $\dfrac{3}{2}$ ③ $\dfrac{5}{2}$

④ $\dfrac{7}{2}$ ⑤ $\dfrac{9}{2}$

대표기출14 _ 2006학년도 6월 평가원 가형 (미분과 적분) 26번

연속함수 $f(x)$가 $\lim\limits_{x \to 0}\dfrac{f(x)}{\ln(1-x)}=4$를 만족할 때, $\lim\limits_{x \to 0}\dfrac{f(x)}{x}$ 의 값은? [3점]

① -4 ② -1 ③ 1

④ 2 ⑤ 4

| 풀이 | $\lim\limits_{x \to 0}\dfrac{e^{7x}-1}{e^{2x}-1} = \lim\limits_{x \to 0}\left(\dfrac{e^{7x}-1}{7x} \times \dfrac{2x}{e^{2x}-1} \times \dfrac{7}{2}\right)$

$\qquad = \dfrac{7}{2}\lim\limits_{x \to 0}\dfrac{e^{7x}-1}{7x} \times \lim\limits_{x \to 0}\dfrac{1}{\dfrac{e^{2x}-1}{2x}}$

$\qquad = \dfrac{7}{2} \times 1 \times 1 = \dfrac{7}{2}$

답 ④

| 풀이 | 연속함수 $f(x)$가 $\lim\limits_{x \to 0}\dfrac{f(x)}{\ln(1-x)}=4$를 만족시키므로

$\lim\limits_{x \to 0}\dfrac{f(x)}{x} = \lim\limits_{x \to 0}\left\{\dfrac{f(x)}{\ln(1-x)} \times \dfrac{\ln(1-x)}{x}\right\}$

$\qquad = \lim\limits_{x \to 0}\left\{\dfrac{f(x)}{\ln(1-x)} \times \dfrac{\ln\{1+(-x)\}}{(-x)} \times (-1)\right\}$

$\qquad = 4 \times 1 \times (-1) = -4$

답 ①

지수함수와 로그함수의 미분

1. 지수함수의 도함수

❶ $y = e^x$이면 $y' = e^x$

❷ $y = a^x$이면 $y' = a^x \ln a \ (a > 0, \ a \neq 1)$

2. 로그함수의 도함수

❶ $y = \ln x$이면 $y' = \dfrac{1}{x} \ (x > 0)$

❷ $y = \log_a x$이면 $y' = \dfrac{1}{x \ln a} \ (x > 0, \ a > 0, \ a \neq 1)$

유형 02 지수·로그함수의 미분

대표기출15 _ 2018학년도 6월 평가원 가형 5번

함수 $f(x) = e^x(2x+1)$에 대하여 $f'(1)$의 값은? [3점]

① $8e$ ② $7e$ ③ $6e$

④ $5e$ ⑤ $4e$

대표기출16 _ 2020학년도 수능 가형 22번

함수 $f(x) = x^3 \ln x$에 대하여 $\dfrac{f'(e)}{e^2}$ 의 값을 구하시오. [3점]

| 풀이 | $f(x) = e^x(2x+1)$에서

$f'(x) = e^x \times (2x+1) + e^x \times 2$

$\qquad = (2x+3)e^x$

$\therefore f'(1) = 5e$

답 ④

| 풀이 | $f(x) = x^3 \ln x$에서

$f'(x) = 3x^2 \times \ln x + x^3 \times \dfrac{1}{x} = 3x^2 \ln x + x^2$

$f'(e) = 3e^2 + e^2 = 4e^2$

$\therefore \dfrac{f'(e)}{e^2} = 4$

답 4

Ⅱ 미분법

핵심유형
SET 09
SET 10
SET 11
SET 12
SET 13
SET 14
SET 15
SET 16

삼각함수의 덧셈정리

1. $\csc\theta$, $\sec\theta$, $\cot\theta$의 정의

❶ $\csc\theta = \dfrac{1}{\sin\theta} = \dfrac{r}{y}\,(y \neq 0)$: 코시컨트함수

❷ $\sec\theta = \dfrac{1}{\cos\theta} = \dfrac{r}{x}\,(x \neq 0)$: 시컨트함수

❸ $\cot\theta = \dfrac{1}{\tan\theta} = \dfrac{x}{y}\,(y \neq 0)$: 코탄젠트함수

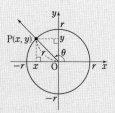

2. 삼각함수 사이의 관계

❶ $1 + \tan^2\theta = \sec^2\theta$

❷ $1 + \cot^2\theta = \csc^2\theta$

$\sin^2\theta + \cos^2\theta = 1$에서
❶ 양변을 $\cos^2\theta$로 나누면 $1 + \tan^2\theta = \sec^2\theta$
❷ 양변을 $\sin^2\theta$로 나누면 $1 + \cot^2\theta = \csc^2\theta$

3. 삼각함수의 덧셈정리

❶ $\sin(\alpha+\beta) = \sin\alpha\cos\beta + \cos\alpha\sin\beta$

❷ $\sin(\alpha-\beta) = \sin\alpha\cos\beta - \cos\alpha\sin\beta$

❸ $\cos(\alpha+\beta) = \cos\alpha\cos\beta - \sin\alpha\sin\beta$

❹ $\cos(\alpha-\beta) = \cos\alpha\cos\beta + \sin\alpha\sin\beta$

❺ $\tan(\alpha+\beta) = \dfrac{\tan\alpha + \tan\beta}{1 - \tan\alpha\tan\beta}$

❻ $\tan(\alpha-\beta) = \dfrac{\tan\alpha - \tan\beta}{1 + \tan\alpha\tan\beta}$

🔑 **단축Key** 두 직선이 이루는 예각의 크기

두 직선 l, m이 x축의 양의 방향과 이루는 각의 크기를 각각 θ_1, θ_2라 하고
두 직선 l, m이 이루는 예각의 크기를 θ라 하면 다음이 성립한다.

$$\tan\theta = \left|\tan(\theta_1 - \theta_2)\right| = \left|\dfrac{\tan\theta_1 - \tan\theta_2}{1 + \tan\theta_1\tan\theta_2}\right|$$

유형 **03** 삼각함수 사이의 관계와 덧셈정리

대표기출17 _ 2020학년도 9월 평가원 가형 9번

$\dfrac{\pi}{2} < \theta < \pi$인 θ에 대하여 $\cos\theta = -\dfrac{3}{5}$일 때, $\csc(\pi+\theta)$의 값은? [3점]

① $-\dfrac{5}{2}$ ② $-\dfrac{5}{3}$ ③ $-\dfrac{5}{4}$

④ $\dfrac{5}{4}$ ⑤ $\dfrac{5}{3}$

대표기출18 _ 2016학년도 9월 평가원 B형 11번

좌표평면에서 두 직선 $x - y - 1 = 0$, $ax - y + 1 = 0$이 이루는 예각의 크기를 θ라 하자. $\tan\theta = \dfrac{1}{6}$일 때, 상수 a의 값은? (단, $a > 1$) [3점]

① $\dfrac{11}{10}$ ② $\dfrac{6}{5}$ ③ $\dfrac{13}{10}$

④ $\dfrac{7}{5}$ ⑤ $\dfrac{3}{2}$

| 풀이 | 삼각함수 사이의 관계에 의하여

$\sin\theta = \sqrt{1 - \cos^2\theta}\ \left(\because \dfrac{\pi}{2} < \theta < \pi\right)$

$\qquad = \sqrt{1 - \left(-\dfrac{3}{5}\right)^2} = \dfrac{4}{5}$

$\therefore \csc(\pi+\theta) = \dfrac{1}{\sin(\pi+\theta)} = \dfrac{1}{-\sin\theta} = -\dfrac{5}{4}$

답 ③

| 풀이 | 두 직선 $x - y - 1 = 0$, $ax - y + 1 = 0$이 x축의 양의 방향과 이루는 각의 크기를 각각 θ_1, θ_2라 하면
$\tan\theta_1 = $ (직선 $y = x - 1$의 기울기) $= 1$,
$\tan\theta_2 = $ (직선 $y = ax + 1$의 기울기) $= a$
이때 두 직선이 이루는 예각의 크기가 θ이므로

$\tan\theta = \left|\tan(\theta_1 - \theta_2)\right| = \left|\dfrac{\tan\theta_1 - \tan\theta_2}{1 + \tan\theta_1\tan\theta_2}\right| = \left|\dfrac{1 - a}{1 + 1 \times a}\right|$

$\qquad = \dfrac{a - 1}{1 + a} = \dfrac{1}{6}\ (\because a > 1)$

이므로 $6a - 6 = 1 + a$이다. $\quad \therefore a = \dfrac{7}{5}$

답 ④

유형 04 덧셈정리의 활용 (방정식, 최대·최소)

대표기출19 _ 2015학년도 9월 평가원 B형 8번

$0 \leq x \leq \pi$일 때, 방정식 $\sin x = \sin(2x)$의 모든 해의 합은? [3점]

① π 　　　② $\dfrac{7}{6}\pi$ 　　　③ $\dfrac{5}{4}\pi$

④ $\dfrac{4}{3}\pi$ 　　　⑤ $\dfrac{3}{2}\pi$

대표기출20 _ 2005학년도 6월 평가원 가형 (미분과 적분) 26번

함수 $y = 5\sin x + \cos(2x)$의 최댓값은? [3점]

① 1 　　　② 2 　　　③ 3

④ 4 　　　⑤ 5

| **풀이** | $\sin(2x) = \sin(x+x) = 2\sin x\cos x$ 이므로
방정식 $\sin x = \sin(2x)$의 해는
$\sin x = 2\sin x\cos x$, $\sin x(2\cos x - 1) = 0$에서
방정식 $\sin x = 0$ 또는 $\cos x = \dfrac{1}{2}$의 해와 같다.

$0 \leq x \leq \pi$에서
방정식 $\sin x = 0$의 해는 $x = 0$ 또는 $x = \pi$이고
방정식 $\cos x = \dfrac{1}{2}$의 해는 $x = \dfrac{\pi}{3}$이다.

따라서 구하는 모든 해의 합은 $0 + \pi + \dfrac{\pi}{3} = \dfrac{4}{3}\pi$이다.　　답 ④

| **풀이** | $\cos(2x) = \cos(x+x) = \cos^2 x - \sin^2 x = 1 - 2\sin^2 x$ 이므로
$y = 5\sin x + \cos(2x)$
$\quad = 5\sin x + (1 - 2\sin^2 x)$
$\quad = -2\sin^2 x + 5\sin x + 1$
이때 $\sin x = t$라 하면 $-1 \leq t \leq 1$이고
$y = -2t^2 + 5t + 1$
$\quad = -2\left(t - \dfrac{5}{4}\right)^2 + \dfrac{33}{8}$
이므로 $t = 1$일 때 즉, $\sin x = 1$일 때 최댓값 4를 갖는다.　　답 ④

유형 05 덧셈정리와 도형

대표기출21 _ 2018학년도 9월 평가원 가형 15번

곡선 $y = 1 - x^2\ (0 < x < 1)$ 위의 점
P에서 y축에 내린 수선의 발을 H라
하고, 원점 O와 점 A$(0, 1)$에 대하여
$\angle APH = \theta_1$, $\angle HPO = \theta_2$라 하자.
$\tan\theta_1 = \dfrac{1}{2}$일 때, $\tan(\theta_1 + \theta_2)$의 값은?

[4점]

① 2 　　　② 4 　　　③ 6

④ 8 　　　⑤ 10

| **풀이** | 곡선 $y = 1 - x^2\ (0 < x < 1)$ 위의
점 P의 좌표를 $(a,\ 1 - a^2)\ (0 < a < 1)$이라 하면
$\tan\theta_1 = \dfrac{1}{2}$이므로

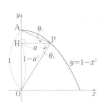

$\tan\theta_1 = \dfrac{\overline{\text{AH}}}{\overline{\text{PH}}} = \dfrac{1 - (1 - a^2)}{a} = a$에서 $a = \dfrac{1}{2}$이고

$\tan\theta_2 = \dfrac{\overline{\text{OH}}}{\overline{\text{PH}}} = \dfrac{1 - a^2}{a} = \dfrac{1 - \left(\dfrac{1}{2}\right)^2}{\dfrac{1}{2}} = \dfrac{3}{2}$이다.

$\therefore \tan(\theta_1 + \theta_2) = \dfrac{\tan\theta_1 + \tan\theta_2}{1 - \tan\theta_1\tan\theta_2} = \dfrac{\dfrac{1}{2} + \dfrac{3}{2}}{1 - \dfrac{1}{2} \times \dfrac{3}{2}} = 8$　　답 ④

삼각함수의 극한

1. 삼각함수의 극한

❶ 실수 a에 대하여

$$\lim_{x \to a} \sin x = \sin a, \quad \lim_{x \to a} \cos x = \cos a$$

❷ $a \neq n\pi + \dfrac{\pi}{2}$ (n은 정수)인 실수 a에 대하여

$$\lim_{x \to a} \tan x = \tan a$$

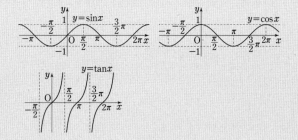

2. 함수 $\dfrac{\sin x}{x}$의 극한

x의 단위가 라디안일 때

❶ $\displaystyle\lim_{x \to 0} \dfrac{\sin x}{x} = 1$

❷ $\displaystyle\lim_{x \to 0} \dfrac{\tan x}{x} = 1$

$$\lim_{x \to 0} \frac{\sin(ax)}{bx} = \lim_{x \to 0}\left\{\frac{\sin(ax)}{ax} \times \frac{a}{b}\right\} = 1 \times \frac{a}{b} = \frac{a}{b}$$

$$\lim_{x \to 0} \frac{\tan(ax)}{bx} = \lim_{x \to 0}\left\{\frac{\tan(ax)}{ax} \times \frac{a}{b}\right\} = 1 \times \frac{a}{b} = \frac{a}{b}$$

🔑 **단축Key** 자주 나오는 극한값

(1) $\displaystyle\lim_{x \to 0} \dfrac{1-\cos x}{x^2} = \dfrac{1}{2}$

(2) $\displaystyle\lim_{x \to 0} \dfrac{1-\cos x}{x} = 0$

(1) $\displaystyle\lim_{x \to 0} \dfrac{1-\cos x}{x^2} = \lim_{x \to 0}\dfrac{1-\cos^2 x}{x^2(1+\cos x)} = \lim_{x \to 0}\left(\dfrac{\sin^2 x}{x^2} \times \dfrac{1}{1+\cos x}\right) = 1^2 \times \dfrac{1}{2} = \dfrac{1}{2}$

(2) $\displaystyle\lim_{x \to 0} \dfrac{1-\cos x}{x} = \lim_{x \to 0}\dfrac{1-\cos^2 x}{x(1+\cos x)} = \lim_{x \to 0}\left(\dfrac{\sin^2 x}{x^2} \times \dfrac{x}{1+\cos x}\right) = 1^2 \times 0 = 0$

유형 06 삼각함수의 극한

대표기출22 _ 2016학년도 수능 B형 2번

$\displaystyle\lim_{x \to 0} \dfrac{\ln(1+5x)}{\sin(3x)}$의 값은? [2점]

① 1

② $\dfrac{4}{3}$

③ $\dfrac{5}{3}$

④ 2

⑤ $\dfrac{7}{3}$

| 풀이 |
$$\lim_{x \to 0} \frac{\ln(1+5x)}{\sin(3x)} = \lim_{x \to 0}\left\{\frac{\ln(1+5x)}{5x} \times \frac{3x}{\sin(3x)} \times \frac{5}{3}\right\}$$
$$= 1 \times 1 \times \frac{5}{3} = \frac{5}{3}$$

답 ③

대표기출23 _ 2021학년도 6월 평가원 가형 10번

실수 전체의 집합에서 연속인 함수 $f(x)$가 모든 실수 x에 대하여

$$(e^{2x}-1)^2 f(x) = a - 4\cos\frac{\pi}{2}x$$

를 만족시킬 때, $a \times f(0)$의 값은? (단, a는 상수이다.) [3점]

① $\dfrac{\pi^2}{6}$

② $\dfrac{\pi^2}{5}$

③ $\dfrac{\pi^2}{4}$

④ $\dfrac{\pi^2}{3}$

⑤ $\dfrac{\pi^2}{2}$

| 풀이 | 주어진 식의 양변에 $x = 0$을 대입하면 $a = 4$이므로

$f(x) = \dfrac{4 - 4\cos\frac{\pi}{2}x}{(e^{2x}-1)^2}$ ($x \neq 0$)이고 실수 전체의 집합에서 연속이므로

$$f(0) = \lim_{x \to 0}\frac{4\left(1-\cos\frac{\pi}{2}x\right)}{(e^{2x}-1)^2} = \lim_{x \to 0}\left\{\frac{1-\cos\frac{\pi}{2}x}{\left(\frac{\pi}{2}x\right)^2} \times \left(\frac{2x}{e^{2x}-1}\right)^2 \times \frac{\pi^2}{4}\right\}$$

$$= \frac{1}{2} \times 1^2 \times \frac{\pi^2}{4} = \frac{\pi^2}{8}$$

$\therefore a \times f(0) = \dfrac{\pi^2}{2}$

답 ⑤

유형 07 삼각함수의 극한과 도형

대표기출24 _ 2021학년도 수능 가형 24번

그림과 같이 $\overline{\text{AB}}=2$, $\angle\text{B}=\dfrac{\pi}{2}$인 직각삼각형 ABC에서 중심이 A, 반지름의 길이가 1인 원이 두 선분 AB, AC와 만나는 점을 각각 D, E라 하자. 호 DE의 삼등분점 중 점 D에 가까운 점을 F라 하고, 직선 AF가 선분 BC와 만나는 점을 G라 하자. $\angle\text{BAG}=\theta$라 할 때, 삼각형 ABG의 내부와 부채꼴 ADF의 외부의 공통부분의 넓이를 $f(\theta)$, 부채꼴 AFE의 넓이를 $g(\theta)$라 하자. $40\times\displaystyle\lim_{\theta\to0+}\dfrac{f(\theta)}{g(\theta)}$의 값을 구하시오. (단, $0<\theta<\dfrac{\pi}{6}$) [3점]

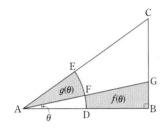

| 풀이 | $\angle\text{BAG}=\theta$, $\overline{\text{AB}}=2$이므로 $\overline{\text{BG}}=\overline{\text{AB}}\tan\theta=2\tan\theta$

$\therefore f(\theta)=\dfrac{1}{2}\times\overline{\text{AB}}\times\overline{\text{BG}}-\dfrac{1}{2}\times\overline{\text{AD}}^2\times\theta$

$\qquad =\dfrac{1}{2}\times2\times2\tan\theta-\dfrac{1}{2}\times1^2\times\theta=2\tan\theta-\dfrac{\theta}{2}$

한편 $\angle\text{FAE}=2\theta$이므로 $g(\theta)=\dfrac{1}{2}\times\overline{\text{AD}}^2\times2\theta=\dfrac{1}{2}\times1^2\times2\theta=\theta$

$\therefore\ 40\times\displaystyle\lim_{\theta\to0+}\dfrac{f(\theta)}{g(\theta)}=40\times\lim_{\theta\to0+}\dfrac{2\tan\theta-\dfrac{\theta}{2}}{\theta}=40\times\lim_{\theta\to0+}\left(2\times\dfrac{\tan\theta}{\theta}-\dfrac{1}{2}\right)$

$\qquad\qquad\qquad\qquad\ =40\times\left(2-\dfrac{1}{2}\right)=60$

답 60

삼각함수의 미분

1. 사인함수와 코사인함수의 도함수

❶ $y=\sin x$이면 $y'=\cos x$

❷ $y=\cos x$이면 $y'=-\sin x$

유형 08 삼각함수의 미분

대표기출25 _ 2018학년도 9월 평가원 가형 23번

함수 $f(x)=-\cos^2 x$에 대하여 $f'\!\left(\dfrac{\pi}{4}\right)$의 값을 구하시오. [3점]

| 풀이 | $f(x)=-\cos^2 x$, 즉 $f(x)=(-\cos x)\times\cos x$에서

$f'(x)=\sin x\times\cos x+(-\cos x)\times(-\sin x)$

$\qquad =2\cos x\sin x$

$\therefore f'\!\left(\dfrac{\pi}{4}\right)=2\times\dfrac{\sqrt{2}}{2}\times\dfrac{\sqrt{2}}{2}=1$

답 1

2 여러 가지 미분법

몫의 미분법

1. 함수의 몫의 미분법

두 함수 $f(x)$, $g(x)$가 미분가능하고 $g(x) \neq 0$일 때

❶ $y = \dfrac{f(x)}{g(x)}$이면 $y' = \dfrac{f'(x)g(x) - f(x)g'(x)}{\{g(x)\}^2}$

❷ $y = \dfrac{1}{g(x)}$이면 $y' = -\dfrac{g'(x)}{\{g(x)\}^2}$

2. 함수 $y = x^n$ (n은 정수)의 도함수

n이 정수일 때 $y = x^n$이면 $y' = nx^{n-1}$

3. 삼각함수의 도함수

❶ $y = \tan x$이면 $y' = \sec^2 x$

❷ $y = \sec x$이면 $y' = \sec x \tan x$

❸ $y = \csc x$이면 $y' = -\csc x \cot x$

❹ $y = \cot x$이면 $y' = -\csc^2 x$

❶ $(\tan x)' = \left(\dfrac{\sin x}{\cos x}\right)' = \dfrac{\cos^2 x + \sin^2 x}{\cos^2 x} = \dfrac{1}{\cos^2 x} = \sec^2 x$

❷ $(\sec x)' = \left(\dfrac{1}{\cos x}\right)' = \dfrac{\sin x}{\cos^2 x} = \sec x \tan x$

❸ $(\csc x)' = \left(\dfrac{1}{\sin x}\right)' = \dfrac{-\cos x}{\sin^2 x} = -\csc x \cot x$

❹ $(\cot x)' = \left(\dfrac{\cos x}{\sin x}\right)' = \dfrac{-\sin^2 x - \cos^2 x}{\sin^2 x} = -\dfrac{1}{\sin^2 x} = -\csc^2 x$

유형 09 몫의 미분법

대표기출26 _2020학년도 9월 평가원 가형 8번

함수 $f(x) = \dfrac{\ln x}{x^2}$에 대하여 $\displaystyle\lim_{h \to 0} \dfrac{f(e+h) - f(e-2h)}{h}$의 값은? [3점]

① $-\dfrac{2}{e}$ ② $-\dfrac{3}{e^2}$ ③ $-\dfrac{1}{e}$

④ $-\dfrac{2}{e^2}$ ⑤ $-\dfrac{3}{e^3}$

대표기출27 _ 2021학년도 6월 평가원 가형 11번

실수 전체의 집합에서 미분가능한 함수 $f(x)$에 대하여 함수 $g(x)$를

$$g(x) = \dfrac{f(x)}{(e^x + 1)^2}$$

라 하자. $f'(0) - f(0) = 2$일 때, $g'(0)$의 값은? [3점]

① $\dfrac{1}{4}$ ② $\dfrac{3}{8}$ ③ $\dfrac{1}{2}$

④ $\dfrac{5}{8}$ ⑤ $\dfrac{3}{4}$

| 풀이 | $f(x) = \dfrac{\ln x}{x^2}$에서

$f'(x) = \dfrac{\dfrac{1}{x} \times x^2 - \ln x \times 2x}{(x^2)^2} = \dfrac{1 - 2\ln x}{x^3}$

$\therefore \displaystyle\lim_{h \to 0} \dfrac{f(e+h) - f(e-2h)}{h}$

$= \displaystyle\lim_{h \to 0} \left\{ \dfrac{f(e+h) - f(e)}{h} + \dfrac{f(e-2h) - f(e)}{-2h} \times 2 \right\}$

$= f'(e) + 2f'(e) = 3f'(e) = 3 \times \dfrac{1-2}{e^3} = -\dfrac{3}{e^3}$

답 ⑤

| 풀이 | $g(x) = \dfrac{f(x)}{(e^x + 1)^2}$에서

$g'(x) = \dfrac{f'(x) \times (e^x + 1)^2 - f(x) \times 2e^x(e^x + 1)}{\{(e^x + 1)^2\}^2}$

$= \dfrac{f'(x) \times (e^x + 1) - f(x) \times 2e^x}{(e^x + 1)^3}$

이때 $f'(0) - f(0) = 2$이므로

$g'(0) = \dfrac{f'(0) \times 2 - f(0) \times 2}{2^3} = \dfrac{f'(0) - f(0)}{4} = \dfrac{2}{4} = \dfrac{1}{2}$

답 ③

합성함수의 미분법

1. 합성함수의 미분법

두 함수 $y = f(u)$, $u = g(x)$가 미분가능할 때, 합성함수 $y = f(g(x))$의 도함수는

$$\frac{dy}{dx} = \frac{dy}{du} \times \frac{du}{dx} \quad \text{또는} \quad \{f(g(x))\}' = f'(g(x))g'(x)$$

2. 절댓값이 포함된 로그함수 $y = \ln|x|$의 도함수

$x \neq 0$일 때

❶ $y = \ln|x|$이면 $y' = \dfrac{1}{x}$

❷ $y = \log_a|x|$이면 $y' = \dfrac{1}{x\ln a}$ (단, $a > 0$, $a \neq 1$)

3. 함수 $y = x^r$ (r는 실수)의 도함수

r가 실수일 때 $y = x^r$이면 $y' = rx^{r-1}$

🔑 **단축Key** 여러 가지 합성함수의 도함수

함수 $f(x)$가 미분가능할 때,

(1) $\{f(ax+b)\}' = af'(ax+b)$

(2) $\left[\{f(x)\}^n\right]' = n\{f(x)\}^{n-1}f'(x)$ (n은 실수)

(3) $\{e^{f(x)}\}' = e^{f(x)}f'(x)$
$\{a^{f(x)}\}' = a^{f(x)}\ln a \times f'(x)$

(4) $(\ln|f(x)|)' = \dfrac{f'(x)}{f(x)}$
$\{\log_a|f(x)|\}' = \dfrac{f'(x)}{f(x)\ln a}$ (단, $f(x) \neq 0$)

(5) $\{\sin f(x)\}' = \cos f(x) \times f'(x)$
$\{\cos f(x)\}' = -\sin f(x) \times f'(x)$
$\{\tan f(x)\}' = \sec^2 f(x) \times f'(x)$

(6) $\left(\sqrt{f(x)}\right)' = \dfrac{f'(x)}{2\sqrt{f(x)}}$ (단, $f(x) > 0$)

Ⅱ 미분법

핵심유형
SET 09
SET 10
SET 11
SET 12
SET 13
SET 14
SET 15
SET 16

유형 10 합성함수의 미분법

대표기출28 _ 2022학년도 수능 (미적분) 24번

실수 전체의 집합에서 미분가능한 함수 $f(x)$가 모든 실수 x에 대하여

$$f(x^3 + x) = e^x$$

을 만족시킬 때, $f'(2)$의 값은? [3점]

① e ② $\dfrac{e}{2}$ ③ $\dfrac{e}{3}$

④ $\dfrac{e}{4}$ ⑤ $\dfrac{e}{5}$

대표기출29 _ 2017학년도 6월 평가원 가형 15번

두 함수 $f(x) = \sin^2 x$, $g(x) = e^x$에 대하여

$$\lim_{x \to \frac{\pi}{4}} \frac{g(f(x)) - \sqrt{e}}{x - \frac{\pi}{4}}$$ 의 값은? [4점]

① $\dfrac{1}{e}$ ② $\dfrac{1}{\sqrt{e}}$ ③ 1

④ $\sqrt{e}$ ⑤ e

| **풀이** | $f(x^3 + x) = e^x$의 양변을 x에 대하여 미분하면
$f'(x^3 + x) \times (3x^2 + 1) = e^x$
위의 식의 양변에 $x = 1$을 대입하면
$f'(2) \times 4 = e$
$\therefore f'(2) = \dfrac{e}{4}$

답 ④

| **풀이** | $f(x) = \sin^2 x$에서 $f'(x) = 2\sin x \cos x$, $g(x) = e^x$에서
$g'(x) = e^x$이고 $h(x) = g(f(x))$라 하면 $h'(x) = g'(f(x)) \times f'(x)$이다.

$$\therefore \lim_{x \to \frac{\pi}{4}} \frac{g(f(x)) - \sqrt{e}}{x - \frac{\pi}{4}} = \lim_{x \to \frac{\pi}{4}} \frac{h(x) - h\left(\frac{\pi}{4}\right)}{x - \frac{\pi}{4}} = h'\left(\frac{\pi}{4}\right)$$

$$= g'\left(f\left(\frac{\pi}{4}\right)\right) \times f'\left(\frac{\pi}{4}\right) = g'\left(\frac{1}{2}\right) \times 1 = \sqrt{e}$$

답 ④

매개변수로 나타낸 함수 또는 음함수의 미분법

1. 매개변수로 나타낸 함수의 미분법

두 함수 $x = f(t)$, $y = g(t)$가 미분가능하고 $f'(t) \neq 0$일 때

$$\frac{dy}{dx} = \frac{\dfrac{dy}{dt}}{\dfrac{dx}{dt}} = \frac{g'(t)}{f'(t)}$$

2. 음함수의 미분법

음함수 $f(x, y) = 0$에서 y를 x의 함수로 보고, 양변의 각 항을 x에 대하여 미분하여 $\dfrac{dy}{dx}$를 구한다.

3. 역함수의 미분법

미분가능한 함수 $f(x)$의 역함수 $f^{-1}(x)$가 존재하고 이 역함수가 미분가능할 때,

❶ $(f^{-1})'(x) = \dfrac{1}{f'(y)}$ (단, $f'(y) \neq 0$)

❷ $f(b) = a$이고 $f'(b) \neq 0$이면 $(f^{-1})'(a) = \dfrac{1}{f'(b)}$

$f(f^{-1}(x)) = x$에서
$f'(f^{-1}(x)) \times (f^{-1})'(x) = 1$

🔑 **단축Key 역함수의 미분계수를 구하는 방법**

함수 $f(x)$의 역함수가 $g(x)$일 때, $g'(a)$의 값은 다음 순서로 구한다.

[1단계] $f(b) = a$를 만족시키는 b를 찾는다.

[2단계] $f'(b)$의 값을 구한다.

[3단계] $g'(a) = \dfrac{1}{f'(b)}$로 구한다.

유형 11 매개변수로 나타낸 함수 또는 음함수의 미분법

대표기출30 _ 2022학년도 9월 평가원 (미적분) 25번

매개변수 t로 나타내어진 곡선
$$x = e^t - 4e^{-t}, \ y = t + 1$$
에서 $t = \ln 2$일 때, $\dfrac{dy}{dx}$의 값은? [3점]

① 1 ② $\dfrac{1}{2}$ ③ $\dfrac{1}{3}$

④ $\dfrac{1}{4}$ ⑤ $\dfrac{1}{5}$

| 풀이 | $\dfrac{dx}{dt} = e^t + 4e^{-t}$, $\dfrac{dy}{dt} = 1$이므로

$\dfrac{dy}{dx} = \dfrac{1}{e^t + 4e^{-t}}$

따라서 $t = \ln 2$일 때

$\dfrac{dy}{dx} = \dfrac{1}{e^{\ln 2} + 4e^{-\ln 2}} = \dfrac{1}{2 + 4 \times \dfrac{1}{2}} = \dfrac{1}{4}$

답 ④

대표기출31 _ 2020학년도 9월 평가원 가형 6번

곡선 $\pi x = \cos y + x \sin y$ 위의 점 $\left(0, \dfrac{\pi}{2}\right)$에서의 접선의 기울기는?

[3점]

① $1 - \dfrac{5}{2}\pi$ ② $1 - 2\pi$ ③ $1 - \dfrac{3}{2}\pi$

④ $1 - \pi$ ⑤ $1 - \dfrac{\pi}{2}$

| 풀이 | $\pi x = \cos y + x \sin y$에서 x에 대하여 미분하면 음함수의 미분법에 의하여

$\pi = -\sin y \times \dfrac{dy}{dx} + \left\{ 1 \times \sin y + x \times \left(\cos y \times \dfrac{dy}{dx} \right) \right\}$.

$\pi = (x \cos y - \sin y) \times \dfrac{dy}{dx} + \sin y$

이때 $x = 0$, $y = \dfrac{\pi}{2}$를 대입하면 $\pi = (-1) \times \dfrac{dy}{dx} + 1$

$\therefore \ \dfrac{dy}{dx} = 1 - \pi$

답 ④

대표기출32 _ 2023학년도 6월 평가원 (미적분) 25번

함수 $f(x) = x^3 + 2x + 3$의 역함수를 $g(x)$라 할 때, $g'(3)$의 값은?

[3점]

① 1   ② $\dfrac{1}{2}$ ③ $\dfrac{1}{3}$

④ $\dfrac{1}{4}$ ⑤ $\dfrac{1}{5}$

대표기출33 _ 2014학년도 9월 평가원 B형 27번

함수 $f(x) = \ln(\tan x)$ $\left(0 < x < \dfrac{\pi}{2}\right)$의 역함수 $g(x)$에 대하여

$\lim\limits_{h \to 0} \dfrac{4g(8h) - \pi}{h}$ 의 값을 구하시오. [4점]

| **풀이** | 함수 $f(x)$의 역함수가 $g(x)$이므로 $g'(3) = \dfrac{1}{f'(g(3))}$

$g(3) = k$라 하면 $f(k) = 3$에서 $k^3 + 2k + 3 = 3$

$k(k^2 + 2) = 0$

$\therefore k = 0 \;(\because\; k^2 + 2 > 0)$

즉, $g(3) = 0$이고 $f(x) = x^3 + 2x + 3$에서 $f'(x) = 3x^2 + 2$이므로

$f'(0) = 2$

$\therefore g'(3) = \dfrac{1}{f'(g(3))} = \dfrac{1}{f'(0)} = \dfrac{1}{2}$

답 ②

| **풀이** | $0 < x < \dfrac{\pi}{2}$일 때 $f(x) = \ln(\tan x)$에서 $f'(x) = \dfrac{\sec^2 x}{\tan x}$이다.

또한 $f\left(\dfrac{\pi}{4}\right) = 0$에 의하여 $g(0) = \dfrac{\pi}{4}$이므로

$g'(0) = \dfrac{1}{f'(g(0))} = \dfrac{1}{f'\left(\dfrac{\pi}{4}\right)} = \dfrac{1}{\dfrac{2}{1}} = \dfrac{1}{2}$이다.

$\therefore \lim\limits_{h \to 0} \dfrac{4g(8h) - \pi}{h} = \lim\limits_{h \to 0} \dfrac{g(8h) - \dfrac{\pi}{4}}{\dfrac{h}{4}}$

$= \lim\limits_{h \to 0} \left\{ \dfrac{g(8h) - g(0)}{8h} \times 32 \right\}$

$= 32 g'(0) = 32 \times \dfrac{1}{2} = 16$

답 16

Ⅱ 미분법

이계도함수

1. 이계도함수

함수 $y = f(x)$의 도함수 $f'(x)$가 미분가능할 때, 함수 $f'(x)$의 도함수

$$\lim_{h \to 0} \frac{f'(x+h) - f'(x)}{h}$$

를 함수 $f(x)$의 **이계도함수**라 한다.

이를 기호로 $f''(x)$, y'', $\dfrac{d^2 y}{dx^2}$, $\dfrac{d^2}{dx^2}f(x)$와 같이 나타낸다.

〈$f''(a)$의 의미〉
❶ 함수 $f''(x)$의 $x = a$에서의 함숫값
❷ 도함수 $f'(x)$의 $x = a$에서의 미분계수
즉, $f''(a) = \lim\limits_{x \to a} \dfrac{f'(x) - f'(a)}{x - a}$

도함수의 활용

접선의 방정식

1. 접선의 방정식

함수 $f(x)$가 $x=a$에서 미분가능할 때, 곡선 $y=f(x)$ 위의
점 $\mathrm{P}(a, f(a))$에서의 접선의 방정식은

$$y-f(a)=f'(a)(x-a) \quad f'(a) : \text{접선의 기울기}$$

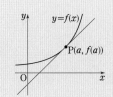

유형 13 접선의 방정식

대표기출34 _ 2019학년도 9월 평가원 가형 11번

곡선 $e^y \ln x = 2y+1$ 위의 점 $(e, 0)$에서의 접선의 방정식을
$y=ax+b$라 할 때, ab의 값은? (단, a, b는 상수이다.) [3점]

① $-2e$ ② $-e$ ③ -1

④ $-\dfrac{2}{e}$ ⑤ $-\dfrac{1}{e}$

| 풀이 | $e^y \ln x = 2y+1$을 x에 대하여 미분하면
음함수의 미분법에 의하여
$$\left(e^y \times \frac{dy}{dx}\right) \times \ln x + e^y \times \frac{1}{x} = 2 \times \frac{dy}{dx},$$
$$(e^y \ln x - 2)\frac{dy}{dx} = -\frac{e^y}{x}$$
$x=e$, $y=0$을 대입하면
$$(-1) \times \frac{dy}{dx} = -\frac{1}{e}$$
$$\therefore \frac{dy}{dx} = \frac{1}{e}$$
따라서 접선의 방정식은
$$y = \frac{1}{e}(x-e)+0, \text{ 즉 } y = \frac{1}{e}x - 1 \text{이다.}$$
$$\therefore ab = \frac{1}{e} \times (-1) = -\frac{1}{e}$$

답 ⑤

대표기출35 _ 2020학년도 9월 평가원 가형 13번

양수 k에 대하여 두 곡선 $y=ke^x+1$, $y=x^2-3x+4$가 점 P에서
만나고, 점 P에서 두 곡선에 접하는 두 직선이 서로 수직일 때, k의
값은? [3점]

① $\dfrac{1}{e}$ ② $\dfrac{1}{e^2}$ ③ $\dfrac{2}{e^2}$

④ $\dfrac{2}{e^3}$ ⑤ $\dfrac{3}{e^3}$

| 풀이 | $f(x)=ke^x+1$, $g(x)=x^2-3x+4$라 하면
$f'(x)=ke^x$, $g'(x)=2x-3$이다.
두 곡선 $y=f(x)$, $y=g(x)$의 교점 P의 x좌표를 p라 하면
$f(p)=g(p)$에서
$$ke^p+1=p^2-3p+4 \qquad \cdots\cdots ㉠$$
두 곡선에 접하는 두 직선이 서로 수직이므로
$f'(p) \times g'(p) = -1$에서
$$ke^p \times (2p-3) = -1 \qquad \cdots\cdots ㉡$$
㉡에서 $ke^p = \dfrac{1}{3-2p}$이므로 ㉠에 이를 대입한 후 정리하면
$$\frac{1}{3-2p}+1 = p^2-3p+4 \text{에서}$$
$$(p-1)(2p^2-7p+8)=0 \text{이므로}$$
$p=1$ ($\because$ 이차방정식 $2p^2-7p+8=0$의 판별식을 D라 하면 $D<0$)
㉡에 $p=1$을 대입하면 $-ke=-1$이다. $\therefore k = \dfrac{1}{e}$

답 ①

함수의 그래프의 개형

1. 곡선의 오목과 볼록

함수 $f(x)$가 어떤 구간에서

❶ $f''(x)>0$이면 곡선 $y=f(x)$는 이 구간에서 아래로 볼록하다.

❷ $f''(x)<0$이면 곡선 $y=f(x)$는 이 구간에서 위로 볼록하다.

접선의 기울기 $f'(x)$ 증가

접선의 기울기 $f'(x)$ 감소

2. 변곡점

❶ 변곡점

곡선 $y = f(x)$ 위의 점 $P(a, f(a))$에 대하여 $x = a$의 좌우에서 곡선의 모양이 아래로 볼록에서 위로 볼록으로 변하거나 위로 볼록에서 아래로 볼록으로 변할 때, 점 P를 곡선 $y = f(x)$의 변곡점이라고 한다.

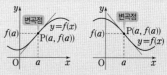

변곡점에서 곡선에 접하는 접선은 일반적인 접선과 달리 곡선을 뚫고 지나간다.

❷ 변곡점의 판정

함수 $y = f(x)$에서 $f''(a) = 0$이고 $x = a$의 좌우에서 $f''(x)$의 부호가 바뀌면 점 $(a, f(a))$는 곡선 $y = f(x)$의 변곡점이다.

점 $(a, f(a))$가 변곡점이면 $f''(a) = 0$이지만 $f''(a) = 0$이라고 해서 항상 점 $(a, f(a))$가 변곡점인 것은 아니다.
⑩ $f(x) = x^4$일 때 $f''(0) = 0$이지만 점 $(0, 0)$은 변곡점이 아니다.

3. 함수의 그래프

미분가능한 함수 $y = f(x)$의 그래프의 개형은 다음을 조사하여 그릴 수 있다.

❶ 함수의 정의역과 치역　　　　❷ 곡선의 대칭성과 주기

❸ 좌표축과의 교점　　　　❹ 함수의 증가와 감소, 극대와 극소

❺ 곡선의 오목과 볼록, 변곡점　　❻ $\lim_{x \to \infty} f(x)$, $\lim_{x \to -\infty} f(x)$, 점근선

4. 함수의 최대·최소

함수 $f(x)$가 닫힌구간 $[a, b]$에서 연속일 때, 이 구간에서
　　극댓값, 극솟값, $f(a)$, $f(b)$
중에서 가장 큰 값이 최댓값, 가장 작은 값이 최솟값이다.

핵심유형
SET 09
SET 10
SET 11
SET 12
SET 13
SET 14
SET 15
SET 16

유형 14 도함수, 이계도함수와 함수의 그래프의 활용

대표기출36 _ 2021학년도 수능 가형 7번

함수 $f(x) = (x^2 - 2x - 7)e^x$의 극댓값과 극솟값을 각각 a, b라 할 때, $a \times b$의 값은? [3점]

① -32　　　　② -30　　　　③ -28

④ -26　　　　⑤ -24

| **풀이** | $f(x) = (x^2 - 2x - 7)e^x$에서

$f'(x) = (2x - 2)e^x + (x^2 - 2x - 7)e^x$
$\quad\quad = (x^2 - 9)e^x = (x + 3)(x - 3)e^x$

$f'(x) = 0$에서 $x = -3$ 또는 $x = 3$

이때 함수 $f(x)$의 증가와 감소를 표로 나타내면 다음과 같다.

x	$\cdots$	-3	$\cdots$	3	$\cdots$
$f'(x)$	$+$	0	$-$	0	$+$
$f(x)$	↗	극대	↘	극소	↗

따라서 함수 $f(x)$는 $x = -3$에서 극댓값, $x = 3$에서 극솟값을 가지므로
$a = f(-3) = 8e^{-3}$, $b = f(3) = -4e^3$이다.
$\therefore a \times b = 8e^{-3} \times (-4e^3) = -32$

답 ①

유형 15 변곡점과 함수의 그래프

대표기출37 _ 2019학년도 6월 평가원 가형 26번

좌표평면에서 점 $(2, a)$가 곡선 $y = \dfrac{2}{x^2 + b}$ $(b > 0)$의 변곡점일 때, $\dfrac{b}{a}$의 값을 구하시오. (단, a, b는 상수이다.) [4점]

| **풀이** | $f(x) = \dfrac{2}{x^2 + b}$ $(b > 0)$라 하면

$f'(x) = \dfrac{-2 \times 2x}{(x^2 + b)^2} = -\dfrac{4x}{(x^2 + b)^2}$

$f''(x) = -\dfrac{4 \times (x^2 + b)^2 - 4x \times \{2(x^2 + b) \times 2x\}}{(x^2 + b)^4}$

$\quad\quad = -\dfrac{4(x^2 + b) - 16x^2}{(x^2 + b)^3}$

미분가능한 함수 $f(x)$의 변곡점이 $(2, a)$이므로

$f(2) = a$, 즉 $\dfrac{2}{4 + b} = a$ ⋯⋯㉠

$f''(2) = 0$, 즉 $4(4 + b) - 64 = 0$ ⋯⋯㉡

㉡에서 $b = 12$이므로 이를 ㉠에 대입하면 $a = \dfrac{2}{4 + 12} = \dfrac{1}{8}$

$\therefore \dfrac{b}{a} = 96$

답 96

1. 방정식에의 활용

❶ 방정식 $f(x) = 0$의 서로 다른 실근의 개수는

함수 $y = f(x)$의 그래프와 x축$(y = 0)$의 교점의 개수와 같다.

❷ 방정식 $f(x) = g(x)$의 서로 다른 실근의 개수는

두 함수 $y = f(x)$, $y = g(x)$의 그래프의 교점의 개수와 같다.

이때, $h(x) = f(x) - g(x)$라 하면

함수 $y = h(x)$의 그래프와 x축$(y = 0)$의 교점의 개수와도 같다.

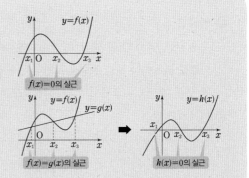

2. 부등식에의 활용

❶ 어떤 구간에서 부등식 $f(x) \geq 0$이 성립함을 보이려면

그 구간에서 $(f(x)$의 최솟값$) \geq 0$임을 보인다.

❷ 어떤 구간에서 부등식 $f(x) \geq g(x)$가 성립함을 보이려면

$h(x) = f(x) - g(x)$로 놓고, 그 구간에서 $(h(x)$의 최솟값$) \geq 0$임을 보인다.

유형 16 방정식과 부등식에의 활용

대표기출38 _ 2024학년도 6월 평가원 (미적분) 26번

x에 대한 방정식 $x^2 - 5x + 2\ln x = t$의 서로 다른 실근의 개수가 2가 되도록 하는 모든 실수 t의 값의 합은? [3점]

① $-\dfrac{17}{2}$　　　　② $-\dfrac{33}{4}$　　　　③ -8

④ $-\dfrac{31}{4}$　　　　⑤ $-\dfrac{15}{2}$

대표기출39 _ 2016학년도 6월 평가원 B형 21번

2 이상의 자연수 n에 대하여 실수 전체의 집합에서 정의된 함수

$$f(x) = e^{x+1}\{x^2 + (n-2)x - n + 3\} + ax$$

가 역함수를 갖도록 하는 실수 a의 최솟값을 $g(n)$이라 하자. $1 \leq g(n) \leq 8$을 만족시키는 모든 n의 값의 합은? [4점]

① 43　　　　② 46　　　　③ 49

④ 52　　　　⑤ 55

| 풀이 | $x^2 - 5x + 2\ln x = t$에서

$f(x) = x^2 - 5x + 2\ln x$라 하면

$f'(x) = 2x - 5 + \dfrac{2}{x} = \dfrac{2x^2 - 5x + 2}{x} = \dfrac{(2x-1)(x-2)}{x}$

$f'(x) = 0$에서 $x = \dfrac{1}{2}$ 또는 $x = 2$

$x > 0$에서 함수 $f(x)$의 증가와 감소를 표로 나타내면 다음과 같다.

x	(0)	$\cdots$	$\dfrac{1}{2}$	$\cdots$	2	$\cdots$
$f'(x)$		$+$	0	$-$	0	$+$
$f(x)$		↗	$-\dfrac{9}{4} - 2\ln 2$	↘	$-6 + 2\ln 2$	↗

방정식 $x^2 - 5x + 2\ln x = t$의 서로 다른 실근의 개수가 2이려면 곡선 $y = f(x)$와 직선 $y = t$가 서로 다른 두 점에서 만나야 하므로

$t = -\dfrac{9}{4} - 2\ln 2$ 또는 $t = -6 + 2\ln 2$

따라서 모든 실수 t의 값의 합은

$\left(-\dfrac{9}{4} - 2\ln 2\right) + (-6 + 2\ln 2) = -\dfrac{33}{4}$

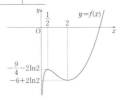

답 ②

| 풀이 | $f(x) = e^{x+1}\{x^2 + (n-2)x - n + 3\} + ax$에서

$f'(x) = e^{x+1}(x^2 + nx + 1) + a$ 이다.

함수 $f(x)$가 역함수를 가지려면 실수 전체의 집합에서 함수 $f(x)$가 증가하거나 감소해야 한다.

이때 $\lim\limits_{x \to \infty} f(x) = \infty$이므로 모든 실수 x에 대하여 $f'(x) \geq 0$이면 된다.　······㉠

$f''(x) = e^{x+1}(x + n + 1)(x + 1)$이므로

$f''(x) = 0$에서 $x = -n - 1$ 또는 $x = -1$이다.

따라서 함수 $f'(x)$의 증가, 감소를 표로 나타내면 다음과 같다.

x	$\cdots$	$-n-1$	$\cdots$	-1	$\cdots$
$f''(x)$		$+$	0	$-$	0	$+$
$f'(x)$		↗	극대	↘	극소	↗

또한 $\lim\limits_{x \to -\infty} f'(x) = a$, $\lim\limits_{x \to \infty} f'(x) = \infty$ 이고

함수 $f'(x)$는 극솟값 $f'(-1) = a - n + 2$를 가지므로

$a \geq 0$이고 $a - n + 2 \geq 0$이면 ㉠을 만족시킨다.

이를 만족시키는 실수 a의 최솟값은

$g(n) = n - 2 \, (n \geq 2)$이고

$a = n - 2$일 때 함수 $y = f'(x)$의 그래프는 그림과 같다.

따라서 $1 \leq g(n) \leq 8$, 즉 $1 \leq n - 2 \leq 8$을 만족시키는 자연수 n의 값의 합은

$3 + 4 + 5 + \cdots + 10 = 52$이다.

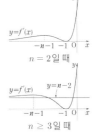

답 ④

속도와 가속도

1. 수직선 위를 움직이는 점의 속도와 가속도

수직선 위를 움직이는 점 P의 시각 t에서의 위치를 $x = f(t)$라고 할 때,

시각 t에서의 점 P의

❶ 속도 : $v = \dfrac{dx}{dt} = f'(t)$ 속도의 크기(속력) : $|v| = |f'(t)|$

❷ 가속도 : $a = \dfrac{dv}{dt} = f''(t)$ 가속도의 크기 : $|a| = |f''(t)|$

2. 평면 위를 움직이는 점의 속도와 가속도

좌표평면 위를 움직이는 점 P의 시각 t에서의 위치 (x, y)를 $x = f(t)$, $y = g(t)$라고 할 때,

시각 t에서의 점 P의

❶ 속도 : $\left(\dfrac{dx}{dt}, \dfrac{dy}{dt} \right)$, 즉 $(f'(t), g'(t))$ 속도의 크기(속력) : $\sqrt{\{f'(t)\}^2 + \{g'(t)\}^2}$

❷ 가속도 : $\left(\dfrac{d^2x}{dt^2}, \dfrac{d^2y}{dt^2} \right)$, 즉 $(f''(t), g''(t))$ 가속도의 크기 : $\sqrt{\{f''(t)\}^2 + \{g''(t)\}^2}$

유형 17 속도와 가속도

대표기출40 _ 2020학년도 수능 가형 9번

좌표평면 위를 움직이는 점 P의 시각 $t\left(0 < t < \dfrac{\pi}{2}\right)$에서의 위치 (x, y)가

$$x = t + \sin t \cos t, \quad y = \tan t$$

이다. $0 < t < \dfrac{\pi}{2}$에서 점 P의 속력의 최솟값은? [3점]

① 1   ② $\sqrt{3}$ ③ 2

④ $2\sqrt{2}$ ⑤ $2\sqrt{3}$

대표기출41 _ 2019학년도 수능 가형 24번

좌표평면 위를 움직이는 점 P의 시각 $t\,(t \geq 0)$에서의 위치 (x, y)가

$$x = 1 - \cos(4t), \quad y = \dfrac{1}{4}\sin(4t)$$

이다. 점 P의 속력이 최대일 때, 점 P의 가속도의 크기를 구하시오.

[3점]

| 풀이 | $\dfrac{dx}{dt} = 1 + \cos^2 t - \sin^2 t = 2\cos^2 t$, $\dfrac{dy}{dt} = \sec^2 t$ 이므로

점 P의 시각 $t\left(0 < t < \dfrac{\pi}{2}\right)$에서의 속력은

$\sqrt{(2\cos^2 t)^2 + (\sec^2 t)^2} = \sqrt{4\cos^4 t + \sec^4 t}$ 이다.

이때 $0 < t < \dfrac{\pi}{2}$에서 $4\cos^4 t > 0$, $\sec^4 t > 0$이므로

산술평균과 기하평균의 관계에 의하여

$4\cos^4 t + \sec^4 t \geq 2\sqrt{4\cos^4 t \times \sec^4 t} = 2\sqrt{4} = 4$이다.

(단, 등호는 $4\cos^4 t = \sec^4 t$일 때 성립한다.)

따라서 $\sqrt{4\cos^4 t + \sec^4 t} \geq \sqrt{4} = 2$이므로

점 P의 속력의 최솟값은 2이다.   **답** ③

| 풀이 | $x = 1 - \cos(4t)$, $y = \dfrac{1}{4}\sin(4t)$에서

$\dfrac{dx}{dt} = 4\sin(4t)$, $\dfrac{dy}{dt} = \cos(4t)$,

$\dfrac{d^2x}{dt^2} = 16\cos(4t)$, $\dfrac{d^2y}{dt^2} = -4\sin(4t)$이므로

점 P의 시각 t에서의 속력은

$\sqrt{16\sin^2(4t) + \cos^2(4t)} = \sqrt{15\sin^2(4t) + 1}$

이때 $0 \leq |\sin(4t)| \leq 1$이므로 $|\sin(4t)| = 1$일 때 최댓값을 갖는다.

한편 점 P의 시각 t에서의 가속도의 크기는

$\sqrt{16^2\cos^2(4t) + 16^2\sin^2(4t)}$ 이고

점 P의 속력이 최대, 즉 $|\sin(4t)| = 1$일 때 $\cos(4t) = 0$이므로

이때의 가속도의 크기는 $\sqrt{0 + 16^2} = 16$이다.   **답** 16

081

유형 03

$0 \leq \theta \leq \dfrac{\pi}{2}$ 일 때, $\sin\left(\theta + \dfrac{\pi}{3}\right) + \sin\left(\theta - \dfrac{\pi}{3}\right) = \dfrac{4}{5}$ 를

만족시키는 θ에 대하여 $\sec\theta$의 값은?

① $\dfrac{5}{4}$ ② $\dfrac{5}{3}$ ③ 2

④ $\dfrac{5}{2}$ ⑤ 5

082

픽기출 050 유형 12

함수 $f(x) = e^x - e^{-x}$의 역함수를 $g(x)$라 할 때,
$g'(f(\ln 3))$의 값은?

① $\dfrac{3}{4}$ ② $\dfrac{1}{2}$ ③ $\dfrac{3}{8}$

④ $\dfrac{3}{10}$ ⑤ $\dfrac{1}{4}$

083

유형 11

매개변수 $t \left(-\dfrac{\pi}{2} \leq t \leq \dfrac{\pi}{2}\right)$로 나타내어진 곡선

$$x = e^t \sin t, \; y = e^t \cos t$$

대하여 이 곡선 위의 점 $(0, 1)$에서의 접선의 기울기는?

① $\dfrac{1}{4}$ ② $\dfrac{1}{2}$ ③ 1

④ 2   ⑤ 4

084

짝기출 051 유형 06

함수 $f(x)$가 $-\dfrac{\pi}{2} < x < \dfrac{\pi}{2}$인 모든 실수 x에 대하여

부등식

$$x^2 \leq (e^x - 1)f(x) \leq x\tan x$$

를 만족시킬 때, $\lim\limits_{x \to 0} \dfrac{f(2x)}{x}$의 값은?

① $\dfrac{1}{4}$ ② $\dfrac{1}{2}$ ③ 1

④ 2 ⑤ 4

085

짝기출 052 유형 01

0이 아닌 두 상수 a, b에 대하여 함수

$$f(x) = \begin{cases} \dfrac{ax}{e^x + x + b} & (x \neq 0) \\ 2b & (x = 0) \end{cases}$$

가 $x = 0$에서 연속일 때, $a + b$의 값은?

① -1 ② -2 ③ -3

④ -4 ⑤ -5

086

짝기출 053 유형 10

두 함수 $f(x) = \sqrt{x^3 + 2x^2}\ (x \geq 0)$,

$g(x) = \sin(3x) + 2$에 대하여 $h(x) = (f \circ g)(x)$라

하자. $h'(0)$의 값은?

① 6 ② $\dfrac{13}{2}$ ③ 7

④ $\dfrac{15}{2}$ ⑤ 8

II 미분법

핵심유형
SET 09
SET 10
SET 11
SET 12
SET 13
SET 14
SET 15
SET 16

087

유형 17

좌표평면 위를 움직이는 점 P 의 시각 t 에서의 위치 (x, y) 가

$$x = 3e^t - 3, \; y = e^{2t} - 1$$

이다. 점 P 가 원점을 출발한 후, 직선 $y = x$ 와 만나는 순간의 가속도의 크기는?

① $2\sqrt{67}$ ② $2\sqrt{70}$ ③ $2\sqrt{73}$

④ $4\sqrt{19}$ ⑤ $2\sqrt{79}$

088

유형 13

곡선 $y = \ln x$ 위의 점 P 에서의 접선과 곡선 $y = -\ln x$ 위의 점 Q 에서의 접선이 만나는 점을 R 라 하자. 두 점 P 와 Q 의 y 좌표가 모두 $\ln 3$ 일 때, 삼각형 PQR 의 넓이는?

① $\dfrac{4}{5}$ ② $\dfrac{16}{15}$ ③ $\dfrac{4}{3}$

④ $\dfrac{8}{5}$ ⑤ $\dfrac{28}{15}$

089

짝기출 054 유형 07

그림과 같이 중심이 O이고 길이가 2인 선분 AB를 지름으로 하는 반원이 있다. $\angle \mathrm{PAB} = \theta \left(0 < \theta < \dfrac{\pi}{4}\right)$인 호 AB 위의 점 P에 대하여 세 점 P, Q, R가 한 직선 위에 있고 사각형 OBQR가 마름모가 되도록 두 점 Q, R를 잡을 때, 두 선분 AP, BQ가 만나는 점을 S라 하자. 삼각형 PQS의 넓이를 $f(\theta)$라 할 때, $\displaystyle\lim_{\theta \to 0+} \dfrac{f(\theta)}{\theta}$의 값은?

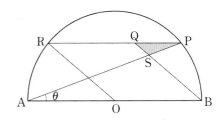

① $\dfrac{1}{6}$ ② $\dfrac{1}{5}$ ③ $\dfrac{1}{4}$

④ $\dfrac{1}{3}$ ⑤ $\dfrac{1}{2}$

090

짝기출 055 유형 16

모든 실수 x에 대하여 부등식

$$(x^2 - 2x + 2)e^x \geq ax$$

가 성립하도록 하는 상수 a의 최댓값은?

① e ② $\dfrac{5}{6}e$ ③ $\dfrac{2}{3}e$

④ $\dfrac{e}{3}$ ⑤ $\dfrac{e}{6}$

II 미분법

핵심유형
SET 09
SET 10
SET 11
SET 12
SET 13
SET 14
SET 15
SET 16

091

유형 01

연속함수 $f(x)$에 대하여 $\lim\limits_{x \to 0} \dfrac{f(x)}{x} = 2$일 때,

$\lim\limits_{x \to 0} \dfrac{\ln(1 + f(2x^2))}{x^2}$의 값은?

① 2   ② 4   ③ 6

④ 8   ⑤ 10

092

짝기출 056 유형 11

매개변수 $t\ (t > 0)$로 나타내어진 함수

$$x = \ln(t+1), \quad y = \frac{1}{2}(t^2 + t)$$

에서 $t = a$일 때 $\dfrac{dy}{dx}$의 값은 3이다. 양수 a의 값은?

① 1   ② 2   ③ 3

④ 4   ⑤ 5

093

짝기출 057 유형 13

곡선 $x^3 + 3xy - y^2 = -9$ 위의 점 $(1, -2)$에서의 접선의 방정식이 점 $(a, 1)$을 지난다. 상수 a의 값을 구하시오.

094

곡선 $y = \dfrac{1}{2}\left(\ln\dfrac{x}{a}\right)^2$ 의 변곡점이 직선 $y = \dfrac{1}{4e}x$ 위에 있을 때, 양수 a의 값은?

① 2   ② 4   ③ 8

④ 16   ⑤ 32

095

실수 전체의 집합에서 미분가능한 함수 $f(x)$에 대하여 함수 $g(x)$는

$$g(x) = \sin^2 f(x)$$

이다. $\displaystyle\lim_{x \to 1}\dfrac{4f(x) - \pi}{x - 1} = 8$일 때, $\dfrac{1}{g(1)} + g'(1)$의 값을 구하시오.

096

그림과 같이 길이가 4인 선분 AB를 지름으로 하는 원 위의 점 P에 대하여 선분 AP의 중점을 M, 점 A를 중심으로 하고 반지름의 길이가 $\overline{\text{AM}}$인 원이 선분 AB와 만나는 점을 Q라 하자. $\angle\text{PAQ} = \theta$라 할 때, 삼각형 APQ의 내부와 부채꼴 AMQ의 외부의 공통부분의 넓이를 $S(\theta)$라 하자. $\displaystyle\lim_{\theta \to 0+}\dfrac{S(\theta)}{\theta}$의 값은? (단, $0 < \theta < \dfrac{\pi}{2}$)

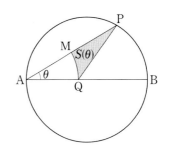

① 1   ② 2   ③ 3

④ 4   ⑤ 5

097

유형 14

함수 $f(x) = \dfrac{1}{x-2} - \dfrac{k}{x}$ 가 $x > 1$에서 극값을 갖도록

하는 자연수 k의 최솟값을 구하시오.

098

유형 05

그림과 같이 $\overline{AB} = 10$, $\overline{BC} = 12$인 직각삼각형 ABC가

있다. 선분 AB의 중점을 O, 선분 AB를 지름으로 하는

원과 선분 OC의 교점을 D라 하자. $\angle DAC = \alpha$라 할 때,

$\tan\alpha$의 값은?

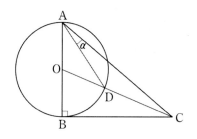

① $\dfrac{2}{9}$ ② $\dfrac{7}{27}$ ③ $\dfrac{8}{27}$

④ $\dfrac{1}{3}$ ⑤ $\dfrac{10}{27}$

099

유형 12

양수 k에 대하여 구간 $\left(0, \dfrac{\pi}{2}\right)$에서 정의된 함수

$f(x) = \dfrac{1}{2}\tan x + k$의 역함수를 $g(x)$라 하자. 두 곡선

$y = f(x)$, $y = g(x)$가 오직 한 점에서만 만날 때,

$k \times g'\left(k + \dfrac{1}{2}\right)$의 값은?

① $\dfrac{\pi}{16} - \dfrac{1}{8}$ ② $\dfrac{\pi}{12} - \dfrac{1}{6}$ ③ $\dfrac{\pi}{8} - \dfrac{1}{4}$

④ $\dfrac{\pi}{4} - \dfrac{1}{2}$ ⑤ $\dfrac{3}{2}\pi - \dfrac{3}{4}$

100

유형 06

이차함수 $f(x)$가 다음 조건을 만족시킨다.

> (가) $\displaystyle\lim_{x \to \pi} \dfrac{f(x)}{\cos\dfrac{x}{2}} = -2$
>
> (나) $f(2\pi) = 2\pi$

$f(4\pi)$의 값은?

① 10π ② 12π ③ 14π

④ 16π ⑤ 18π

II 미분법

핵심유형
SET 09
SET 10
SET 11
SET 12
SET 13
SET 14
SET 15
SET 16

101

짝기출 061 유형 04

$0 \le x \le 2\pi$일 때, 방정식 $\cos^2 x - \sin^2(2x) = 0$의 모든 해의 합은?

① 3π ② 4π ③ 5π

④ 6π ⑤ 7π

102

짝기출 062 유형 01

$\displaystyle\lim_{x \to 0} \frac{2^{x+a} - 2 \times 4^a}{2^{bx} - 1} = \frac{1}{4}$일 때, $a+b$의 값은?

(단, a, b는 상수이다.)

① -2 ② -1 ③ 0

④ 1 ⑤ 2

103

짝기출 063 유형 15

함수 $f(x) = x^2 e^{-x}$의 그래프는 서로 다른 두 점 $(p, f(p))$, $(q, f(q))$에서 변곡점을 갖는다. $p+q$의 값은?

① 1 ② 2 ③ 3

④ 4 ⑤ 5

104

유형 09

실수 전체의 집합에서 미분가능한 두 함수 $f(x)$, $g(x)$가 모든 실수 x에 대하여 다음 조건을 만족시킨다.

(가) $f(x) = -f'(x)$

(나) $g(x) = \dfrac{x^2+2}{f(x)}$ (단, $f(x) \neq 0$)

$g'(2) = 5$일 때, $f(2)$의 값은?

① 1   ② 2   ③ 3

④ 4   ⑤ 5

105

유형 12

실수 전체의 집합에서 미분가능한 함수 $f(x)$와 그 역함수 $g(x)$가

$$\lim_{x \to 0} \frac{f(x)-1}{x} = 2, \ \lim_{x \to 2} \frac{g(x)-1}{x-2} = \frac{1}{3}$$

을 만족시킨다. 모든 실수 x에 대하여 $h(x) = (g \circ g)(x)$라 할 때, $h'(2)$의 값은?

① $\dfrac{1}{6}$ ② $\dfrac{1}{3}$ ③ $\dfrac{1}{2}$

④ $\dfrac{2}{3}$ ⑤ $\dfrac{5}{6}$

106

짝기출 064 유형 13

실수 전체의 집합에서 미분가능한 함수 $f(x)$가

$$\lim_{x \to 2} \frac{3^{f(x)}-1}{x-2} = 4\ln 3$$을 만족시킨다. 함수 $y = f(x)$의

그래프 위의 점 $(2, f(2))$에서의 접선이 점 $(4, a)$를 지날 때, a의 값을 구하시오.

Ⅱ 미분법

핵심유형

SET 09
SET 10
SET 11
SET 12
SET 13
SET 14
SET 15
SET 16

107

짝기출 065 유형 07

그림과 같이 길이가 2인 선분 AB를 지름으로 하는 반원의 호 위에 점 C가 있고, 선분 AB 위에 점 D가 있다. $\angle CAB = \theta$이고 $\angle ACD = 3\theta$일 때, 삼각형 OCD의 넓이를 $S(\theta)$, 선분 AC의 길이를 $l(\theta)$라 하자. $\lim\limits_{\theta \to 0+} \dfrac{l(\theta) \times S(\theta)}{\theta}$의 값은? (단, $0 < \theta < \dfrac{\pi}{8}$)

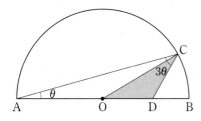

① $\dfrac{1}{4}$ ② $\dfrac{1}{2}$ ③ 1

④ 2 ⑤ 4

108

짝기출 066 유형 17

좌표평면 위를 움직이는 점 $P(x, y)$의 시각 $t\,(t > 0)$에서의 위치가

$$x = te^{-t}, \quad y = -3(t+1)e^{-t}$$

이다. 점 P의 속력의 최댓값은?

① $\dfrac{1}{e}$ ② $\dfrac{2}{e}$ ③ $\dfrac{3}{e}$

④ $\dfrac{4}{e}$ ⑤ $\dfrac{5}{e}$

109

찍기출 067 유형 10

실수 전체의 집합에서 미분가능한 함수 $f(x)$가 모든 실수 x에 대하여 다음 조건을 만족시킨다.

(가) $f(x) = f(-x)$

(나) $f(1+x)f(1-x) = e^{x^2}$

$\dfrac{f'(2)}{f(2)}$의 값은?

① $\dfrac{1}{e}$ 　　② $\dfrac{1}{2}$ 　　③ 1

④ 2 　　⑤ e

110

유형 14

최고차항의 계수가 양수인 이차함수 $f(x)$에 대하여 함수 $g(x)$를

$$g(x) = f(x)\ln x$$

라 할 때, 다음 조건을 만족시킨다.

(가) $g(3e) = 0$

(나) 함수 $g(x)$는 $x = e$에서 극값 4를 갖는다.

$f(9e)$의 값을 구하시오.

II
미분법

핵심유형
SET 09
SET 10
SET 11
SET 12
SET 13
SET 14
SET 15
SET 16

111

짝기출 068 유형 15

함수 $f(x) = e^{2x} - ax^2$이 있다. 곡선 $y = f(x)$의 변곡점의
x좌표가 1일 때, 상수 a의 값은?

① e^2　　　　② $2e^2$　　　　③ $3e^2$

④ $4e^2$　　　　⑤ $5e^2$

112

유형 03

그림과 같이 두 직선 $y = \dfrac{1}{3}x$, $y = 2x$가 이루는 각을

이등분하고 기울기가 양수인 직선 l이 있다. 직선 l이 x축의
양의 방향과 이루는 예각의 크기를 θ라 할 때, $\tan(2\theta)$의
값은?

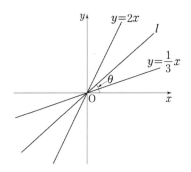

① 6　　　　② 7　　　　③ 8

④ 9　　　　⑤ 10

113

짝기출 069 유형 11

곡선 $x^2 - 2xy + 3y^2 = 6$ 위의 점 $(1, a)$에서의 접선의
기울기가 b일 때, $a + 2b$의 값은? (단, $a < 0$)

① -2　　　　② -1　　　　③ 0

④ 1　　　　⑤ 2

114

유형 10

실수 전체의 집합에서 미분가능한 함수 $f(x)$가 다음 조건을 만족시킨다.

(가) 모든 실수 x에 대하여 $f(x) > 0$, $f'(x) > 0$이다.
(나) $f(1) = e$

$\lim\limits_{x \to 1} \dfrac{\ln f(x) - 1}{f(x) - e}$ 의 값은?

① $\dfrac{1}{e^2}$ ② $\dfrac{1}{e}$ ③ 1

④ e ⑤ e^2

115

유형 02

미분가능한 함수 $f(x)$에 대하여 $\lim\limits_{x \to 1} \dfrac{2e^x f(x) - 7}{x^2 - 1} = 3e$ 일 때, $f'(1)$의 값은?

① $1 - \dfrac{3}{2e}$ ② $2 - \dfrac{5}{2e}$ ③ $3 - \dfrac{7}{2e}$

④ $4 - \dfrac{9}{2e}$ ⑤ $5 - \dfrac{11}{2e}$

116

짝기출 070 **유형 13**

함수 $y = f(x)$의 그래프 위의 점 $(0, f(0))$에서의 접선의 방정식이 $y = -2x + 3$일 때, 곡선 $y = \dfrac{f(x)}{e^{2x}}$ 위의 x좌표가 0인 점에서의 접선의 방정식은 $y = ax + b$이다. 두 상수 a, b에 대하여 $a + b$의 값은?

① -1 ② -3 ③ -5

④ -7 ⑤ -9

II 미분법

핵심유형
SET 09
SET 10
SET 11
SET 12
SET 13
SET 14
SET 15
SET 16

117

짝기출 071 유형 14

정의역이 $\{x \mid 0 < x < \pi\}$인 함수 $f(x) = \dfrac{\sin x}{2 - \cos x}$의

극값은 a이다. $60a^2$의 값을 구하시오.

118

짝기출 072 유형 04

함수

$$f(x) = \frac{3}{2}\sin x - \frac{1}{2}\sin x \cos(2x) + \cos(2x)$$

의 최댓값을 M, 최솟값을 m이라 하자. Mm의 값은?

① $-\dfrac{31}{3}$ ② $-\dfrac{31}{9}$ ③ $-\dfrac{31}{27}$

④ $\dfrac{31}{27}$ ⑤ $\dfrac{31}{9}$

119

유형 16

양수 t에 대하여 모든 실수 x에서 $tx+2 \leq e^{x+a}$를 만족시키는 양수 a의 최솟값을 $f(t)$라 할 때, $f'(2)$의 값은?

① -2 ② -1 ③ 0

④ 1 ⑤ 2

120

짝기출 073   유형 05

길이가 2인 선분 AD를 한 변으로 하는 평행사변형 ABCD에 대하여 세 점 A, B, C를 지나고 반지름의 길이가 $\sqrt{5}$인 원 O가 직선 AD와 점 A에서 접한다. 직선 CD가 원 O와 만나는 점 중 C가 아닌 점을 E라 하고 점 D에서 원 O에 그은 접선의 접점 중 A가 아닌 점을 F라 할 때, 선분 EF의 길이는?

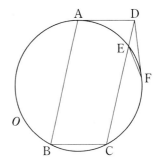

① $\dfrac{2}{3}(4-\sqrt{5})$ ② $\dfrac{2}{3}(5-\sqrt{5})$

③ $\dfrac{2}{3}(6-\sqrt{5})$ ④ $\dfrac{2}{3}(4+\sqrt{5})$

⑤ $\dfrac{2}{3}(5+\sqrt{5})$

121

찍기출 074 **유형 09**

함수 $f(x) = \dfrac{x^2 + 2x}{e^x}$ 에 대하여

$\displaystyle\lim_{h \to 0} \dfrac{f(1+h) - f(1-3h)}{h}$ 의 값은?

① $-\dfrac{4}{e}$ ② $-\dfrac{2}{e}$ ③ 0

④ $\dfrac{2}{e}$ ⑤ $\dfrac{4}{e}$

122

찍기출 075 **유형 17**

좌표평면 위를 움직이는 점 P 의 시각 t 에서의 위치 $(x,\ y)$ 가

$$x = t + 5\cos t,\ y = a\sin t$$

이다. $t = \dfrac{\pi}{6}$ 에서 점 P 의 속력이 3일 때, 양수 a 의 값은?

① 1 ② 2 ③ 3

④ 4 ⑤ 5

123

찍기출 076 **유형 15**

곡선 $y = \cos 2x + ax^2$ 이 변곡점을 갖지 않도록 하는 자연수 a 의 최솟값을 구하시오.

124

유형 01

이차함수 $f(x)$에 대하여 $f(1) = 5$, $\lim_{x \to 0} \dfrac{e^{f(x)} - 1}{3x} = 1$일

때, $f(3)$의 값을 구하시오.

126

유형 11

실수 전체의 집합에서 미분가능한 함수 $f(x)$에 대하여
매개변수 t $(t > 0)$로 나타내어진 곡선

$$x = f(t),\ y = f(t^2)$$

위의 $t = 1$에 대응하는 점에서의 접선이 점 $(3,\ 4)$를 지날

때, $f(1)$의 값을 구하시오. (단, $f'(1) \neq 0$)

125

짝기출 077 유형 10

함수 $f(x) = \tan\left(2x + \dfrac{\pi}{4}\right)$와 실수 전체의 집합에서

미분가능한 함수 $g(x)$에 대하여 $\lim_{x \to 0} \dfrac{g(f(x))}{x} = 1$일 때,

$g'(1)$의 값은?

① 4   ② 2   ③ 1

④ $\dfrac{1}{2}$ ⑤ $\dfrac{1}{4}$

127

짝기출 078 유형 16

방정식 $3\ln x + 2 = x + k$의 서로 다른 실근의 개수가 1이 되도록 하는 실수 k의 값은?

① $\ln 3 - 1$ ② $2\ln 3 - 1$ ③ $2\ln 3$

④ $3\ln 3 - 1$ ⑤ $3\ln 3$

128

짝기출 079 유형 12

미분가능한 함수 $f(x)$, $g(x)$가 다음 조건을 만족시킨다.

> (가) $f'(1) = 2$, $g(2) = 1$
>
> (나) $f^{-1}(x) = g(2x)$

$100g'(2)$의 값을 구하시오.

129 유형 07

그림과 같이 $\angle AOB = \theta$ $(0 < \theta < \frac{\pi}{2})$, $\angle OAB = \frac{\pi}{2}$, $\overline{OA} = 1$인 직각삼각형 OAB가 있다. 선분 OB 위에 점 C를 $\overline{OC} = \overline{AB}$가 되도록 잡고, $\angle COD = \frac{\pi}{2}$를 만족시키는 점 D를 $\overline{OD} = 1$이 되도록 잡는다. 삼각형 BCD의 넓이를 $S(\theta)$라 할 때, $\lim\limits_{\theta \to \frac{\pi}{2}-} \dfrac{S(\theta)}{\frac{\pi}{2} - \theta}$의 값은?

(단, 네 점 O, A, B, D는 한 평면 위에 있다.)

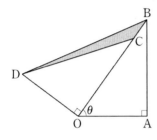

① $\dfrac{1}{4}$ ② $\dfrac{1}{2}$ ③ 1

④ 2   ⑤ 4

130 유형 14

최고차항의 계수가 1인 이차함수 $f(x)$에 대하여 함수 $g(x)$를

$$g(x) = f(x)e^{-|x|}$$

라 하자. 함수 $g(x)$가 실수 전체의 집합에서 미분가능하고 $x = \sqrt{2}$에서 극값을 가질 때, $f(3)$의 값을 구하시오.

131

짝기출 080 유형 02

함수 $f(x) = 2^x - \log_4 x$에 대하여

$\lim\limits_{n \to \infty} n\left\{ f\left(2 + \dfrac{1}{n}\right) - f\left(2 - \dfrac{1}{n}\right) \right\}$의 값은?

① $4\ln 2 - \dfrac{1}{2\ln 2}$ ② $8\ln 2 - \dfrac{1}{\ln 2}$

③ $8\ln 2 - \dfrac{1}{2\ln 2}$ ④ $16\ln 2 - \dfrac{1}{2\ln 2}$

⑤ $16\ln 2 - \dfrac{1}{4\ln 2}$

132

짝기출 081 유형 14

함수 $f(x) = x(\ln x)^2$의 극댓값을 a, 극솟값을 b라 할 때, $a + b$의 값은?

① $\dfrac{1}{e^2}$ ② $\dfrac{2}{e^2}$ ③ $\dfrac{4}{e^2}$

④ e^2 ⑤ $2e^2$

133

짝기출 082 유형 01

좌표평면의 제1사분면에서 곡선 $y = e^x$ 위를 움직이는 점 $P(t, e^t)$가 있다. 점 P에서 y축에 내린 수선의 발을 Q라 하고 곡선 $y = e^x$이 y축과 만나는 점을 R라 하자. 삼각형 PQR의 넓이를 $f(t)$라 할 때, $\lim\limits_{t \to 0+} \dfrac{f(3t)}{t^2}$의 값은?

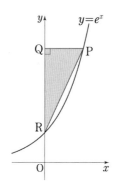

① $\dfrac{5}{2}$ ② 3 ③ $\dfrac{7}{2}$

④ 4 ⑤ $\dfrac{9}{2}$

134

유형 10

실수 전체의 집합에서 미분가능한 함수 $f(x)$가

$f(1) = \dfrac{\pi}{2}$ 일 때, $\displaystyle\lim_{x \to 1} \dfrac{\sin f(x) - 1}{f(x) - \dfrac{\pi}{2}}$ 의 값은?

① $-\pi$ ② $-\dfrac{\pi}{2}$ ③ 0

④ $\dfrac{\pi}{2}$ ⑤ π

135

유형 12

미분가능한 함수 $f(x)$가 다음 조건을 만족시킨다.

> (가) 모든 실수 x에 대하여 $f(-x) = -f(x)$
> (나) $\displaystyle\lim_{x \to 3} \dfrac{f(x) - 1}{x - 3} = 2$

함수 $f(x)$의 역함수가 존재하고, 그 역함수를 $g(x)$라 할 때, $g'(-1)$의 값은?

① -1 ② $-\dfrac{1}{2}$ ③ $\dfrac{1}{2}$

④ 1 ⑤ 2

136

유형 17

좌표평면 위를 움직이는 점 P의 시각 t $(t > 0)$에서의 위치 (x, y)가

$$x = \sqrt{2} \ln t, \quad y = \frac{1}{2}t^2 + t + 1$$

일 때, 점 P의 속력의 최솟값은?

① 1 ② $\sqrt{2}$ ③ $\sqrt{3}$

④ 2 ⑤ $\sqrt{6}$

137

픽기출 083 유형 16

두 곡선 $y = a \ln x$, $y = x^4$이 한 점에서만 만나도록 하는 양수 a의 값은?

① $\dfrac{e}{4}$　　　　② $\dfrac{e}{2}$　　　　③ e

④ $2e$　　　　⑤ $4e$

138

유형 13

함수 $f(x) = \pi \sin \dfrac{\pi}{3} x$와 일차함수 $g(x)$가 다음 조건을 만족시킨다.

> (가) $f(1) = g(1)$
> (나) $0 \leq x \leq 3$일 때, $f(x) \leq g(x)$이다.

$g(3)$의 값은?

① $\dfrac{\pi^2}{3} + \dfrac{\sqrt{3}}{2}\pi$　　　　② $\dfrac{\pi^2}{3} + \pi$

③ $\dfrac{\pi^2}{2} + \dfrac{\sqrt{3}}{2}\pi$　　　　④ $\dfrac{\pi^2}{2} + \dfrac{\sqrt{3}}{2}\pi$

⑤ $\pi^2 + \dfrac{\sqrt{3}}{2}\pi$

139

짝기출 084 유형 07

그림과 같이 $\overline{AB} = 4$, $\overline{AC} = 2$인 삼각형 ABC가 있다. 점 C에서 선분 AB에 내린 수선의 발을 D라 하고, ∠ACD의 이등분선이 선분 AB와 만나는 점을 E라 하자. ∠DAC $= \theta$일 때, 삼각형 ACE의 넓이를 $f(\theta)$, 삼각형 CBD의 넓이를 $g(\theta)$라 하자. $\lim\limits_{\theta \to 0+} \dfrac{f(\theta) + g(\theta)}{\theta}$의 값은?

(단, $0 < \theta < \dfrac{\pi}{2}$)

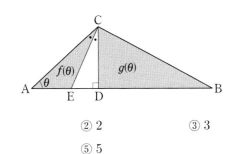

① 1   ② 2   ③ 3

④ 4   ⑤ 5

140

짝기출 085 유형 14

그림과 같이 좌표평면에 두 점 A$(1, 0)$, B$(0, 1)$과 원점 O로 이루어진 반지름의 길이가 1이고 중심각의 크기가 $\dfrac{\pi}{2}$인 부채꼴 OAB가 있다. 다음 조건을 만족시키는 제1사분면 위의 두 점 P, Q에 대하여 삼각형 BPQ의 넓이가 최대일 때의 선분 PQ의 길이와 직선 PQ의 기울기의 곱은?

(가) 점 P는 호 AB(양 끝점은 제외) 위에 있고, 점 Q는 부채꼴 OAB의 외부에 있다.
(나) 선분 PQ의 길이는 호 AP의 길이와 같다.

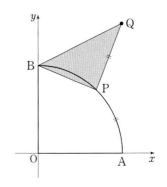

① $\dfrac{1}{4}$ ② $\dfrac{1}{2}$ ③ 1

④ 2   ⑤ 4

141

찍기출 086 유형 09

실수 전체의 집합에서 미분가능한 함수 $f(x)$에 대하여 함수 $g(x)$를

$$g(x) = \frac{f(x)}{x^2 + 1}$$

라 하자. $g'(-1) = 2$일 때, $f'(-1) + f(-1)$의 값은?

① 1   ② 2   ③ 3

④ 4   ⑤ 5

142

유형 06

$f(1) = 3$인 이차함수 $f(x)$에 대하여 함수 $g(x)$를

$g(x) = f(x)\tan x$라 하자. $\lim\limits_{x \to 0} \dfrac{g(x)}{x^2} = 1$일 때, $f(2)$의

값을 구하시오.

143

찍기출 087 유형 13

함수 $f(x) = e^{2x} + 2x$의 역함수를 $g(x)$라 하자. 곡선 $y = g(x)$ 위의 점 $(a, 0)$에서의 접선이 점 $(0, b)$를 지날 때, $a + b$의 값은?

① $\dfrac{1}{6}$ ② $\dfrac{1}{3}$ ③ $\dfrac{1}{2}$

④ $\dfrac{2}{3}$ ⑤ $\dfrac{3}{4}$

144

딱기출 088 유형 17

좌표평면 위를 움직이는 점 P의 시각 $t\,(t > 0)$에서의 위치 (x, y)가

$$x = \frac{1}{2}t^2 + t - 4\ln(t+1),\ y = 4t$$

이다. 점 P의 속력이 최소일 때, 점 P의 가속도의 크기를 구하시오.

145

유형 11

매개변수 $\theta\left(0 < \theta < \dfrac{\pi}{2}\right)$로 나타내어진 함수

$$x = \cos^2\theta,\ y = a + \sin^3\theta$$

의 그래프 위의 점 $P\left(\dfrac{8}{9},\ \dfrac{4}{27}\right)$에서의 접선의 기울기를 k라 할 때, $a \times k$의 값은? (단, a는 상수이다.)

① $-\dfrac{1}{9}$ ② $-\dfrac{1}{18}$ ③ $\dfrac{1}{18}$

④ $\dfrac{1}{9}$ ⑤ $\dfrac{2}{9}$

146

딱기출 089 유형 12

함수 $f(x) = x^3 + ax + b$의 역함수 $g(x)$에 대하여

$$\lim_{x \to 1}\frac{g(x)+1}{x-1} = \frac{1}{4}$$ 일 때, $f(2)$의 값을 구하시오.

147

유형 16

함수 $f(x) = e^x(x^2 + ax + 3)$에 대하여 방정식 $f(x) = t$의 실근의 개수를 $g(t)$라 하자. $g(t)$가 양의 실수 전체의 집합에서 연속이 되도록 하는 정수 a의 개수를 구하시오.

148

짝기출 090 유형 07

그림과 같이 $\overline{AB} = 2$이고 $\angle CAB = \theta$, $\angle ACB = \dfrac{2}{3}\theta \left(0 < \theta < \dfrac{3}{10}\pi\right)$인 삼각형 ABC의 변 AC 위에 $\overline{AD} = \overline{BD}$인 점 D가 있다. 점 B를 중심으로 하고 반지름의 길이가 $\overline{BD}$인 원이 선분 BC와 만나는 점을 E, 선분 CD와 만나는 점 중 D가 아닌 점을 F라 하자. 두 선분 CE, CF와 호 EF로 둘러싸인 부분의 넓이를 $S(\theta)$라 할 때, $\displaystyle\lim_{\theta \to 0+} \dfrac{S(\theta)}{\theta}$의 값은?

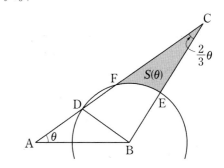

① $\dfrac{7}{6}$ ② $\dfrac{4}{3}$ ③ $\dfrac{3}{2}$

④ $\dfrac{5}{3}$ ⑤ $\dfrac{11}{6}$

149

유형 14

최고차항의 계수가 1인 이차함수 $f(x)$와 함수 $g(x) = \ln x$에 대하여 함수 $|f(x) - g(x)|$가 $x = 1$에서 최솟값 3을 가질 때, $f(3)$의 값을 구하시오.

150

유형 13

실수 t에 대하여 방정식 $\ln x = tx$의 서로 다른 실근의 개수를 $f(t)$라 하자. 최고차항의 계수가 1인 이차함수 $g(x)$에 대하여 함수 $f(x)g(x)$가 실수 전체의 집합에서 연속일 때, $g(e)$의 값은?

① e ② $e - 1$ ③ $e + 1$

④ $e^2 - 1$ ⑤ $e^2 + 1$

II 미분법

핵심유형

SET 09
SET 10
SET 11
SET 12
SET 13
SET 14
SET 15
SET 16

151

찍기출 091 유형 10

양의 실수 전체의 집합에서 정의된 미분가능한 함수 $f(x)$가

$$f(2x^2 + 1) = e^x(x^2 + 1)$$

을 만족시킬 때, $f'(3)$의 값은?

① $\dfrac{e}{5}$ ② $\dfrac{e}{4}$ ③ $\dfrac{e}{3}$

④ $\dfrac{e}{2}$ ⑤ e

152

찍기출 092 유형 11

곡선 $x^3 + y^3 + axy = b$ 위의 점 $(1, 1)$에서의 접선의 기울기가 -2일 때, $a^2 + b^2$의 값을 구하시오.

(단, a, b는 상수이다.)

153

유형 02

다항함수 $f(x)$가 다음 조건을 만족시킨다.

> (가) $f(0) = 0$
>
> (나) $\displaystyle\lim_{x \to \infty} f(x)\ln\left(1 + \dfrac{2}{x}\right) = 4$

$g(x) = e^x f(x)$라 할 때, $g'(2)$의 값은?

① $4e^2$ ② $6e^2$ ③ $8e^2$

④ $10e^2$ ⑤ $12e^2$

154

찍기출 093 유형 13

매개변수 t로 나타내어진 곡선

$$x = 2\cos^3 t, \quad y = 3\sin^3 t$$

에 대하여 $t = \dfrac{\pi}{4}$에 대응하는 점에서의 접선과 x축, y축으로 둘러싸인 부분의 넓이를 S라 하자. $12S$의 값을 구하시오.

155

찍기출 094 유형 08

그림과 같이 중심이 O 이고 반지름의 길이가 1 인 사분원 OPQ 에서 두 점 P, Q 를 제외하고 호 PQ 위를 움직이는 점 A 가 있다. 점 A 에서 선분 OP 에 내린 수선의 발을 B 라 하고, ∠AOB = θ 라 하자. 선분 AB 를 한 변으로 하는 정사각형 ABCD 의 변 BC 위에 점 P 가 놓일 때, 호 AP 와 세 선분 AD, DC, CP 로 둘러싸인 부분의 넓이를 $S(\theta)$ 라 하자. $S'\left(\dfrac{\pi}{4}\right)$ 의 값은? (단, $0 < \theta < \dfrac{\pi}{2}$)

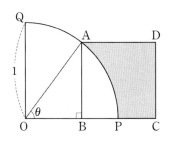

① $\dfrac{1}{8}$ ② $\dfrac{1}{4}$ ③ $\dfrac{3}{8}$

④ $\dfrac{1}{2}$ ⑤ $\dfrac{5}{8}$

156

유형 14

함수 $f(x) = (x^2 - 3x + 3)e^x$ 에 대하여 함수 $g(x) = |f(x) - k|$ 가 양의 실수 전체의 집합에서 미분가능하도록 하는 실수 k 의 최댓값은?

① $-e^2$ ② $-e$ ③ $\sqrt{e}$

④ e ⑤ e^2

157

팩기출 095 유형 12

함수 $f(x) = x^3 + x + a$에 대하여 함수
$g(x) = (f^{-1} \circ f')(x)$가

$$g(2) < 0, \ g'(2) = 3$$

을 만족시킬 때, 상수 a의 값을 구하시오.

158

유형 05

좌표평면에 세 점 $A(2, 0)$, $B(0, 1)$, $C(1, 0)$이 있다.
점 P가 제3사분면에 있고

$$\overline{OP} = 1, \ \angle ABP = 75°$$

를 만족시킬 때, 점 A에서 직선 CP에 내린 수선의 발을
Q라 하자. $\overline{AQ}^2 = p - q\sqrt{3}$일 때, $100pq$의 값을
구하시오. (단, O는 원점이고, p, q는 유리수이다.)

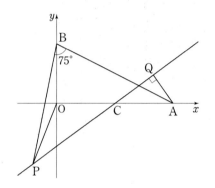

159

짝기출 096 유형 14

함수 $f(x) = \dfrac{1}{3}x^3 - \dfrac{1}{2}x^2$에 대하여 함수 $g(x)$를

$$g(x) = f(2\cos x)$$

라 하자. $0 < x < 2\pi$에서 함수 $g(x)$가 극소가 되는 x의 개수를 구하시오.

160

유형 06

구간 $(0, 2\pi)$에서 정의된 함수

$$f(x) = \begin{cases} \sin x & \left(0 < x \le \dfrac{\pi}{2}\right) \\ 2 - \sin x & \left(\dfrac{\pi}{2} < x < 2\pi\right) \end{cases}$$

가 있다. 실수 t에 대하여 구간 $(0, 2\pi)$에서 함수 $y = |f(x) - t|$가 미분가능하지 않은 실수 x의 개수를 $g(t)$라 할 때, $\left| \lim\limits_{t \to a+} g(t) - \lim\limits_{t \to a-} g(t) \right| > 0$을 만족시키는 모든 정수 a의 값의 합을 구하시오.

III

적분법

1 여러 가지 적분법

여러 가지 함수의 적분

1. 함수 $y = x^\alpha$ (α는 실수)의 부정적분 (단, C는 적분상수)

❶ $\alpha \neq -1$일 때, $\displaystyle\int x^\alpha \, dx = \frac{1}{\alpha+1} x^{\alpha+1} + C$

❷ $\alpha = -1$일 때, $\displaystyle\int x^{-1} \, dx = \int \frac{1}{x} \, dx = \ln|x| + C$

2. 지수함수의 부정적분 (단, C는 적분상수)

❶ $\displaystyle\int e^x \, dx = e^x + C$

❷ $\displaystyle\int a^x \, dx = \frac{a^x}{\ln a} + C$ (단, $a > 0$, $a \neq 1$)

3. 삼각함수의 부정적분 (단, C는 적분상수)

❶ $\displaystyle\int \sin x \, dx = -\cos x + C$ 　　　　❷ $\displaystyle\int \cos x \, dx = \sin x + C$

❸ $\displaystyle\int \sec^2 x \, dx = \tan x + C$ 　　　　❹ $\displaystyle\int \csc^2 x \, dx = -\cot x + C$

❺ $\displaystyle\int \sec x \tan x \, dx = \sec x + C$ 　　❻ $\displaystyle\int \csc x \cot x \, dx = -\csc x + C$

유형 01 여러 가지 함수의 적분

대표기출42 _ 2016학년도 수능 B형 4번

$\displaystyle\int_0^e \frac{5}{x+e} \, dx$의 값은? [3점]

① $\ln 2$ 　　　② $2\ln 2$ 　　　③ $3\ln 2$

④ $4\ln 2$ 　　　⑤ $5\ln 2$

대표기출43 _ 2020학년도 6월 평가원 가형 5번

$\displaystyle\int_0^{\ln 3} e^{x+3} \, dx$의 값은? [3점]

① $\dfrac{e^3}{2}$ 　　　② e^3 　　　③ $\dfrac{3}{2}e^3$

④ $2e^3$ 　　　⑤ $\dfrac{5}{2}e^3$

| 풀이 | $\displaystyle\int_0^e \frac{5}{x+e} \, dx = \Big[5\ln(x+e) \Big]_0^e$

$= 5\ln(2e) - 5\ln e$

$= 5\ln\dfrac{2e}{e} = 5\ln 2$ 　　**답** ⑤

| 풀이 | $\displaystyle\int_0^{\ln 3} e^{x+3} \, dx = e^3 \int_0^{\ln 3} e^x \, dx$

$= e^3 \Big[e^x \Big]_0^{\ln 3} = e^3 (e^{\ln 3} - 1)$

$= e^3 (3-1) = 2e^3$ 　　**답** ④

치환적분법

1. 치환적분법
다른 변수로 치환하여 적분하는 방법

❶ 미분가능한 함수 $g(t)$에 대하여 $x = g(t)$로 놓으면

$$\int f(x)dx = \int f(g(t))g'(t)\,dt$$

❷ $\int \dfrac{f'(x)}{f(x)}dx$꼴의 부정적분

$$\int \frac{f'(x)}{f(x)}dx = \ln|f(x)| + C \ (\text{단, } C\text{는 적분상수})$$

2. 정적분의 치환적분법
구간 $[a, b]$에서 연속인 함수 $f(x)$에 대하여 미분가능한 함수 $x = g(t)$의 도함수 $g'(t)$가
구간 $[\alpha, \beta]$에서 연속이고, $a = g(\alpha)$, $b = g(\beta)$이면

$$\int_a^b f(x)dx = \int_\alpha^\beta f(g(t))g'(t)\,dt$$

🔑 **단축Key** 자주 나오는 치환적분법

(1) $\int f'(x)\{f(x)\}^n dx$꼴 : $f(x) = t$로 치환

(2) $\int f'(x)\sqrt{f(x)}\,dx$꼴 : $f(x) = t$로 치환

(3) $\int f'(x)e^{f(x)}dx$꼴 : $f(x) = t$로 치환

(4) $\int \dfrac{\ln x}{x}dx$꼴 : $\ln x = t$로 치환

(5) $\int \sin x \cos^n x\,dx$꼴 : $\cos x = t$로 치환

(6) $\int \cos x \sin^n x\,dx$꼴 : $\sin x = t$로 치환

유형 02 치환적분법

대표기출44 _ 2024학년도 9월 평가원 (미적분) 25번

함수 $f(x) = x + \ln x$에 대하여 $\displaystyle\int_1^e \left(1 + \dfrac{1}{x}\right)f(x)dx$의 값은? [3점]

① $\dfrac{e^2}{2} + \dfrac{e}{2}$ ② $\dfrac{e^2}{2} + e$ ③ $\dfrac{e^2}{2} + 2e$

④ $e^2 + e$ ⑤ $e^2 + 2e$

대표기출45 _ 2019학년도 9월 평가원 가형 25번

$\displaystyle\int_0^{\frac{\pi}{2}} (\cos x + 3\cos^3 x)dx$의 값을 구하시오. [3점]

| 풀이 | $x + \ln x = t$라 하면 $\left(1 + \dfrac{1}{x}\right)dx = dt$이고

$x = 1$일 때 $t = 1$, $x = e$일 때 $t = e + 1$이므로

$\displaystyle\int_1^e \left(1 + \dfrac{1}{x}\right)f(x)dx = \int_1^{e+1} t\,dt$

$\qquad = \left[\dfrac{1}{2}t^2\right]_1^{e+1}$

$\qquad = \dfrac{1}{2}\{(e+1)^2 - 1^2\}$

$\qquad = \dfrac{1}{2}(e^2 + 2e) = \dfrac{e^2}{2} + e$ **답 ②**

| 풀이 | $\displaystyle\int_0^{\frac{\pi}{2}}(\cos x + 3\cos^3 x)dx = \int_0^{\frac{\pi}{2}}\{\cos x + 3\cos x(1 - \sin^2 x)\}dx$

$\qquad = 4\int_0^{\frac{\pi}{2}}\cos x\,dx - 3\int_0^{\frac{\pi}{2}}\cos x \sin^2 x\,dx$

$\displaystyle\int_0^{\frac{\pi}{2}}\cos x\,dx = \left[\sin x\right]_0^{\frac{\pi}{2}} = 1$이며

$\sin x = t$라 하면 $\cos x\,dx = dt$이고

$x = 0$일 때 $t = 0$, $x = \dfrac{\pi}{2}$일 때 $t = 1$이므로

$\displaystyle\int_0^{\frac{\pi}{2}}\cos x \sin^2 x\,dx = \int_0^1 t^2 dt = \left[\dfrac{1}{3}t^3\right]_0^1 = \dfrac{1}{3}$이다.

$\therefore \displaystyle\int_0^{\frac{\pi}{2}}(\cos x + 3\cos^3 x)dx = 4 \times 1 - 3 \times \dfrac{1}{3} = 3$ **답 3**

부분적분법

1. 부분적분법

함수의 곱의 미분법을 이용하여 두 함수의 곱의 꼴로 된 함수의 부정적분을 구하는 방법

$$\int f(x)g'(x)\,dx = \int \{f(x)g(x)\}'\,dx - \int f'(x)g(x)\,dx$$
$$= f(x)g(x) - \int f'(x)g(x)\,dx$$

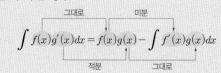

2. 정적분의 부분적분법

두 함수 $f(x)$, $g(x)$가 미분가능하고 $f'(x)$, $g'(x)$가 연속일 때,

$$\int_a^b f(x)g'(x)\,dx = \left[f(x)g(x) \right]_a^b - \int_a^b f'(x)g(x)\,dx \qquad \cdots\cdots(*)$$

🔑 **단축Key** **부분적분법 사용법**

$(*)$에서 $f(x)$는 미분하기 쉬운 함수로, $g'(x)$는 적분하기 쉬운 함수로 놓으면 계산하기 편리하다.

미분 ◀——— 로그함수　다항함수　삼각함수　지수함수 ———▶ 적분

자주 나오는 부분적분법은 다음과 같다. (단, C는 적분상수)

(1) $\displaystyle\int \ln x\,dx = x\ln x - x + C$

(2) $\displaystyle\int x\sin x\,dx = -x\cos x + \sin x + C$

(3) $\displaystyle\int x\cos x\,dx = x\sin x + \cos x + C$

유형 03　부분적분법

대표기출46 _ 2023학년도 9월 평가원 (미적분) 24번

$\displaystyle\int_0^\pi x\cos\left(\dfrac{\pi}{2}-x\right)dx$의 값은? [3점]

① $\dfrac{\pi}{2}$　　② π　　③ $\dfrac{3\pi}{2}$

④ 2π　　⑤ $\dfrac{5\pi}{2}$

대표기출47 _ 2017학년도 6월 평가원 가형 16번

$\displaystyle\int_1^e x(1-\ln x)\,dx$의 값은? [4점]

① $\dfrac{1}{4}(e^2-7)$　　② $\dfrac{1}{4}(e^2-6)$　　③ $\dfrac{1}{4}(e^2-5)$

④ $\dfrac{1}{4}(e^2-4)$　　⑤ $\dfrac{1}{4}(e^2-3)$

|풀이| $\displaystyle\int_0^\pi x\cos\left(\dfrac{\pi}{2}-x\right)dx = \int_0^\pi x\sin x\,dx$

$\displaystyle\qquad = \left[-x\cos x \right]_0^\pi - \int_0^\pi (-\cos x)\,dx$

$\displaystyle\qquad = (\pi - 0) + \int_0^\pi \cos x\,dx$

$\displaystyle\qquad = \pi + \left[\sin x \right]_0^\pi = \pi$

답 ②

|풀이| $\displaystyle\int_1^e x(1-\ln x)\,dx = \left[\dfrac{x^2}{2}\times(1-\ln x) \right]_1^e + \int_1^e \left(\dfrac{x^2}{2}\times\dfrac{1}{x} \right)dx$

$\displaystyle\qquad = -\dfrac{1}{2} + \left[\dfrac{x^2}{4} \right]_1^e$

$\displaystyle\qquad = \dfrac{e^2}{4} - \dfrac{3}{4} = \dfrac{1}{4}(e^2-3)$

답 ⑤

정적분으로 정의된 함수

1. 정적분으로 정의된 함수의 미분

❶ $\dfrac{d}{dx}\displaystyle\int_a^x f(t)\,dt = f(x)$

❷ $\dfrac{d}{dx}\displaystyle\int_x^{x+a} f(t)\,dt = f(x+a) - f(x)$

2. 정적분으로 정의된 함수의 극한

❶ $\displaystyle\lim_{x \to a} \dfrac{1}{x-a}\int_a^x f(t)\,dt = f(a)$

❷ $\displaystyle\lim_{h \to 0} \dfrac{1}{h}\int_a^{a+h} f(t)\,dt = f(a)$

🔑 단축Key 정적분을 포함한 관계식

(1) $\displaystyle\int_a^x f(t)\,dt = g(x)$ 꼴

[1단계] 양변에 $x=a$를 대입하여 $\displaystyle\int_a^a f(t)\,dt = 0$임을 이용한다.

[2단계] 양변을 x에 대하여 미분하여

$\dfrac{d}{dx}\displaystyle\int_a^x f(t)\,dt = f(x)$ 임을 이용한다.

특히, $\displaystyle\int_a^x (x-t)f(t)\,dt$는 $x\displaystyle\int_a^x f(t)\,dt - \int_a^x tf(t)\,dt$로 전개하여 계산한다.

(2) $f(x) = g(x) + \displaystyle\int_a^b f(t)\,dt$ 꼴

[1단계] $\displaystyle\int_a^b f(t)\,dt = k$ (k는 상수)로 놓는다.

이때 $f(x) = g(x) + k$이다.

[2단계] $\displaystyle\int_a^b \{g(x)+k\}\,dx = k$를 계산하여

k와 $f(x)$를 구한다.

유형 04 정적분으로 정의된 함수(1) – 식 정리

대표기출48 _ 2019학년도 6월 평가원 가형 15번

함수 $f(x) = a\cos(\pi x^2)$에 대하여

$$\lim_{x \to 0}\left\{ \dfrac{x^2+1}{x}\int_1^{x+1} f(t)\,dt \right\} = 3$$

일 때, $f(a)$의 값은? (단, a는 상수이다.) [4점]

① 1 ② $\dfrac{3}{2}$ ③ 2

④ $\dfrac{5}{2}$ ⑤ 3

| 풀이 | $\{F(t)\}' = f(t)$라 하면

$\displaystyle\lim_{x \to 0}\left\{ \dfrac{x^2+1}{x}\int_1^{x+1} f(t)\,dt \right\} = \lim_{x \to 0}\left\{ (x^2+1) \times \dfrac{F(x+1)-F(1)}{x} \right\}$

$= \displaystyle\lim_{x \to 0}(x^2+1) \times \lim_{x \to 0}\dfrac{F(1+x)-F(1)}{x}$

$= 1 \times F'(1)$

$= f(1) = a\cos\pi = -a = 3$

에서 $a = -3$이므로 $f(x) = -3\cos(\pi x^2)$이다.

$\therefore f(-3) = 3$

답 ⑤

유형 05 정적분으로 정의된 함수(2) – 활용

대표기출49 _ 2017학년도 6월 평가원 가형 20번

함수 $f(x) = \dfrac{5}{2} - \dfrac{10x}{x^2+4}$ 와

함수 $g(x) = \dfrac{4 - |x-4|}{2}$ 의 그래프가

그림과 같다. $0 \le a \le 8$인 a에 대하여

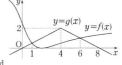

$\displaystyle\int_0^a f(x)\,dx + \int_a^8 g(x)\,dx$의 최솟값은? [4점]

① $14 - 5\ln 5$ ② $15 - 5\ln 10$ ③ $15 - 5\ln 5$

④ $16 - 5\ln 10$ ⑤ $16 - 5\ln 5$

| 풀이 | $h(a) = \displaystyle\int_0^a f(x)\,dx + \int_a^8 g(x)\,dx$라 하면 $h'(a) = f(a) - g(a)$이므로

주어진 그래프에 의하여 $a = 1$ 또는 $a = 6$일 때 $f(a) = g(a)$, 즉 $h'(a) = 0$이다.

따라서 $0 \le a \le 8$에서 함수 $h(a)$의 증가와 감소를 표로 나타내면 다음과 같다.

a	0	$\cdots$	1	$\cdots$	6	$\cdots$	8
$h'(a)$		+	0	−	0	+	
$h(a)$	$h(0)$	↗	$h(1)$	↘	$h(6)$	↗	$h(8)$

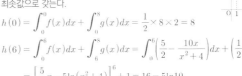

따라서 함수 $h(a)$는 $h(0)$, $h(6)$의 값 중에서 더 작은 값을 최솟값으로 갖는다.

$h(0) = \displaystyle\int_0^0 f(x)\,dx + \int_0^8 g(x)\,dx = \dfrac{1}{2} \times 8 \times 2 = 8$

$h(6) = \displaystyle\int_0^6 f(x)\,dx + \int_6^8 g(x)\,dx = \int_0^6 \left(\dfrac{5}{2} - \dfrac{10x}{x^2+4} \right)dx + \left(\dfrac{1}{2} \times 2 \times 1 \right)$

$= \left[\dfrac{5}{2}x - 5\ln(x^2+4) \right]_0^6 + 1 = 16 - 5\ln 10$

이때 $h(0) - h(6) = 8 - (16 - 5\ln 10) = 5\ln 10 - 8 > 0$이므로 $h(0) > h(6)$이다.

따라서 구하는 최솟값은 $h(6) = 16 - 5\ln 10$이다.

답 ④

핵심유형
SET 17
SET 18
SET 19
SET 20
SET 21
SET 22
SET 23
SET 24

정적분과 급수의 합 사이의 관계

1. 정적분과 급수의 합 사이의 관계

함수 $f(x)$가 닫힌구간 $[a, b]$에서 연속일 때

$$\int_a^b f(x)dx = \lim_{n\to\infty} \sum_{k=1}^n f(x_k)\Delta x \ (단, \ \Delta x = \frac{b-a}{n}, \ x_k = a + k\Delta x) \ \cdots\cdots(*)$$

이때 $\sum\limits_{k=1}^n$ 이 $\sum\limits_{k=0}^{n-1}$ 로 바뀌어도 성립한다.

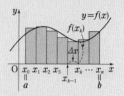

🔑 **단축Key** **정적분과 급수의 합 사이의 관계의 여러 가지 표현**

$(*)$ 식은 x에 따라 다음과 같이 변형할 수 있다.

(1) $\lim\limits_{n\to\infty} \sum\limits_{k=1}^n f\left(a + \frac{pk}{n}\right) \times \frac{q}{n} = q\int_0^1 f(a+px)dx$ $x = \frac{k}{n}$인 경우

(2) $\lim\limits_{n\to\infty} \sum\limits_{k=1}^n f\left(a + \frac{pk}{n}\right) \times \frac{p}{n} = \int_0^p f(a+x)dx$ $x = \frac{pk}{n}$인 경우

(3) $\lim\limits_{n\to\infty} \sum\limits_{k=1}^n f\left(a + \frac{b-a}{n}k\right) \times \frac{b-a}{n} = \int_a^b f(x)dx$ $x = a + \frac{b-a}{n}k$인 경우

유형 06 급수의 합과 정적분의 관계

대표기출50 _ 2023학년도 수능 (미적분) 24번

$\lim\limits_{n\to\infty} \dfrac{1}{n} \sum\limits_{k=1}^n \sqrt{1 + \dfrac{3k}{n}}$ 의 값은? [3점]

① $\dfrac{4}{3}$ ② $\dfrac{13}{9}$ ③ $\dfrac{14}{9}$

④ $\dfrac{5}{3}$ ⑤ $\dfrac{16}{9}$

대표기출51 _ 2015학년도 9월 평가원 B형 13번

그림과 같이 중심이 O, 반지름의 길이가 1이고 중심각의 크기가 $\dfrac{\pi}{2}$ 인 부채꼴 OAB가 있다. 자연수 n에 대하여 호 AB를 $2n$등분한 각 분점(양 끝점도 포함)을 차례로 $P_0(=A)$, P_1, P_2, $\cdots$, P_{2n-1}, $P_{2n}(=B)$라 하자. 주어진 자연수 n에 대하여 $S_k \ (1 \le k \le n)$를 삼각형 $OP_{n-k}P_{n+k}$의 넓이라 할 때,

$\lim\limits_{n\to\infty} \dfrac{1}{n} \sum\limits_{k=1}^n S_k$ 의 값은? [3점]

① $\dfrac{1}{\pi}$ ② $\dfrac{13}{12\pi}$ ③ $\dfrac{7}{6\pi}$

④ $\dfrac{5}{4\pi}$ ⑤ $\dfrac{4}{3\pi}$

| **풀이** | $\lim\limits_{n\to\infty} \dfrac{1}{n} \sum\limits_{k=1}^n \sqrt{1+\dfrac{3k}{n}} = \dfrac{1}{3} \lim\limits_{n\to\infty} \sum\limits_{k=1}^n \dfrac{3}{n} \sqrt{1+\dfrac{3k}{n}}$

$\qquad\qquad = \dfrac{1}{3} \int_1^4 \sqrt{x} \, dx$

$\qquad\qquad = \dfrac{1}{3} \left[\dfrac{2}{3} x\sqrt{x} \right]_1^4$

$\qquad\qquad = \dfrac{1}{3} \left(\dfrac{16}{3} - \dfrac{2}{3} \right)$

$\qquad\qquad = \dfrac{1}{3} \times \dfrac{14}{3} = \dfrac{14}{9}$

답 ③

| **풀이** | 호 AB를 $2n$등분하므로 $\angle OP_kP_{k+1} = \dfrac{\frac{\pi}{2}}{2n} = \dfrac{\pi}{4n}$ 이다.

따라서 삼각형 $OP_{n-k}P_{n+k}$에 대하여

$\angle P_{n-k}OP_{n+k} = \dfrac{\pi}{4n} \times 2k = \dfrac{k\pi}{2n}$ 이므로

넓이는 $S_k = \dfrac{1}{2} \times 1 \times 1 \times \sin\dfrac{k\pi}{2n} = \dfrac{1}{2} \sin\dfrac{k\pi}{2n}$ 이다.

$\lim\limits_{n\to\infty} \dfrac{1}{n} \sum\limits_{k=1}^n S_k = \lim\limits_{n\to\infty} \dfrac{1}{2n} \sum\limits_{k=1}^n \sin\dfrac{k\pi}{2n}$

$\qquad\qquad = \int_0^{\frac{1}{2}} \sin(\pi x) \, dx = \left[-\dfrac{1}{\pi} \cos(\pi x) \right]_0^{\frac{1}{2}} = \dfrac{1}{\pi}$

답 ①

도형의 넓이

1. 곡선과 축 또는 두 곡선 사이의 넓이

곡선과 x축 사이의 넓이	두 곡선 사이의 넓이
함수 $f(x)$가 닫힌구간 $[a, b]$에서 연속일 때, 곡선 $y=f(x)$와 x축 및 두 직선 $x=a$, $x=b$로 둘러싸인 도형의 넓이 S는 $$S=\int_a^b |f(x)|dx$$	두 함수 $f(x)$, $g(x)$가 닫힌구간 $[a, b]$에서 연속일 때, 두 곡선 $y=f(x)$, $y=g(x)$와 두 직선 $x=a$, $x=b$로 둘러싸인 도형의 넓이 S는 $$S=\int_a^b |f(x)-g(x)|dx$$

곡선과 y축 사이의 넓이	
함수 $g(y)$가 닫힌구간 $[c, d]$에서 연속일 때, 곡선 $x=g(y)$와 y축 및 두 직선 $y=c$, $y=d$로 둘러싸인 도형의 넓이 S는 $$S=\int_c^d |g(y)|dy$$	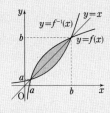

🔑 단축Key 역함수를 이용하여 넓이 구하기

(1) 두 곡선 $y=f(x)$, $y=f^{-1}(x)$는 직선 $y=x$에 대하여 대칭이므로
$$S=\int_a^b |f(x)-f^{-1}(x)|dx$$
$$=2\int_a^b |f(x)-x|dx$$

(2) $\int_a^b f(x)dx + \int_{f(a)}^{f(b)} f^{-1}(y)dy$
$$=bf(b)-af(a)$$
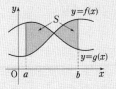

유형 07 정적분과 넓이

대표기출52 _ 2018학년도 수능 가형 12번

곡선 $y=e^{2x}$과 y축 및 직선 $y=-2x+a$로 둘러싸인 영역을 A, 곡선 $y=e^{2x}$과 두 직선 $y=-2x+a$, $x=1$로 둘러싸인 영역을 B라 하자. A의 넓이와 B의 넓이가 같을 때, 상수 a의 값은? (단, $1<a<e^2$) [3점]

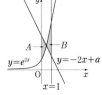

① $\dfrac{e^2+1}{2}$ ② $\dfrac{2e^2+1}{4}$ ③ $\dfrac{e^2}{2}$

④ $\dfrac{2e^2-1}{4}$ ⑤ $\dfrac{e^2-1}{2}$

대표기출53 _ 2014학년도 9월 평가원 B형 14번

좌표평면에서 꼭짓점의 좌표가 O$(0, 0)$, A$(2^n, 0)$, B$(2^n, 2^n)$, C$(0, 2^n)$인 정사각형 OABC와 두 곡선 $y=2^x$, $y=\log_2 x$에 대하여 정사각형 OABC와 그 내부는 두 곡선 $y=2^x$, $y=\log_2 x$에 의하여 세 부분으로 나뉜다. $n=3$일 때 이 세 부분 중 색칠된 부분의 넓이는? (단, n은 자연수이다.) [4점]

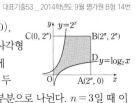

① $14+\dfrac{12}{\ln 2}$ ② $16+\dfrac{14}{\ln 2}$ ③ $18+\dfrac{16}{\ln 2}$

④ $20+\dfrac{18}{\ln 2}$ ⑤ $22+\dfrac{20}{\ln 2}$

| 풀이 | 그림과 같이 곡선 $y=e^{2x}$과 x축 및 세 직선 $x=0$, $x=1$, $y=-2x+a$로 둘러싸인 영역을 C라 하고 A, B, C의 넓이를 각각 S_1, S_2, S_3이라 하면 $S_1=S_2$이므로 $S_1+S_3=S_2+S_3$이다. ......㉠

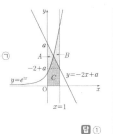

$S_1+S_3 = \dfrac{1}{2}\times 1 \times \{a+(-2+a)\} = a-1$이고

$S_2+S_3 = \int_0^1 e^{2x}dx = \left[\dfrac{1}{2}e^{2x}\right]_0^1 = \dfrac{e^2-1}{2}$이므로

㉠에서 $a-1=\dfrac{e^2-1}{2}$ ∴ $a=\dfrac{e^2+1}{2}$

답 ①

| 풀이 | $n=3$일 때 A$(8, 0)$, B$(8, 8)$, C$(0, 8)$이다. 두 곡선 $y=2^x$, $y=\log_2 x$는 직선 $y=x$에 대하여 대칭이므로 그림과 같이 정사각형 OABC의 내부 중 색칠되지 않은 두 부분의 넓이는 S로 서로 같다.

$S=\int_1^8 \log_2 x\, dx = \dfrac{1}{\ln 2}\int_1^8 \ln x\, dx$

$=\dfrac{1}{\ln 2}\left[x\ln x - x\right]_1^8 = 24-\dfrac{7}{\ln 2}$

∴ (색칠된 부분의 넓이) = (정사각형 OABC의 넓이) $-2S$

$=8\times 8 - 2\left(24-\dfrac{7}{\ln 2}\right) = 16+\dfrac{14}{\ln 2}$

답 ②

핵심유형
SET 17
SET 18
SET 19
SET 20
SET 21
SET 22
SET 23
SET 24

입체도형의 부피

1. 부피

구간 $[a, b]$의 임의의 점 x에서 x축에 수직인 평면으로 자른
단면의 넓이가 $S(x)$인 입체도형의 부피 V는

$$V = \int_a^b S(x)dx \text{ (단, } S(x)\text{는 구간 } [a, b]\text{에서 연속이다.)}$$

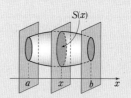

🔑 **단축Key 부피를 구하는 순서**

(1) 밑면에 수직인 평면으로 자른 단면이 주어질 때

　[1단계] 원점에서 x만큼 떨어진 점에서 밑면에 수직으로
　　　　 자른 단면의 넓이 $S(x)$를 구한다.

　[2단계] $a \le x \le b$에서 구하는 부피 V는

$$V = \int_a^b S(x)dx$$

(2) 밑면과 평행한 평면으로 자른 단면이 주어질 때

　[1단계] 밑면으로부터의 높이가 x인 곳에서 밑면과 평행한
　　　　 평면으로 자른 단면의 넓이 $S(x)$를 구한다.

　[2단계] 이 입체도형의 전체 높이가 c일 때 부피 V는

$$V = \int_0^c S(x)dx$$

유형 08 정적분과 부피

대표기출54_2022학년도 9월 평가원 (미적분) 26번

그림과 같이 곡선 $y = \sqrt{\dfrac{3x+1}{x^2}}$ $(x > 0)$과 x축 및 두 직선 $x = 1$,
$x = 2$로 둘러싸인 부분을 밑면으로 하고 x축에 수직인 평면으로
자른 단면이 모두 정사각형인 입체도형의 부피는? [3점]

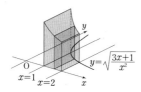

① $3\ln 2$　　　② $\dfrac{1}{2} + 3\ln 2$　　　③ $1 + 3\ln 2$

④ $\dfrac{1}{2} + 4\ln 2$　　　⑤ $1 + 4\ln 2$

| 풀이 | 단면인 정사각형의 한 변의 길이가 $\sqrt{\dfrac{3x+1}{x^2}}$ 이므로

넓이는 $\dfrac{3x+1}{x^2} = \dfrac{3}{x} + \dfrac{1}{x^2}$ 이다.

따라서 구하는 입체도형의 부피 V는

$$V = \int_1^2 \left(\dfrac{3}{x} + \dfrac{1}{x^2}\right)dx = \left[3\ln x - \dfrac{1}{x}\right]_1^2$$

$$= 3\ln 2 - \dfrac{1}{2} - (0 - 1) = \dfrac{1}{2} + 3\ln 2$$

답 ②

대표기출55_2008학년도 9월 평가원 가형 (미분과 적분) 30번

어떤 그릇에 물을 넣으면 물의 깊이가 x일 때, 수면은 반지름의
길이가 $5\sqrt{\ln(x+1)}$ 인 원이 된다고 한다. 그릇에 담긴 물의 부피를
$V(x)$라 할 때, $\dfrac{V(e-1)}{\pi}$ 의 값을 구하시오. [4점]

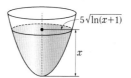

| 풀이 | 단면인 원의 반지름의 길이가 $5\sqrt{\ln(x+1)}$ 이므로
넓이는 $\pi \times 25\ln(x+1)$ 이다.
따라서 물의 깊이가 $e-1$일 때 물의 부피는

$$V(e-1) = 25\pi \int_0^{e-1} \ln(x+1)dx \text{ 이다.}$$

이때 $x + 1 = t$ 라 하면 $dx = dt$ 이고
$x = 0$일 때 $t = 1$, $x = e - 1$일 때 $t = e$ 이므로

$$V(e-1) = 25\pi \int_1^e \ln t\, dt = 25\pi \left[t\ln t - t\right]_1^e = 25\pi$$

$$\therefore \dfrac{V(e-1)}{\pi} = 25$$

답 25

└ 2015개정교육과정에 맞게 문제 표현을 일부 수정했습니다.

1. 평면 위의 점이 움직인 거리

좌표평면 위를 움직이는 점 P의 시각 t에서의 위치 (x, y)가 $x = f(t)$, $y = g(t)$일 때,

$t = a$에서 $t = b$까지 점 P가 움직인 거리 s는

$$s = \int_a^b \sqrt{\left(\frac{dx}{dt}\right)^2 + \left(\frac{dy}{dt}\right)^2}\, dt = \int_a^b \sqrt{\{f'(t)\}^2 + \{g'(t)\}^2}\, dt$$

2. 곡선의 길이

❶ 매개변수로 나타낸 곡선 $x = f(t)$, $y = g(t)$ $(a \leq t \leq b)$의 길이 l은

$$l = \int_a^b \sqrt{\left(\frac{dx}{dt}\right)^2 + \left(\frac{dy}{dt}\right)^2}\, dt = \int_a^b \sqrt{\{f'(t)\}^2 + \{g'(t)\}^2}\, dt$$

❷ 곡선 $y = f(x)$ $(a \leq x \leq b)$의 길이 l은

$$l = \int_a^b \sqrt{1 + \{f'(x)\}^2}\, dx$$

곡선의 길이는
평면 위에서 점이 움직인 거리와 같다.

❷는 ❶에서 $x = t$, $y = f(t)$인 경우이다.

유형 09 속도와 거리

좌표평면 위를 움직이는 점 P의 시각 t에서의 위치 (x, y)가

$$\begin{cases} x = 4(\cos t + \sin t) \\ y = \cos(2t) \end{cases} (0 \leq t \leq 2\pi)$$

이다. 점 P가 $t = 0$에서 $t = 2\pi$까지 움직인 거리(경과 거리)를 $a\pi$라 할 때, a^2의 값을 구하시오. [4점]

$x = -\ln 4$에서 $x = 1$까지의 곡선 $y = \frac{1}{2}(|e^x - 1| - e^{|x|} + 1)$의 길이는? [3점]

① $\dfrac{23}{8}$ ② $\dfrac{13}{4}$ ③ $\dfrac{29}{8}$

④ 4 ⑤ $\dfrac{35}{8}$

| 풀이 | $x = 4(\cos t + \sin t)$, $y = \cos(2t)$에서

$\dfrac{dx}{dt} = 4(-\sin t + \cos t)$, $\dfrac{dy}{dt} = -2\sin(2t) = -4\sin t \cos t$이므로

$\left(\dfrac{dx}{dt}\right)^2 = 16(\sin^2 t - 2\sin t \cos t + \cos^2 t)$

$\qquad\qquad = 16(1 - 2\sin t \cos t)$

$\left(\dfrac{dy}{dt}\right)^2 = 16\sin^2 t \cos^2 t$

따라서 점 P가 $t = 0$에서 $t = 2\pi$까지 움직인 거리는

$\displaystyle \int_0^{2\pi} \sqrt{16 - 32\sin t \cos t + (4\sin t \cos t)^2}\, dt$

$\displaystyle = \int_0^{2\pi} \sqrt{(4 - 4\sin t \cos t)^2}\, dt$

$\displaystyle = \int_0^{2\pi} (4 - 4\sin t \cos t)\, dt = \left[4t - 2\sin^2 t\right]_0^{2\pi} = 8\pi$

$\therefore a^2 = 8^2 = 64$

답 64

| 풀이 | $y = \dfrac{1}{2}(|e^x - 1| - e^{|x|} + 1)$에서

$x < 0$일 때 $y = \dfrac{1}{2}(-e^x - e^{-x} + 2)$이고 $y' = \dfrac{1}{2}(-e^x + e^{-x})$이다.

$x \geq 0$일 때 $y = 0$이고 $y' = 0$이다.

따라서 $x = -\ln 4$에서 $x = 1$까지의 곡선의 길이는

$\displaystyle \int_{-\ln 4}^{1} \sqrt{1 + (y')^2}\, dx = \int_{-\ln 4}^{0} \sqrt{1 + \frac{1}{4}(-e^x + e^{-x})^2}\, dx + \int_0^1 1\, dx$

$\displaystyle = \int_{-\ln 4}^{0} \sqrt{\frac{1}{4}(e^x + e^{-x})^2}\, dx + \left[x\right]_0^1$

$\displaystyle = \frac{1}{2}\int_{-\ln 4}^{0} (e^x + e^{-x})\, dx + 1 \ (\because\ e^x + e^{-x} > 0)$

$\displaystyle = \frac{1}{2}\left[e^x - e^{-x}\right]_{-\ln 4}^{0} + 1 = \frac{15}{8} + 1 = \frac{23}{8}$

답 ①

161

유형 02

함수 $f(x) = \int (1+\sin x)^2 \cos x\, dx$에 대하여 $f(\pi) = 0$일 때, $f(2\pi)$의 값은?

① -2 ② -1 ③ 0

④ 1 ⑤ 2

162

박기출 097 유형 06

함수 $f(x) = 6x^2 + 6$에 대하여

$\lim_{n \to \infty} \sum_{k=1}^{n} \dfrac{k}{n^2 + k^2} f\left(\dfrac{k}{n}\right)$의 값은?

① 1 ② 2 ③ 3

④ 4 ⑤ 5

163

유형 01

실수 전체의 집합에서 연속인 함수 $f(x)$가

$$f'(x) = \begin{cases} 3x^2 & (x < 1) \\ 3\sqrt{x} & (x > 1) \end{cases}$$

이고 $f(4) = 17$일 때, $f(-2)$의 값은?

① -2 ② -4 ③ -6

④ -8 ⑤ -10

164

유형 04

실수 전체의 집합에서 미분가능한 함수 $f(x)$가 모든 실수 x에 대하여

$$\int_0^x f(t)dt = xf(x) + x^2 \sin x$$

를 만족시키고 $f\left(\dfrac{\pi}{2}\right) = \dfrac{\pi}{2}$일 때, $f(\pi)$의 값은?

① $-\pi-1$ ② $-\pi$ ③ $-\pi+1$

④ $\pi-1$ ⑤ $\pi+1$

165

짝기출 098 유형 07

두 함수

$$f(x) = x + k \ (-4 < k < 2),$$

$$g(x) = \frac{4-x}{x+2}$$

에 대하여 두 곡선 $y = f(x)$, $y = g(x)$와 y축으로 둘러싸인 영역을 A, 두 곡선 $y = f(x)$, $y = g(x)$와 직선 $x = 4$로 둘러싸인 영역을 B라 하자. 두 영역 A와 B의 넓이가 서로 같을 때, 상수 k의 값은 $p + q\ln 3$이다. $20(p^2 + q^2)$의 값을 구하시오. (단, p, q는 유리수이다.)

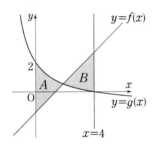

166

유형 03

미분가능한 함수 $f(x)$에 대하여

$$f(2) = 3, \quad \int_0^2 xf(x)f'(x)dx = 4$$

일 때, $\displaystyle\int_0^2 \{f(x)\}^2 dx$의 값은?

① 8   ② 9   ③ 10

④ 11   ⑤ 12

III 적분법

핵심유형
SET 17
SET 18
SET 19
SET 20
SET 21
SET 22
SET 23
SET 24

167

유형 04

함수 $f(x) = |e^x - 1|$ 에 대하여 함수 $g(x)$를

$$g(x) = \int_{-1}^{x} (x-t)f(t)dt$$

라 하자. $g'(1)$의 값은?

① $e + \dfrac{1}{e} - 2$ ② $e + \dfrac{1}{e} - 1$ ③ $e + \dfrac{1}{e}$

④ $e + \dfrac{1}{e} + 1$ ⑤ $e + \dfrac{1}{e} + 2$

168

짝기출 099 유형 08

상수 $a\ (a > 1)$에 대하여 함수

$$f(x) = ae^{2x} - 5x^2$$

이 있다. 방정식 $2f(x) - f'(x) = 0$의 두 실근을 p, q라 할 때, 곡선 $y = f(x)$와 x축 및 두 직선 $x = p$, $x = q$로 둘러싸인 부분을 밑면으로 하고 x축에 수직인 평면으로 자른 단면이 모두 정사각형인 입체도형의 부피가 5이다. a의 값은?

① $\dfrac{10}{e^2 + 1}$ ② $\dfrac{15}{e^2 + 1}$ ③ $\dfrac{20}{e^2 + 1}$

④ $\dfrac{25}{e^2 + 1}$ ⑤ $\dfrac{30}{e^2 + 1}$

169

짝기출 100 유형 05

실수 전체의 집합에서 정의된 함수

$$f(x) = \int_{-1}^{x} (t - t^2)e^t \, dt$$

의 극댓값과 극솟값의 차는 $p + qe$ 이다. 두 유리수 p, q에 대하여 $p^2 + q^2$의 값을 구하시오.

170

짝기출 101 유형 02

$x > 0$에서 정의된 함수 $f(x) = x + \ln x$의 역함수를 $g(x)$라 하자. $\displaystyle\int_{1}^{e^2 + 2} \frac{1}{1 + g(x)} dx$의 값은?

① 1　　　　② 2　　　　③ 3

④ 4　　　　⑤ 5

III 적분법

핵심유형

SET 17
SET 18
SET 19
SET 20
SET 21
SET 22
SET 23
SET 24

171

픽기출 102 유형 07

곡선 $y = (x+1)e^{2x}$과 x축 및 두 직선 $x = 0$, $x = 1$로 둘러싸인 도형의 넓이는?

① $\dfrac{1}{2}e^2 - 1$ ② $\dfrac{1}{2}e^2 - \dfrac{1}{4}$ ③ $\dfrac{3}{4}e^2 - \dfrac{1}{2}$

④ $\dfrac{3}{4}e^2 - \dfrac{1}{4}$ ⑤ $e^2 - \dfrac{1}{4}$

172

픽기출 103 유형 09

함수 $f(x) = \dfrac{1}{4}x^2 - \dfrac{1}{2}\ln x$에 대하여 $x = 1$에서 $x = 4$까지의 곡선 $y = f(x)$의 길이는?

① $3 + \ln 2$ ② $\dfrac{15}{4} + \ln 2$ ③ $\dfrac{9}{2} + \ln 2$

④ $3 + 2\ln 2$ ⑤ $\dfrac{15}{4} + 2\ln 2$

173

유형 04

양의 실수 a에 대하여 실수 전체의 집합에서 연속인 함수 $f(x)$가

$$\int_a^{x+1} f(t)\,dt = \ln(x^2 + a)$$

를 만족시킬 때, $f(0)$의 값은?

① -2 ② -1 ③ 0
④ 1 ⑤ 2

174

딱기출 104 · 유형 08

곡선 $y = \sin x + \cos x$ $\left(0 \le x \le \dfrac{3}{4}\pi\right)$와 x축 및

y축으로 둘러싸인 도형을 밑면으로 하는 입체도형이 있다. 이 입체도형을 x축에 수직인 평면으로 자른 단면이 모두 정사각형일 때, 이 입체도형의 부피는?

① $\dfrac{\pi}{2} + \dfrac{1}{2}$ 　② $\dfrac{3}{4}\pi + \dfrac{1}{2}$ 　③ $\dfrac{\pi}{2} + 1$

④ $\pi + \dfrac{1}{2}$ 　⑤ $\pi + 1$

175

딱기출 105 · 유형 06

삼차함수 $f(x) = x^3 - 6x^2 - 16x$에 대하여 부등식

$$\lim_{n \to \infty} \frac{1}{n} \sum_{k=1}^{n} f\left(m + \frac{k}{n}\right) > 0$$

을 만족시키는 자연수 m의 최솟값을 구하시오.

176

딱기출 106 · 유형 03

양의 실수 전체의 집합에서 미분가능한 함수 $f(x)$가

$$\lim_{h \to 0} \frac{f(x+h) - f(x)}{h} = \left(\frac{1}{x} - \frac{1}{x^2}\right)\ln x$$

를 만족시킨다. $f(e) = \dfrac{2}{e} - \dfrac{3}{2}$일 때, $f(e^2)$의 값은?

① $\dfrac{5}{e^2}$ 　② $\dfrac{4}{e^2}$ 　③ $\dfrac{3}{e^2}$

④ $\dfrac{2}{e^2}$ 　⑤ $\dfrac{1}{e^2}$

Ⅲ 적분법

핵심유형
SET 17
SET 18
SET 19
SET 20
SET 21
SET 22
SET 23
SET 24

177

유형 04

함수 $f(x) = \dfrac{1}{x+2}$ 에 대하여

$$F(x) = \int_0^x tf(x-t)dt \, (x \geq 0)$$

일 때, $F'(a) = 2$를 만족시키는 상수 a의 값은?

① $e^2 - 2$　　　② $e^2 - 1$　　　③ $2e^2$

④ $2e^2 - 1$　　　⑤ $2e^2 - 2$

178

유형 03

양의 실수 전체의 집합에서 이계도함수를 갖는 함수 $f(x)$가 다음 조건을 만족시킨다.

(가) $f(2) = 2$

(나) $\displaystyle\int_1^2 f'(x)\ln x\,dx = \int_e^{e^2} \dfrac{f(\ln x)}{x\ln x}dx$

$\displaystyle\int_1^2 \dfrac{f(x)}{x}dx$의 값은?

① $\dfrac{1}{4}\ln 2$　　　② $\dfrac{1}{2}\ln 2$　　　③ $\ln 2$

④ $2\ln 2$　　　⑤ $4\ln 2$

179

유형 02

실수 전체의 집합에서 미분가능한 함수 $f(x)$와 그 역함수 $g(x)$가 다음 조건을 만족시킨다.

> (가) $f(e) = 0$
> (나) 모든 실수 x에 대하여
> $$f'(g(x))g(x) = \frac{1}{x^2 + 2}$$

$g(1)$의 값은?

① e^2

② $e^{\frac{7}{3}}$

③ $e^{\frac{8}{3}}$

④ e^3

⑤ $e^{\frac{10}{3}}$

180

유형 01

함수 $f(x) = \sin 3x$에 대하여

$$\int_0^k \{|f(x)| - f(x)\}dx = 4$$를 만족시키는 자연수 k의

값을 구하시오.

III 적분법

181

짝기출 107 유형 02

1보다 큰 실수 a에 대하여 $\displaystyle\int_1^a \frac{\sqrt{\ln x}}{x}\,dx = \frac{16}{3}$ 일 때, a의 값은?

① e ② e^2 ③ e^3

④ e^4 ⑤ e^5

182

짝기출 108 유형 08

곡선 $y = \sqrt{x} + \dfrac{1}{x}$ 과 x축 및 두 직선 $x = 1$, $x = 2$로 둘러싸인 도형을 밑면으로 하고 x축에 수직인 평면으로 자른 단면이 모두 정사각형인 입체도형의 부피는?

① $-4 + 4\sqrt{2}$ ② $-2 + 4\sqrt{2}$ ③ $2\sqrt{2}$

④ $4\sqrt{2}$ ⑤ $2 + 4\sqrt{2}$

183

짝기출 109 유형 04

함수 $f(x) = \displaystyle\int_0^x t\sin(t - x)\,dt$ 에 대하여 $f(a) = 1 - a$를 만족시키는 양수 a의 최솟값은?

① $\dfrac{\pi}{2}$ ② π ③ $\dfrac{3}{2}\pi$

④ 2π ⑤ 3π

184

유형 09

미분가능한 함수 $f(x)$가 모든 실수 x에 대하여 다음 조건을 만족시킨다.

(가) $f(x) \geq 2$
(나) $\{f'(x)\}^2 + 4f(x) = \{f(x)\}^2 + 3$

$x = 0$에서 $x = 2$까지 곡선 $y = f(x)$의 길이가 4일 때, $\int_0^2 f(x)dx$의 값을 구하시오.

185

유형 01

정의역이 $\{x \mid x > 1\}$인 함수 $f(x)$의 한 부정적분 $F(x)$가

$$F(x) = (x-1)f(x) - \frac{1}{2}x^2 - x + 2$$

를 만족시킨다. $f(2) = 3$일 때, $f(10) = p + q\ln 3$이다. $p + q$의 값을 구하시오.

(단, p와 q는 유리수이고, $\ln 3$은 무리수이다.)

186

짝기출 110 유형 07

그림과 같이 함수 $f(x) = 2^x$에 대하여 곡선 $y = f(x)$ 위의 점 $P(1, 2)$에서의 접선을 l이라 하자. 곡선 $y = f(x)$와 직선 l 및 두 직선 $x = 0$, $x = 2$로 둘러싸인 부분의 넓이가 $\dfrac{a}{\ln 2} + b$일 때, $10a + b$의 값은?

(단, a, b는 정수이고, $\ln 2$는 무리수이다.)

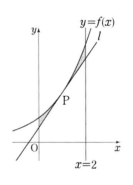

① 26   ② 28   ③ 30
④ 32   ⑤ 34

Ⅲ 적분법

핵심유형
SET 17
SET 18
SET 19
SET 20
SET 21
SET 22
SET 23
SET 24

187

$0 \leq x \leq \dfrac{1}{2}$ 에서 정의된 함수 $f(x) = \sin(\pi x)$ 의

역함수를 $g(x)$ 라 할 때, $\displaystyle\lim_{n \to \infty} \frac{1}{n} \sum_{k=1}^{n} g\left(\frac{n+k}{2n} \right)$ 의 값은?

① $\dfrac{5}{12} - \dfrac{\sqrt{3}}{2\pi}$ ② $\dfrac{5}{6} - \dfrac{\sqrt{3}}{\pi}$ ③ $\dfrac{5}{4} - \dfrac{3\sqrt{3}}{2\pi}$

④ $\dfrac{5}{12} + \dfrac{\sqrt{3}}{2\pi}$ ⑤ $\dfrac{5}{6} + \dfrac{\sqrt{3}}{\pi}$

188

양의 실수 전체의 집합에서 미분가능한 함수 $f(x)$ 가 다음
조건을 만족시킨다.

> (가) $f(1) = 1$
>
> (나) $x > 0$ 일 때, $xf'(x) - f(x) = x^3 \ln x$

$f(4)$ 의 값은?

① $16\ln 2 - 11$ ② $32\ln 2 - 11$ ③ $32\ln 2 - 9$

④ $64\ln 2 - 11$ ⑤ $64\ln 2 - 9$

189

유형 05

함수 $f(x) = 2\ln x - \ln 3$에 대하여

$g(x) = \displaystyle\int_x^{x+2} |f(t)|\,dt$가 $x = k$에서 최솟값을 가질 때,

k의 값을 구하시오.

190

유형 02

실수 x에 대하여 좌표평면 위의 네 점 $(x, 0)$, $(x, 1)$, $(x+1, 0)$, $(x+1, 1)$을 꼭짓점으로 하는 정사각형의 경계와 내부를 D_x라 하자. D_1과 D_x의 공통부분의 넓이를 $f(x)$라 할 때, $\displaystyle\int_0^1 f(x-t)\,dt$의 최댓값은?

① $\dfrac{1}{2}$ ② $\dfrac{5}{8}$ ③ $\dfrac{3}{4}$

④ $\dfrac{7}{8}$ ⑤ 1

SET 20 어려운 3점 쉬운 4점 **핵/심/문/제**

191
짝기출 **112** 유형 **02**

$\int_0^{\frac{\pi}{6}} \cos x \cos(2x)\,dx$ 의 값은?

① $\dfrac{1}{12}$

② $\dfrac{1}{6}$

③ $\dfrac{1}{4}$

④ $\dfrac{1}{3}$

⑤ $\dfrac{5}{12}$

192
짝기출 **113** 유형 **03**

$\int_0^{\pi} \dfrac{\sin x}{x+\pi}\,dx - \int_{\pi}^{2\pi} \dfrac{\cos x}{x^2}\,dx$ 의 값은?

① $\dfrac{1}{\pi}$

② $\dfrac{3}{2\pi}$

③ $\dfrac{2}{\pi}$

④ $\dfrac{5}{2\pi}$

⑤ $\dfrac{3}{\pi}$

193
짝기출 **114** 유형 **07**

$0 \le x \le 2$에서 두 곡선 $y = |\sin(\pi x)|$, $y = 1 + \cos(\pi x)$가 만나는 점의 x좌표 중 가장 작은 값은 $\dfrac{1}{2}$이다. 두 곡선과 직선 $x = 2$ 및 y축으로 둘러싸인 부분의 넓이는?

① $\dfrac{2}{\pi}$

② $\dfrac{2}{\pi} + 1$

③ $\dfrac{4}{\pi} - 1$

④ $\dfrac{4}{\pi}$

⑤ $\dfrac{4}{\pi} + 1$

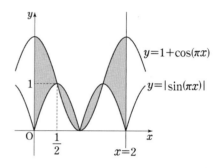

194

유형 08

곡선 $y = \sqrt{4x \ln x}$ 와 직선 $x = e$ 및 x축으로 둘러싸인 도형을 밑면으로 하는 입체도형이 있다. 이 입체도형을 x축 위의 점 $\mathrm{P}(t,\ 0)$을 지나고 x축에 수직인 평면으로 자른 단면이 모두 정삼각형일 때, 이 입체도형의 부피는?

(단, $1 < t \leq e$)

① $\dfrac{1}{4}(e^2 + 1)$ ② $\dfrac{\sqrt{3}}{4}(e^2 + 1)$

③ $\dfrac{1}{2}(e^2 + 1)$ ④ $\dfrac{\sqrt{3}}{2}(e^2 + 1)$

⑤ $e^2 + 1$

195

유형 04

함수 $f(x) = xe^{1-x}$에 대하여

$$\lim_{x \to 2} \frac{1}{x-2} \int_2^x (x - 3t) f'(t) dt$$

의 값은?

① $\dfrac{1}{e}$ ② $\dfrac{2}{e}$ ③ $\dfrac{4}{e}$

④ 2 ⑤ e

196

유형 09

좌표평면 위를 움직이는 점 P의 시각 $t\ (t > 0)$에서의 위치가

$$x = 4t,\ y = t^2 - 2\ln t$$

이다. 시각 $t = a$에서 점 P의 속력이 최소일 때, 시각 $t = a$에서 $t = 4$까지 점 P가 움직인 거리는?

① $14 + 2\ln 2$ ② $14 + 4\ln 2$ ③ $15 + 2\ln 2$

④ $15 + 4\ln 2$ ⑤ $16 + 2\ln 2$

Ⅲ 적분법

핵심유형
SET 17
SET 18
SET 19
SET 20
SET 21
SET 22
SET 23
SET 24

197

찍기출 115 유형 06

함수 $f(x) = 6 - \dfrac{1}{2}x^2$이 있다. 2 이상인 자연수 n에 대하여 닫힌구간 $[1, 3]$을 n등분한 각 분점(양 끝점도 포함)을 차례로

$$1 = x_0, \, x_1, \, x_2, \, \cdots, \, x_{n-1}, \, x_n = 3$$

이라 하자. 세 점 $(0, 0)$, $(x_k, 0)$, $(x_k, f(x_k))$를 꼭짓점으로 하는 삼각형의 넓이를 $S_k \, (k = 1, 2, 3, \cdots, n)$라 할 때,

$$\lim_{n \to \infty} \frac{1}{n} \sum_{k=1}^{n} S_k \text{의 값은?}$$

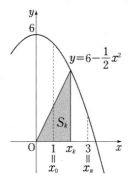

① $\dfrac{3}{2}$
② 2
③ $\dfrac{5}{2}$

④ 3
⑤ $\dfrac{7}{2}$

198

찍기출 116 유형 04

실수 전체의 집합에서 미분가능한 두 함수 $f(x)$, $g(x)$가 다음 조건을 만족시킨다.

(가) $f(x) + \displaystyle\int_0^x g(t)\,dt = \sin(2x) + 4$

(나) $f'(x)g(x) = \cos^2(2x)$

$f\left(\dfrac{\pi}{4}\right) + g\left(\dfrac{\pi}{3}\right)$의 값을 구하시오.

199

유형 02

양의 실수 전체의 집합에서 연속인 함수 $f(x)$가 모든 양수 t에 대하여

$$f(2t) = f(t) - \frac{2}{t}$$

를 만족시킨다. $\displaystyle\int_1^2 \frac{f(x)}{x}dx = 4$일 때, $\displaystyle\int_2^4 \frac{f(x)}{x}dx$의 값을 구하시오.

200

유형 05

함수 $f(x) = \begin{cases} \log_2 \dfrac{1+x}{k} & (x \geq 0) \\ \log_2 \dfrac{1-x}{k} & (x < 0) \end{cases}$ (k는 자연수)에

대하여 부등식

$$\int_a^{a+1} f(x)\,dx < \int_a^{a+1} |f(x)|\,dx$$

를 만족시키는 정수 a의 개수는 14이다.

$\displaystyle\int_{1-k}^{k-1} f(x)dx = p - \frac{q}{\ln 2}$ 일 때, $p+q$의 값을 구하시오.

(단, p와 q는 자연수이다.)

201

짝기출 117 유형 03

$\int_1^2 2x^3 e^{x^2-4} dx$ 의 값은?

① 1
② $\dfrac{3}{2}$
③ 2

④ $\dfrac{5}{2}$
⑤ 3

202

유형 02

함수 $f(x) = \ln x$에 대하여 $\displaystyle\int_e^{e^2} \dfrac{f(f(x))}{xf(x)} dx$의 값은?

① $\dfrac{1}{2}\ln 2$
② $\ln 2$
③ $\dfrac{1}{2}(\ln 2)^2$

④ $(\ln 2)^2$
⑤ $2(\ln 2)^2$

203

짝기출 118 유형 04

함수 $f(x)$가 모든 실수 x에 대하여 등식

$$\int_1^x ef(t)\,dt = \frac{1}{2}e^{2x-1} - ax$$

를 만족시킬 때, $f\left(\dfrac{2a}{e}\right)$의 값은? (단, a는 상수이다.)

① $\dfrac{1}{e}$
② $\dfrac{1}{2}$
③ $\dfrac{2}{e}$

④ 1
⑤ 2

204

짝기출 119 유형 04

함수 $f(x)$에 대하여

$$\int_1^x f(t)dt = \sin(\pi x) + \cos\left(\frac{\pi}{2}x\right)$$

일 때, $\displaystyle\lim_{x \to 0} \frac{1}{x^2+x}\int_{1-x}^{1+x} f(t)dt$의 값은?

① -3π ② $-\dfrac{5}{2}\pi$ ③ -2π

④ $-\dfrac{3}{2}\pi$ ⑤ $-\pi$

205

유형 08

높이가 2인 입체도형을 밑면으로부터 거리가

$h\,(0 \le h \le 2)$인 지점에서 밑면에 평행한 평면으로 자른

단면의 넓이는 함수 $y = \dfrac{1}{(x+1)^2}$ 의 그래프와 x축 및 두

직선 $x = h$, $x = h+3$으로 둘러싸인 부분의 넓이와 같다.
이 입체도형의 부피는?

① $\ln 2$ ② $\ln 3$ ③ $2\ln 2$

④ $\ln 5$ ⑤ $\ln 6$

206

짝기출 120 유형 07

구간 $[0,\,2\pi]$에서 곡선 $y = x\cos x$와 직선 $y = x$로
둘러싸인 부분의 넓이는?

① $\pi^2 - 1$ ② π^2 ③ $\pi^2 + 1$

④ $2\pi^2 - 1$ ⑤ $2\pi^2$

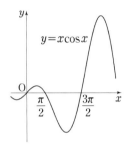

207

유형 06

함수 $f(x) = x\sqrt{5-x}$ 가 있다. 2 이상의 자연수 n에 대하여 닫힌구간 $[2, 5]$를 n등분한 각 분점(양 끝점도 포함)을 차례로

$$2 = x_0, \; x_1, \; x_2, \; \cdots, \; x_{n-1}, \; x_n = 5$$

라 하자. 점 $A_k(x_k, f(x_k))$에 대하여

$\displaystyle\lim_{n\to\infty} \frac{1}{n} \sum_{k=1}^{n} \overline{OA_k} = \frac{q}{p}$ 일 때, $p+q$의 값을 구하시오.

(단, O는 원점이고, p, q는 서로소인 자연수이다.)

208

유형 05

함수 $f(x) = \displaystyle\int_a^x (x-t)e^{-t}dt + a$의 최솟값이 2일 때, $f(3)$의 값은? (단, a는 양수이다.)

① $1 - \dfrac{1}{e^3}$ ② $1 + \dfrac{1}{e^3}$ ③ $2 - \dfrac{1}{e^3}$

④ $2 + \dfrac{1}{e^3}$ ⑤ $3 - \dfrac{1}{e^3}$

209

딱기출 121 유형 03

실수 전체의 집합에서 이계도함수를 갖는 함수 $f(x)$가 $f'(2) = 1$이고 모든 실수 x에 대하여 $f(-x) = -f(x)$를 만족시킨다. 함수 $g(x) = f(f'(x))$가

$$\int_{-2}^{2} xg'(x)dx = 4\{f(1) - 8\}$$

을 만족시킬 때, $\int_{0}^{2} g(x)dx$의 값은?

① 2   ② 4   ③ 8

④ 16   ⑤ 32

210

유형 09

실수 전체의 집합에서 이계도함수를 갖는 함수 $f(x)$가 다음 조건을 만족시킨다.

(가) $0 \leq x \leq \pi$일 때, $f(x) = 2x + \sin x$

(나) 음이 아닌 실수 t에 대하여 $f(t + \pi) \geq f(t) + \pi$

$\int_{\pi}^{2\pi} \sqrt{1 + \{f'(x)\}^2}\, dx$의 최솟값이 $a\pi$일 때, $10a^2$의 값을 구하시오. (단, a는 상수이다.)

211

짝기출 122 | 123 유형 03

$\displaystyle\int_1^3 x\ln(x+1)\,dx$의 값은?

① $-1+4\ln 2$　　② $-2+6\ln 2$　　③ $-2+8\ln 2$

④ $-1+6\ln 2$　　⑤ $-1+8\ln 2$

212

짝기출 124 유형 09

$x \geq -1$에서 미분가능한 함수 $f(x)$에 대하여

$$f'(x) = \sqrt{x^2 + 4x + 3}$$

일 때, $x = 0$부터 $x = a$까지 곡선 $y = f(x)$의 길이는 6이다. 양수 a의 값은?

① 1　　　② $\dfrac{5}{4}$　　　③ $\dfrac{3}{2}$

④ $\dfrac{7}{4}$　　　⑤ 2

213

짝기출 125 유형 06

함수 $f(x) = 2x\cos x$에 대하여

$\displaystyle\lim_{n\to\infty}\sum_{k=1}^{n}\frac{\pi}{n}f\left(\frac{(n+2k)\pi}{2n}\right)$의 값은?

① -4π　　　② -2π　　　③ 0

④ 2π　　　⑤ 4π

214

짝기출 126 유형 04

이계도함수를 갖는 함수 $f(x)$가 모든 실수 x에 대하여

$$f(x) + \cos^3 x = \int_0^x (x-t)f'(t)\,dt$$

를 만족시킨다. $f'\left(\dfrac{\pi}{6}\right) - f\left(\dfrac{\pi}{6}\right) = \dfrac{q}{p}$ 일 때, $p+q$의 값을 구하시오. (단, p와 q는 서로소인 자연수이다.)

215

유형 08

그림과 같이 곡선 $y = \sqrt{\ln x} + \dfrac{1}{x}$ 과 직선 $x = 1$, $x = e$ 및 x축으로 둘러싸인 도형을 밑면으로 하는 입체도형이 있다. 이 입체도형을 x축에 수직인 평면으로 자른 단면이 모두 정삼각형일 때, 이 입체도형의 부피는?

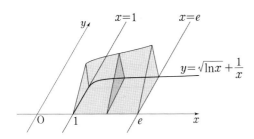

① $\dfrac{\sqrt{3}}{4}\left(3 - \dfrac{1}{e}\right)$

② $\dfrac{\sqrt{3}}{4}\left(\dfrac{10}{3} - \dfrac{1}{e}\right)$

③ $\dfrac{\sqrt{3}}{2}\left(3 - \dfrac{1}{e}\right)$

④ $\dfrac{\sqrt{3}}{2}\left(\dfrac{10}{3} - \dfrac{1}{e}\right)$

⑤ $\dfrac{\sqrt{3}}{2}\left(4 - \dfrac{1}{e}\right)$

216

유형 07

실수 전체의 집합에서 증가하고 미분가능한 함수 $f(x)$가 다음 조건을 만족시킨다.

> (가) $f(0) = 0$, $f(2) = 4$
>
> (나) 곡선 $y = f(x)$와 x축 및 직선 $x = 2$로 둘러싸인 도형의 넓이는 5이다.

$\displaystyle\int_0^1 f'(2\sqrt{x})\,dx$ 의 값은?

① $\dfrac{1}{2}$

② 1

③ $\dfrac{3}{2}$

④ 2

⑤ $\dfrac{5}{2}$

217

찍기출 127 유형 06

그림과 같이 길이가 2인 선분 AB를 지름으로 하는 반원의 호 AB를 $2n$등분한 각 분점(양 끝점도 포함)을 차례로 $P_0(= A), P_1, P_2, \cdots, P_{2n-1}, P_{2n}(= B)$라 하자.

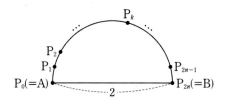

주어진 자연수 n에 대하여 삼각형 $P_0 P_k P_{2n}$의 넓이를 S_k라 할 때, $\displaystyle\lim_{n \to \infty} \frac{\pi}{n^2} \sum_{k=1}^{2n-1} k S_k$의 값을 구하시오.

218

유형 04

실수 전체의 집합에서 연속인 함수 $f(x)$가 모든 실수 x에 대하여

$$\int_0^x t f(x - t) dt = (x + 1)^2 - e^{kx}$$

을 만족시킬 때, $f(2)$의 값은? (단, k는 상수이다.)

① $2 - 2e^4$ ② $2 - 4e^4$ ③ $4 - 2e^4$

④ $4 - 2e^2$ ⑤ $4 - 4e^2$

219 유형 02

일차함수 $f(x)$가 다음 조건을 만족시킬 때, $f(2)$의 값을 구하시오.

(가) $f\left(-\dfrac{1}{2}\right)=10$

(나) $\displaystyle\int_{-\frac{\pi}{12}}^{\frac{\pi}{12}} f(x)\cos(2x)\,dx=8$

220 유형 01

실수 t에 대하여 구간 $\left[t,\ t+\dfrac{1}{2}\right]$에서 함수

$y=|\cos\pi x|$의 최댓값을 $f(t)$라 할 때, $\displaystyle\int_0^2 f(t)\,dt$의

값은?

① $\dfrac{\sqrt{2}}{\pi}+1$ ② $\dfrac{\sqrt{2}}{\pi}+2$ ③ $\dfrac{2\sqrt{2}}{\pi}+1$

④ $\dfrac{2\sqrt{2}}{\pi}+2$ ⑤ $\dfrac{4}{\pi}+1$

III 적분법

핵심유형
SET 17
SET 18
SET 19
SET 20
SET 21
SET 22
SET 23
SET 24

221

짝기출 128 유형 06

함수 $f(x) = e^x$에 대하여

$$\lim_{n \to \infty} \frac{1}{n^2} \sum_{k=1}^{n} (-n+k) f\left(-1 + \frac{k}{n}\right)$$의 값은?

① $\dfrac{1}{e} - 1$ ② $\dfrac{2}{e} - 1$ ③ $\dfrac{3}{e} - 1$

④ $\dfrac{1}{e} + 1$ ⑤ $\dfrac{2}{e} + 1$

222

유형 02

$0 \le x \le 4$에서 정의된 함수 $f(x)$에 대하여 $y = f(x)$의 그래프가 다음 그림과 같을 때, $\displaystyle\int_0^1 f(3x+1)dx$의 값을 구하시오.

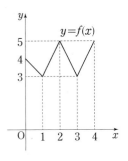

223

유형 09

양수 a에 대하여 좌표평면 위를 움직이는 점 P의 시각 $t\left(0 \le t \le \dfrac{\pi}{2}\right)$에서의 위치 (x, y)가

$$x = a\sin^3 t, \ y = a\cos^3 t$$

이다. $0 \le \theta \le \dfrac{\pi}{2}$인 모든 실수 θ에 대하여 점 P가 시각 $t = 0$에서 시각 $t = \theta$까지 움직인 거리가 $\sin^2\theta$일 때, $60a$의 값을 구하시오.

224

딱기출 129 유형 07

연속함수 $f(x)$가

$$\int_0^x f(t)dt = e^{2x} + ae^x + 8x + 9$$

를 만족시킬 때, 함수 $y = f(x)$의 그래프와 x축으로 둘러싸인 부분의 넓이는 $p - q\ln 2$이다. $p + q$의 값을 구하시오. (단, a는 상수이고, p와 q는 자연수이다.)

225

유형 04

양의 실수 전체의 집합에서 미분가능한 함수 $f(x)$가 $x > 0$인 모든 x에 대하여

$$f(x) = e^{x-1} + \int_1^x \left\{ 4 - \frac{f(t)}{t} \right\} dt$$

를 만족시킬 때, $f(2)$의 값은?

① $\dfrac{e}{2} + 3$ ② $\dfrac{e}{2} + \dfrac{7}{2}$ ③ $\dfrac{e}{2} + 4$

④ $e + 3$ ⑤ $e + \dfrac{7}{2}$

226

유형 02

함수 $f(x) = \dfrac{e^{2x}}{e^x - a}$가 $x = \ln 6$에서 극값을 가질 때,

$\displaystyle\int_0^{\ln 2} f(x)\,dx$의 값은? (단, a는 상수이다.)

① $\ln \dfrac{e}{16}$ ② $\ln \dfrac{e}{8}$ ③ $\ln \dfrac{e}{4}$

④ $\ln \dfrac{e}{2}$ ⑤ 1

III
적분법

핵심유형
SET 17
SET 18
SET 19
SET 20
SET 21
SET 22
SET 23
SET 24

실수 전체의 집합에서 미분가능하고 $f(0)=0$인 함수 $y=f(x)$의 그래프 위를 움직이는 점 $\mathrm{P}\,(x,\,f(x))$에서 x축에 내린 수선의 발을 H라 하고, 선분 PH를 한 변으로 하는 정사각형을 x축에 수직인 평면 위에 그린다. 점 P의 x좌표가 $x=0$에서 $x=t\ (t>0)$까지 변할 때 정사각형에 의하여 생기는 입체도형의 부피는 $(t+1)\ln(t+1)-t$이다.

$\displaystyle\int_{0}^{e-1} f(x)f'(x)dx$의 값은?

① $\dfrac{1}{2}$ ② 1 ③ $\dfrac{3}{2}$

④ 2 ⑤ $\dfrac{5}{2}$

열린구간 $\left(0,\,\dfrac{\pi}{2}\right)$에서 정의된 함수

$$f(x)=2\ln(\tan x)$$

의 역함수를 $g(x)$라 하자.

$$\int_{0}^{\ln 3} x g''(x)dx = p\sqrt{3}\,\ln 3 - q\pi$$

일 때, $\dfrac{1}{pq}$의 값을 구하시오. (단, p, q는 유리수이다.)

229

짝기출 131 유형 02

좌표평면에 원점 O를 중심으로 하고 반지름의 길이가 1인 원 O와 점 $A(1, 0)$이 있다. 원 O 위에 있고 y좌표가 양수인 점 P에 대하여 $\angle PAO = \theta$라 하자. $\overline{PA} = \overline{PQ}$ 가 되도록 원 O 위의 점 A가 아닌 점 Q를 잡고 삼각형 APQ의 넓이를 $S(\theta)$라 할 때, $\displaystyle\int_{\frac{\pi}{6}}^{\frac{\pi}{3}} S(\theta)\,d\theta$의 값은?

① $\dfrac{1}{4}$ ② $\dfrac{1}{3}$ ③ $\dfrac{1}{2}$

④ 1 ⑤ $\dfrac{3}{2}$

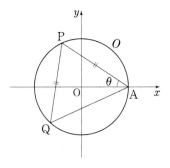

230

짝기출 132 유형 01

도함수가 실수 전체의 집합에서 연속이고 다음 조건을 만족시키는 모든 함수 $f(x)$에 대하여 $\displaystyle\int_{0}^{\pi} f(x)\,dx$의 최댓값은 $p + q\pi^2$이다. $16(p+q)$의 값을 구하시오.

(단, p와 q는 유리수이다.)

(가) $f(0) = 1$, $f'(0) = -1$

(나) 구간 $(0, \pi)$에 속하는 서로 다른 x_1, x_2에 대하여

$\dfrac{f'(x_2) - f'(x_1)}{x_2 - x_1} \leq 0$이다.

(다) $0 < x < \dfrac{\pi}{2}$일 때, $f''(x) = -\cos x$이다.

231

유형 06

함수 $f(x) = \dfrac{x}{1+x^2}$에 대하여 $\displaystyle\lim_{n\to\infty}\sum_{k=1}^{n} f\left(1 + \dfrac{2k}{n}\right)\dfrac{1}{n}$의

값은?

① $\dfrac{\ln 5}{4}$ ② $\dfrac{\ln 5}{2}$ ③ $2\ln 2$

④ $\ln 10$ ⑤ $4\ln 2$

232

적기출 133 유형 08

곡선 $y = \sqrt{x\sin x}$ $(-\pi \le x \le \pi)$와 x축으로 둘러싸인
도형을 밑면으로 하는 입체도형이 있다. 이 입체도형을 x축에
수직인 평면으로 자른 단면이 정사각형일 때, 이 입체도형의
부피는?

① π ② 2π ③ 3π

④ 4π ⑤ 5π

233

유형 03

양의 실수 전체의 집합에서 미분가능한 함수 $f(x)$가 다음
조건을 만족시킨다.

(가) $f(1) = 1$
(나) 모든 양수 x에 대하여 $f(x) > 0$이고
$f(x)\ln x = 2x^2 f'(x)$이다.

$\ln f(e)$의 값은?

① $-2 - \dfrac{1}{e}$ ② $1 - \dfrac{1}{e}$ ③ $\dfrac{1}{2} - \dfrac{1}{e}$

④ $1 - \dfrac{1}{2e}$ ⑤ $2 - \dfrac{1}{2e}$

234

픽기출 134 유형 05

함수 $f(x) = \displaystyle\int_0^x (t-a)e^t \, dt$ 의 최솟값을 $g(a)$ 라 하자.

$g(k) = g'(k)$ 를 만족시키는 상수 k 의 값은?

① -2 ② -1 ③ 0

④ 1 ⑤ 2

235

유형 07

양의 실수 전체의 집합에서 미분가능하고 $f'(x) > 0$ 인 함수 $f(x)$ 가 다음 조건을 만족시킨다.

(가) $f(1) = 1$, $f(3) = 3$

(나) $\displaystyle\int_1^3 f(x) dx = 5$

함수 $f(x)$ 의 역함수를 $g(x)$ 라 할 때, $\displaystyle\int_1^9 \frac{g(\sqrt{x})}{\sqrt{x}} dx$ 의 값을 구하시오.

236

유형 02

연속함수 $f(x)$ 가 0 이 아닌 모든 실수 t 에 대하여

$$\int_{-1}^1 f\left(\frac{x}{t}\right) dx = t \sin \frac{1}{t}$$

을 만족시킬 때, $f\left(\dfrac{\pi}{3}\right) + f\left(-\dfrac{\pi}{3}\right)$ 의 값은?

① -1 ② $-\dfrac{1}{2}$ ③ 0

④ $\dfrac{1}{2}$ ⑤ 1

237

유형 04

함수 $f(x)$의 역함수를 $g(x)$라 할 때, 모든 실수 x에 대하여
$$\int_0^{g(x+1)} f(t)dt = xe^x$$
이 성립한다. 방정식 $g(x) = 0$의 해가 존재할 때, $g(5)$의 값은?

① $e^2 - 1$ ② $e^3 - 1$ ③ $e^4 - 1$

④ $e^5 - 1$ ⑤ $e^6 - 1$

238

픽기출 135   유형 07

함수 $f(x) = 2^x$이 있다. 곡선 $y = f(x)$를 x축에 대하여 대칭이동시킨 후 y축의 방향으로 4만큼 평행이동시킨 곡선을 $y = g(x)$라 하고, 곡선 $y = g(x)$와 x축이 만나는 점을 지나고 x축에 수직인 직선을 l이라 하자. 두 곡선 $y = f(x)$, $y = g(x)$ 및 y축으로 둘러싸인 부분의 넓이를 S_1이라 하고, 두 곡선 $y = f(x)$, $y = g(x)$ 및 직선 l로 둘러싸인 부분의 넓이를 S_2라 할 때, $S_2 - S_1 = \dfrac{m}{\ln 2} - n$이다. 두 자연수 m, n의 합 $m + n$의 값을 구하시오.

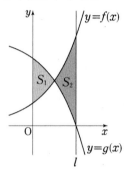

239

짝기출 136 유형 01

실수 전체의 집합에서 연속인 함수 $f(x)$는 다음 조건을 만족시킨다.

(가) $f(x) = e^{-x+1} - 1 \ (0 < x < 1)$
(나) $f(x) = f(-x)$
(다) $f(1-x) + f(1+x) = 0$

닫힌구간 $[-10, 10]$에서 x에 대한 방정식

$\displaystyle\int_0^x f(t)dt = e - 2$의 모든 해의 합을 구하시오.

240

짝기출 137 | 138 유형 02

실수 전체의 집합에서 이계도함수를 갖는 함수 $f(x)$가 다음 조건을 만족시킨다.

(가) 모든 실수 x에 대하여
$f''(2x) = -\pi f(x)f'(x)$이다.
(나) $f(0) = 0$, $f(1) = 1$, $f'(0) = \dfrac{\pi}{2}$

$\pi \displaystyle\int_0^{\frac{1}{2}} \{f(x)\}^2 dx$의 값은?

① $\dfrac{\pi-2}{2}$

② $\dfrac{\pi-2}{4}$

③ $\dfrac{\pi-2}{6}$

④ $\dfrac{\pi-2}{8}$

⑤ $\dfrac{\pi-2}{10}$

III 적분법

핵심유형
SET 17
SET 18
SET 19
SET 20
SET 21
SET 22
SET 23
SET 24

부록

핵심문제

짝기출

. . .

본문에 수록된 문제의 모티브가 된 수능·평가원 모의고사,
교육청 학력평가 기출문제를 세트별로 수록하였습니다.
실제로는 어떻게 출제되었는지 확인해보세요.

'짝기출'에 수록된 기출문제는
별도의 풀이 없이 정답만 제공합니다.
('빠른정답'에서 확인 가능)

001

2016학년도 9월 평가원 A형 9번

등차수열 $\{a_n\}$에 대하여 $a_1 = 4$, $a_4 - a_2 = 4$일 때,

$\displaystyle\sum_{n=1}^{\infty} \frac{2}{na_n}$의 값은? [3점]

① 1   ② $\dfrac{3}{2}$ ③ 2

④ $\dfrac{5}{2}$ ⑤ 3

002

2020학년도 9월 평가원 나형 10번

모든 항이 양수인 수열 $\{a_n\}$이 모든 자연수 n에 대하여
부등식

$$\sqrt{9n^2 + 4} < \sqrt{na_n} < 3n + 2$$

를 만족시킬 때, $\displaystyle\lim_{n\to\infty} \frac{a_n}{n}$의 값은? [3점]

① 6   ② 7   ③ 8

④ 9   ⑤ 10

003

2023학년도 수능 (미적분) 25번

등비수열 $\{a_n\}$에 대하여 $\displaystyle\lim_{n\to\infty} \frac{a_n + 1}{3^n + 2^{2n-1}} = 3$일 때,

a_2의 값은? [3점]

① 16   ② 18   ③ 20

④ 22   ⑤ 24

004

2023학년도 수능 (미적분) 27번

그림과 같이 중심이 O, 반지름의 길이가 1이고 중심각의 크기가 $\dfrac{\pi}{2}$인 부채꼴 OA_1B_1이 있다. 호 A_1B_1 위에 점 P_1, 선분 OA_1 위에 점 C_1, 선분 OB_1 위에 점 D_1을 사각형 $OC_1P_1D_1$이 $\overline{OC_1} : \overline{OD_1} = 3 : 4$인 직사각형이 되도록 잡는다. 부채꼴 OA_1B_1의 내부에 점 Q_1을 $\overline{P_1Q_1} = \overline{A_1Q_1}$, $\angle P_1Q_1A_1 = \dfrac{\pi}{2}$가 되도록 잡고, 이등변삼각형 $P_1Q_1A_1$에 색칠하여 얻은 그림을 R_1이라 하자.

그림 R_1에서 선분 OA_1 위의 점 A_2와 선분 OB_1 위의 점 B_2를 $\overline{OQ_1} = \overline{OA_2} = \overline{OB_2}$가 되도록 잡고, 중심이 O, 반지름의 길이가 $\overline{OQ_1}$, 중심각의 크기가 $\dfrac{\pi}{2}$인 부채꼴 OA_2B_2를 그린다. 그림 R_1을 얻은 것과 같은 방법으로 네 점 P_2, C_2, D_2, Q_2를 잡고, 이등변삼각형 $P_2Q_2A_2$에 색칠하여 얻은 그림을 R_2라 하자.

이와 같은 과정을 계속하여 n번째 얻은 그림 R_n에 색칠되어 있는 부분의 넓이를 S_n이라 할 때, $\displaystyle\lim_{n \to \infty} S_n$의 값은? [3점]

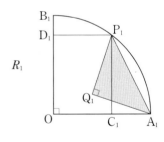

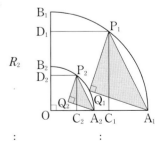

① $\dfrac{9}{40}$ ② $\dfrac{1}{4}$ ③ $\dfrac{11}{40}$

④ $\dfrac{3}{10}$ ⑤ $\dfrac{13}{40}$

005

2017학년도 수능 나형 28번

자연수 n에 대하여 직선 $x = 4^n$이 곡선 $y = \sqrt{x}$와 만나는 점을 P_n이라 하자. 선분 P_nP_{n+1}의 길이를 L_n이라 할 때, $\displaystyle\lim_{n \to \infty} \left(\dfrac{L_{n+1}}{L_n} \right)^2$의 값을 구하시오. [4점]

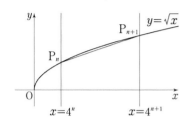

006

2021학년도 수능 가형 18번

실수 a에 대하여 함수 $f(x)$를

$$f(x) = \lim_{n \to \infty} \dfrac{(a-2)x^{2n+1} + 2x}{3x^{2n} + 1}$$

라 하자. $(f \circ f)(1) = \dfrac{5}{4}$가 되도록 하는 모든 a의 값의 합은? [4점]

① $\dfrac{11}{2}$ ② $\dfrac{13}{2}$ ③ $\dfrac{15}{2}$

④ $\dfrac{17}{2}$ ⑤ $\dfrac{19}{2}$

I 수열의 극한

짝기출

SET 01
SET 02
SET 03
SET 04
SET 05
SET 06
SET 07
SET 08

007

2012학년도 9월 평가원 25번

수열 $\{a_n\}$ 과 $\{b_n\}$ 이

$$\lim_{n \to \infty} (n+1)a_n = 2, \quad \lim_{n \to \infty} (n^2+1)b_n = 7$$

을 만족시킬 때, $\lim_{n \to \infty} \dfrac{(10n+1)b_n}{a_n}$ 의 값을 구하시오.

(단, $a_n \neq 0$) [3점]

008

2014학년도 6월 평가원 A형 24번

수열 $\{a_n\}$ 이 모든 자연수 n 에 대하여 부등식

$$3n^2 + 2n < a_n < 3n^2 + 3n$$

을 만족시킬 때, $\lim_{n \to \infty} \dfrac{5a_n}{n^2 + 2n}$ 의 값을 구하시오. [3점]

009

2010학년도 6월 평가원 나형 28번

수열 $\{a_n\}$ 에 대하여 $\lim_{n \to \infty} \dfrac{5^n a_n}{3^n + 1}$ 이 0이 아닌 상수일 때,

$\lim_{n \to \infty} \dfrac{a_n}{a_{n+1}}$ 의 값은? [3점]

① $\dfrac{2}{3}$　　② $\dfrac{4}{5}$　　③ $\dfrac{5}{3}$

④ $\dfrac{9}{5}$　　⑤ $\dfrac{8}{3}$

010

2006학년도 6월 평가원 나형 26번

자연수 n 에 대하여 다항식 $f(x) = 2^n x^2 + 3^n x + 1$ 을 $x-1$, $x-2$ 로 나눈 나머지를 각각 a_n, b_n 이라 할 때,

$\lim_{n \to \infty} \dfrac{a_n}{b_n}$ 의 값은? [3점]

① 0　　② $\dfrac{1}{4}$　　③ $\dfrac{1}{3}$

④ $\dfrac{1}{2}$　　⑤ 1

011

2011학년도 수능 나형 14번

좌표평면에서 자연수 n 에 대하여 두 직선 $y = \dfrac{1}{n}x$ 와

$x = n$ 이 만나는 점을 A_n, 직선 $x = n$ 과 x 축이 만나는 점을 B_n 이라 하자. 삼각형 $A_n O B_n$ 에 내접하는 원의 중심을 C_n 이라 하고, 삼각형 $A_n O C_n$ 의 넓이를 S_n 이라 하자.

$\lim_{n \to \infty} \dfrac{S_n}{n}$ 의 값은? [4점]

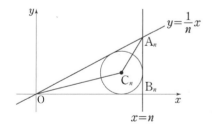

① $\dfrac{1}{12}$　　② $\dfrac{1}{6}$　　③ $\dfrac{1}{4}$

④ $\dfrac{1}{3}$　　⑤ $\dfrac{5}{12}$

012

2012학년도 6월 평가원 20번

자연수 n에 대하여 직선 $x = n$이 두 곡선 $y = 2^x$, $y = 3^x$과 만나는 점을 각각 P_n, Q_n이라 하자. 삼각형 $P_n Q_n P_{n-1}$의 넓이를 S_n이라 하고, $T_n = \sum_{k=1}^{n} S_k$라 할 때, $\lim_{n \to \infty} \dfrac{T_n}{3^n}$의 값은? (단, 점 P_0의 좌표는 $(0, 1)$이다.) [4점]

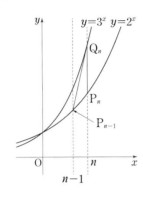

① $\dfrac{5}{8}$　　② $\dfrac{11}{16}$　　③ $\dfrac{3}{4}$

④ $\dfrac{13}{16}$　　⑤ $\dfrac{7}{8}$

013

2021학년도 수능 가형 14번

그림과 같이 $\overline{AB_1} = 2$, $\overline{AD_1} = 4$인 직사각형 $AB_1C_1D_1$이 있다. 선분 AD_1을 $3 : 1$로 내분하는 점을 E_1이라 하고, 직사각형 $AB_1C_1D_1$의 내부에 점 F_1을 $\overline{F_1E_1} = \overline{F_1C_1}$, $\angle E_1F_1C_1 = \dfrac{\pi}{2}$가 되도록 잡고 삼각형 $E_1F_1C_1$을 그린다. 사각형 $E_1F_1C_1D_1$을 색칠하여 얻은 그림을 R_1이라 하자.

그림 R_1에서 선분 AB_1 위의 점 B_2, 선분 E_1F_1 위의 점 C_2, 선분 AE_1 위의 점 D_2와 점 A를 꼭짓점으로 하고 $\overline{AB_2} : \overline{AD_2} = 1 : 2$인 직사각형 $AB_2C_2D_2$를 그린다. 그림 R_1을 얻은 것과 같은 방법으로 직사각형 $AB_2C_2D_2$에 삼각형 $E_2F_2C_2$를 그리고 사각형 $E_2F_2C_2D_2$를 색칠하여 얻은 그림을 R_2라 하자.

이와 같은 과정을 계속하여 n번째 얻은 그림 R_n에 색칠되어 있는 부분의 넓이를 S_n이라 할 때, $\lim_{n \to \infty} S_n$의 값은? [4점]

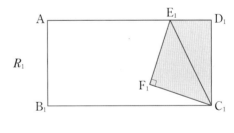

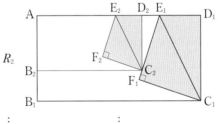

① $\dfrac{441}{103}$　　② $\dfrac{441}{109}$　　③ $\dfrac{441}{115}$

④ $\dfrac{441}{121}$　　⑤ $\dfrac{441}{127}$

014

2016학년도 6월 평가원 A형 12번 / B형 8번

공비가 3인 등비수열 $\{a_n\}$의 첫째항부터 제n항까지의 합 S_n이

$$\lim_{n \to \infty} \frac{S_n}{3^n} = 5$$

를 만족시킬 때, 첫째항 a_1의 값은? [3점]

① 8   ② 10   ③ 12

④ 14   ⑤ 16

015

2010학년도 6월 평가원 나형 5번

두 수열 $\{a_n\}$, $\{b_n\}$이 모든 자연수 n에 대하여 다음 조건을 만족시킬 때, $\lim\limits_{n \to \infty} b_n$의 값은? [3점]

(가) $20 - \dfrac{1}{n} < a_n + b_n < 20 + \dfrac{1}{n}$
(나) $10 - \dfrac{1}{n} < a_n - b_n < 10 + \dfrac{1}{n}$

① 3   ② 4   ③ 5

④ 6   ⑤ 7

016

2016학년도 수능 A형 14번

자연수 n에 대하여 좌표가 $(0, 2n+1)$인 점을 P라 하고, 함수 $f(x) = nx^2$의 그래프 위의 점 중 y좌표가 1이고 제1사분면에 있는 점을 Q라 하자. 점 R$(0, 1)$에 대하여 삼각형 PRQ의 넓이를 S_n, 선분 PQ의 길이를 l_n이라 할 때, $\lim\limits_{n \to \infty} \dfrac{(S_n)^2}{l_n}$의 값은? [4점]

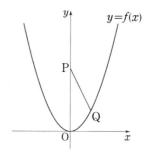

① $\dfrac{3}{2}$ ② $\dfrac{5}{4}$ ③ 1

④ $\dfrac{3}{4}$ ⑤ $\dfrac{1}{2}$

017

2022학년도 수능 (미적분) 25번

등비수열 $\{a_n\}$에 대하여

$$\sum_{n=1}^{\infty}(a_{2n-1}-a_{2n})=3, \quad \sum_{n=1}^{\infty}a_n^{\,2}=6$$

일 때, $\displaystyle\sum_{n=1}^{\infty}a_n$의 값은? [3점]

① 1   ② 2   ③ 3

④ 4   ⑤ 5

018

2021학년도 6월 평가원 가형 7번

함수

$$f(x)=\lim_{n\to\infty}\frac{2\times\left(\dfrac{x}{4}\right)^{2n+1}-1}{\left(\dfrac{x}{4}\right)^{2n}+3}$$

에 대하여 $f(k)=-\dfrac{1}{3}$을 만족시키는 정수 k의 개수는? [3점]

① 5   ② 7   ③ 9

④ 11   ⑤ 13

019

2014학년도 수능 A형 17번 / B형 15번

직사각형 $A_1B_1C_1D_1$에서 $\overline{A_1B_1}=1$, $\overline{A_1D_1}=2$이다. 그림과 같이 선분 A_1D_1과 선분 B_1C_1의 중점을 각각 M_1, N_1이라 하자. 중심이 N_1, 반지름의 길이가 $\overline{B_1N_1}$이고 중심각의 크기가 $90°$인 부채꼴 $N_1M_1B_1$을 그리고, 중심이 D_1, 반지름의 길이가 $\overline{C_1D_1}$이고 중심각의 크기가 $90°$인 부채꼴 $D_1M_1C_1$을 그린다. 부채꼴 $N_1M_1B_1$의 호 M_1B_1과 선분 M_1B_1로 둘러싸인 부분과 부채꼴 $D_1M_1C_1$의 호 M_1C_1과 선분 M_1C_1로 둘러싸인 부분인 ⌒⌒ 모양에 색칠하여 얻은 그림을 R_1이라 하자. 그림 R_1에 선분 M_1B_1 위의 점 A_2, 호 M_1C_1 위의 점 D_2와 변 B_1C_1 위의 두 점 B_2, C_2를 꼭짓점으로 하고 $\overline{A_2B_2}:\overline{A_2D_2}=1:2$인 직사각형 $A_2B_2C_2D_2$를 그리고, 직사각형 $A_2B_2C_2D_2$에서 그림 R_1을 얻는 것과 같은 방법으로 만들어지는 ⌒⌒ 모양에 색칠하여 얻은 그림을 R_2라 하자. 이와 같은 과정을 계속하여 n번째 얻은 그림 R_n에 색칠되어 있는 부분의 넓이를 S_n이라 할 때, $\displaystyle\lim_{n\to\infty}S_n$의 값은? [4점]

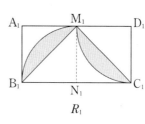
R_1

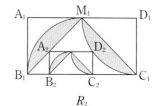
R_2

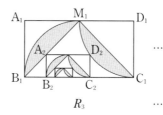
R_3 ...

① $\dfrac{25}{19}\left(\dfrac{\pi}{2}-1\right)$ ② $\dfrac{5}{4}\left(\dfrac{\pi}{2}-1\right)$

③ $\dfrac{25}{21}\left(\dfrac{\pi}{2}-1\right)$ ④ $\dfrac{25}{22}\left(\dfrac{\pi}{2}-1\right)$

⑤ $\dfrac{25}{23}\left(\dfrac{\pi}{2}-1\right)$

020

2020학년도 6월 평가원 나형 11번

수열 $\{a_n\}$이 $\displaystyle\sum_{n=1}^{\infty}(2a_n-3)=2$를 만족시킨다.

$\displaystyle\lim_{n\to\infty}a_n=r$일 때, $\displaystyle\lim_{n\to\infty}\frac{r^{n+2}-1}{r^n+1}$의 값은? [3점]

① $\dfrac{7}{4}$ 　　② 2 　　③ $\dfrac{9}{4}$

④ $\dfrac{5}{2}$ 　　⑤ $\dfrac{11}{4}$

021

2019학년도 6월 평가원 나형 11번

급수 $\displaystyle\sum_{n=1}^{\infty}\left(\frac{x}{5}\right)^n$이 수렴하도록 하는 모든 정수 x의 개수는?

[3점]

① 1 　　② 3 　　③ 5

④ 7 　　⑤ 9

022

2023학년도 6월 평가원 (미적분) 27번

첫째항이 4인 등차수열 $\{a_n\}$에 대하여 급수

$$\sum_{n=1}^{\infty}\left(\frac{a_n}{n}-\frac{3n+7}{n+2}\right)$$

이 실수 S에 수렴할 때, S의 값은? [3점]

① $\dfrac{1}{2}$ 　　② 1 　　③ $\dfrac{3}{2}$

④ 2 　　⑤ $\dfrac{5}{2}$

023

2015학년도 9월 평가원 A형 12번

자연수 n에 대하여 $3^n \times 5^{n+1}$의 모든 양의 약수의 개수를 a_n이라 할 때, $\displaystyle\sum_{n=1}^{\infty} \dfrac{1}{a_n}$의 값은? [3점]

① $\dfrac{1}{2}$ ② $\dfrac{7}{12}$ ③ $\dfrac{2}{3}$

④ $\dfrac{3}{4}$ ⑤ $\dfrac{5}{6}$

024

2016학년도 수능 A형 10번

수열 $\{a_n\}$에 대하여 곡선 $y = x^2 - (n+1)x + a_n$은 x축과 만나고, 곡선 $y = x^2 - nx + a_n$은 x축과 만나지 않는다. $\displaystyle\lim_{n \to \infty} \dfrac{a_n}{n^2}$의 값은? [3점]

① $\dfrac{1}{20}$ ② $\dfrac{1}{10}$ ③ $\dfrac{3}{20}$

④ $\dfrac{1}{5}$ ⑤ $\dfrac{1}{4}$

025

2012학년도 수능 14번

반지름의 길이가 1인 원이 있다. 그림과 같이 가로의 길이와 세로의 길이의 비가 3 : 1인 직사각형을 이 원에 내접하도록 그리고, 원의 내부와 직사각형의 외부의 공통부분에 색칠하여 얻은 그림을 R_1이라 하자.

그림 R_1에서 직사각형의 세 변에 접하도록 원 2개를 그린다. 새로 그려진 각 원에 그림 R_1을 얻는 것과 같은 방법으로 직사각형을 그리고 색칠하여 얻은 그림을 R_2라 하자.

그림 R_2에서 새로 그려진 직사각형의 세 변에 접하도록 원 4개를 그린다. 새로 그려진 각 원에 그림 R_1을 얻는 것과 같은 방법으로 직사각형을 그리고 색칠하여 얻은 그림을 R_3이라 하자.

이와 같은 과정을 계속하여 n번째 얻은 그림 R_n에서 색칠된 부분의 넓이를 S_n이라 할 때, $\displaystyle\lim_{n \to \infty} S_n$의 값은? [4점]

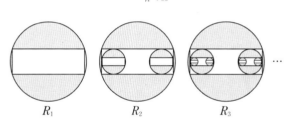

R_1 R_2 R_3

① $\dfrac{5}{4}\pi - \dfrac{5}{3}$ ② $\dfrac{5}{4}\pi - \dfrac{3}{2}$ ③ $\dfrac{4}{3}\pi - \dfrac{8}{5}$

④ $\dfrac{5}{4}\pi - 1$ ⑤ $\dfrac{4}{3}\pi - \dfrac{16}{15}$

026

2016학년도 6월 평가원 A형 26번

수열 $\{a_n\}$에 대하여 급수 $\displaystyle\sum_{n=1}^{\infty} \frac{a_n}{n}$이 수렴할 때,

$\displaystyle\lim_{n\to\infty} \frac{a_n + 9n}{n}$의 값을 구하시오. [4점]

027

2023학년도 9월 평가원 (미적분) 25번

수열 $\{a_n\}$에 대하여 $\displaystyle\lim_{n\to\infty} \frac{a_n + 2}{2} = 6$일 때,

$\displaystyle\lim_{n\to\infty} \frac{na_n + 1}{a_n + 2n}$의 값은? [3점]

① 1   ② 2   ③ 3

④ 4   ⑤ 5

028

2006학년도 수능 나형 7번

수열 $\{a_n\}$이 모든 자연수 n에 대하여 $n < a_n < n+1$을

만족시킬 때, $\displaystyle\lim_{n\to\infty} \frac{n^2}{a_1 + a_2 + \cdots + a_n}$의 값은? [3점]

① 1   ② 2   ③ 3

④ 4   ⑤ 5

029

2015학년도 수능 A형 11번 / B형 7번

등비수열 $\{a_n\}$에 대하여 $a_1 = 3$, $a_2 = 1$일 때,

$\displaystyle\sum_{n=1}^{\infty} (a_n)^2$의 값은? [3점]

① $\dfrac{81}{8}$ ② $\dfrac{83}{8}$ ③ $\dfrac{85}{8}$

④ $\dfrac{87}{8}$ ⑤ $\dfrac{89}{8}$

030

2005학년도 9월 평가원 나형 10번

원 $x^2 + y^2 = \dfrac{1}{2^n}$ 에 대하여 기울기가 -1이고

제1사분면을 지나는 접선이 x축과 만나는 점의 좌표를

$(a_n, 0)$이라 할 때, $\displaystyle\sum_{n=1}^{\infty} a_n$의 값은? [4점]

① 2   ② $2 + \sqrt{2}$ ③ $2\sqrt{2}$

④ 4   ⑤ $4 + \sqrt{2}$

031

2016학년도 6월 평가원 B형 10번

자연수 n에 대하여 직선 $y = 2nx$ 위의 점 $\mathrm{P}(n, 2n^2)$을

지나고 이 직선과 수직인 직선이 x축과 만나는 점을 Q라 할

때, 선분 OQ의 길이를 l_n이라 하자. $\displaystyle\lim_{n \to \infty} \dfrac{l_n}{n^3}$의 값은?

(단, O는 원점이다.) [3점]

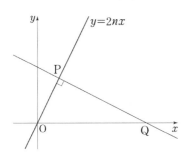

① 1   ② 2   ③ 3

④ 4   ⑤ 5

032

2022학년도 수능 예시문항 (미적분) 26번

그림과 같이 $\overline{\mathrm{OA_1}} = \sqrt{3}$, $\overline{\mathrm{OC_1}} = 1$인 직사각형

$\mathrm{OA_1B_1C_1}$이 있다. 선분 $\mathrm{B_1C_1}$ 위의 $\overline{\mathrm{B_1D_1}} = 2\overline{\mathrm{C_1D_1}}$인

점 $\mathrm{D_1}$에 대하여 중심이 $\mathrm{B_1}$이고 반지름의 길이가 $\overline{\mathrm{B_1D_1}}$인

원과 선분 $\mathrm{OA_1}$의 교점을 $\mathrm{E_1}$, 중심이 $\mathrm{C_1}$이고 반지름의

길이가 $\overline{\mathrm{C_1D_1}}$인 원과 선분 $\mathrm{OC_1}$의 교점을 $\mathrm{C_2}$라 하자.

부채꼴 $\mathrm{B_1D_1E_1}$의 내부와 부채꼴 $\mathrm{C_1C_2D_1}$의 내부로

이루어진 ⑧ 모양의 도형에 색칠하여 얻은 그림을 R_1이라

하자.

그림 R_1에서 선분 $\mathrm{OA_1}$ 위의 점 $\mathrm{A_2}$, 호 $\mathrm{D_1E_1}$ 위의 점

$\mathrm{B_2}$와 점 $\mathrm{C_2}$, 점 O를 꼭짓점으로 하는 직사각형

$\mathrm{OA_2B_2C_2}$를 그리고, 그림 R_1을 얻은 것과 같은 방법으로

직사각형 $\mathrm{OA_2B_2C_2}$에 ⑧ 모양의 도형을 그리고 색칠하여

얻은 그림을 R_2라 하자.

이와 같은 과정을 계속하여 n번째 얻은 그림 R_n에 색칠되어

있는 부분의 넓이를 S_n이라 할 때, $\displaystyle\lim_{n \to \infty} S_n$의 값은? [3점]

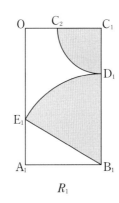 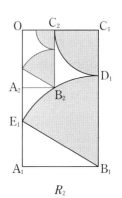

R_1 R_2 ...

① $\dfrac{5 + 2\sqrt{3}}{12}\pi$ ② $\dfrac{2 + \sqrt{3}}{6}\pi$ ③ $\dfrac{3 + 2\sqrt{3}}{12}\pi$

④ $\dfrac{1 + \sqrt{3}}{6}\pi$ ⑤ $\dfrac{1 + 2\sqrt{3}}{12}\pi$

I 수열의 극한

짝기출

SET 01
SET 02
SET 03
SET 04
SET 05
SET 06
SET 07
SET 08

033

2010학년도 수능 23번

등비수열 $\{a_n\}$이 $a_2 = \frac{1}{2}$, $a_5 = \frac{1}{6}$을 만족시킨다.

$\sum_{n=1}^{\infty} a_n a_{n+1} a_{n+2} = \frac{q}{p}$일 때, $p+q$의 값을 구하시오.

(단, p와 q는 서로소인 자연수이다.) [4점]

034

2005학년도 6월 평가원 나형 15번

수렴하는 두 수열 $\{a_n\}$, $\{b_n\}$이

$$a_{n+1} = -\frac{1}{2}b_n + \frac{3}{2}$$

$$b_{n+1} = -\frac{1}{2}a_n + \frac{3}{2} \ (n = 1, 2, 3, \cdots)$$

을 만족시킬 때, 〈보기〉에서 옳은 것만을 있는 대로 고른 것은?

[4점]

─────── 〈보기〉 ───────

ㄱ. $a_1 = b_1$일 때, $a_n = b_n$이다.

ㄴ. $a_1 = 0$, $b_1 = 1$일 때, $a_{n+1} > a_n$이다.

ㄷ. $\lim_{n \to \infty} a_n = \lim_{n \to \infty} b_n = 1$

① ㄱ   ② ㄴ   ③ ㄱ, ㄷ
④ ㄴ, ㄷ   ⑤ ㄱ, ㄴ, ㄷ

035

2008학년도 9월 평가원 나형 9번

수열 $\{a_n\}$의 첫째항부터 제n항까지의 합 S_n이

$S_n = 2^n + 3^n$일 때, $\lim_{n \to \infty} \frac{a_n}{S_n}$의 값은? [3점]

① $\frac{1}{6}$ ② $\frac{1}{3}$ ③ $\frac{1}{2}$

④ $\frac{2}{3}$ ⑤ $\frac{5}{6}$

036

2014학년도 6월 평가원 A형 10번

함수

$$f(x) = \begin{cases} x + a & (x \le 1) \\ \lim\limits_{n \to \infty} \dfrac{2x^{n+1} + 3x^n}{x^n + 1} & (x > 1) \end{cases}$$

이 실수 전체의 집합에서 연속일 때, 상수 a의 값은? [3점]

① 2   ② 4   ③ 6

④ 8   ⑤ 10

037

2009학년도 수능 나형 20번

공비가 같은 두 등비수열 $\{a_n\}$, $\{b_n\}$에 대하여

$a_1 - b_1 = 1$이고 $\displaystyle\sum_{n=1}^{\infty} a_n = 8$, $\displaystyle\sum_{n=1}^{\infty} b_n = 6$일 때,

$\displaystyle\sum_{n=1}^{\infty} a_n b_n$의 값을 구하시오. [3점]

038

2011학년도 9월 평가원 9번

좌표평면에서 자연수 n에 대하여 기울기가 n이고 y절편이 양수인 직선이 원 $x^2 + y^2 = n^2$에 접할 때, 이 직선이 x축, y축과 만나는 점을 각각 P_n, Q_n이라 하자.

$l_n = \overline{P_n Q_n}$이라 할 때, $\lim\limits_{n \to \infty} \dfrac{l_n}{2n^2}$의 값은? [4점]

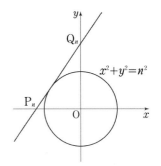

① $\dfrac{1}{8}$ ② $\dfrac{1}{4}$ ③ $\dfrac{3}{8}$

④ $\dfrac{1}{2}$ ⑤ $\dfrac{5}{8}$

039

2021학년도 9월 평가원 가형 8번

등비수열 $\{a_n\}$에 대하여 $\lim\limits_{n\to\infty}\dfrac{3^n}{a_n+2^n}=6$일 때,

$\displaystyle\sum_{n=1}^{\infty}\dfrac{1}{a_n}$의 값은? [3점]

① 1　　　　　② 2　　　　　③ 3

④ 4　　　　　⑤ 5

040

2016학년도 9월 평가원 A형 27번

양수 a와 실수 b에 대하여

$$\lim_{n\to\infty}(\sqrt{an^2+4n}-bn)=\frac{1}{5}$$

일 때, $a+b$의 값을 구하시오. [4점]

041

2006학년도 수능 13번

두 수열 $\{a_n\}$, $\{b_n\}$이 각각

$$a_n=\frac{1}{2^{n-1}}\cos\frac{(n-1)\pi}{2},$$

$$b_n=\frac{1+(-1)^{n-1}}{2^n}$$

일 때, 〈보기〉에서 옳은 것만을 있는 대로 고른 것은? [4점]

---〈보기〉---

ㄱ. 모든 자연수 k에 대하여 $a_{3k}<0$이다.

ㄴ. 모든 자연수 k에 대하여 $a_{4k-1}+b_{4k-1}=0$이다.

ㄷ. $\displaystyle\sum_{n=1}^{\infty}a_n=\frac{3}{5}\sum_{n=1}^{\infty}b_n$

---

① ㄱ　　　　　② ㄴ　　　　　③ ㄷ

④ ㄱ, ㄴ　　　　⑤ ㄴ, ㄷ

042

2009학년도 6월 평가원 나형 8번

자연수 n에 대하여 좌표평면 위의 점 $P_n(n, 2^n)$에서 x축, y축에 내린 수선의 발을 각각 Q_n, R_n이라 하자. 원점 O와 점 $A(0, 1)$에 대하여 사각형 AOQ_nP_n의 넓이를 S_n, 삼각형 AP_nR_n의 넓이를 T_n이라 할 때, $\displaystyle\lim_{n\to\infty}\frac{T_n}{S_n}$의 값은?

[3점]

① 1　　　　② $\dfrac{3}{4}$　　　　③ $\dfrac{1}{2}$

④ $\dfrac{1}{4}$　　　　⑤ 0

043

2024학년도 9월 평가원 (미적분) 29번

두 실수 a, b $(a > 1, b > 1)$이

$$\lim_{n\to\infty}\frac{3^n + a^{n+1}}{3^{n+1}+a^n}=a,\ \lim_{n\to\infty}\frac{a^n + b^{n+1}}{a^{n+1}+b^n}=\frac{9}{a}$$

를 만족시킬 때, $a + b$의 값을 구하시오. [4점]

044

2022학년도 6월 평가원 (미적분) 26번

그림과 같이 중심이 O_1, 반지름의 길이가 1이고 중심각의 크기가 $\dfrac{5\pi}{12}$인 부채꼴 $O_1A_1O_2$가 있다. 호 A_1O_2 위에 점 B_1을 $\angle A_1O_1B_1 = \dfrac{\pi}{4}$가 되도록 잡고, 부채꼴 $O_1A_1B_1$에 색칠하여 얻은 그림을 R_1이라 하자.

그림 R_1에서 점 O_2를 지나고 선분 O_1A_1에 평행한 직선이 직선 O_1B_1과 만나는 점을 A_2라 하자. 중심이 O_2이고 중심각의 크기가 $\dfrac{5\pi}{12}$인 부채꼴 $O_2A_2O_3$을 부채꼴 $O_1A_1B_1$과 겹치지 않도록 그린다. 호 A_2O_3 위에 점 B_2를 $\angle A_2O_2B_2 = \dfrac{\pi}{4}$가 되도록 잡고, 부채꼴 $O_2A_2B_2$에 색칠하여 얻은 그림을 R_2라 하자.

이와 같은 과정을 계속하여 n번째 얻은 그림 R_n에 색칠되어 있는 부분의 넓이를 S_n이라 할 때, $\displaystyle\lim_{n\to\infty} S_n$의 값은? [3점]

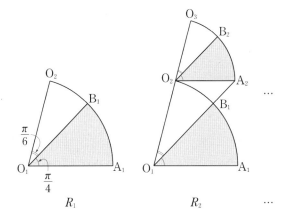

R_1　　　　R_2　　　…

① $\dfrac{3\pi}{16}$　　　　② $\dfrac{7\pi}{32}$　　　　③ $\dfrac{\pi}{4}$

④ $\dfrac{9\pi}{32}$　　　　⑤ $\dfrac{5\pi}{16}$

Ⅰ 수열의 극한

짝기출

SET 01
SET 02
SET 03
SET 04
SET 05
SET 06
SET 07
SET 08

045

2011학년도 9월 평가원 나형 11번

두 수열 $\{a_n\}$, $\{b_n\}$에 대하여 급수 $\displaystyle\sum_{n=1}^{\infty}\left(a_n - \frac{3n}{n+1}\right)$과

$\displaystyle\sum_{n=1}^{\infty}(a_n + b_n)$이 모두 수렴할 때, $\displaystyle\lim_{n\to\infty}\frac{3 - b_n}{a_n}$의 값은?

(단, $a_n \neq 0$) [3점]

① 1   ② 2   ③ 3
④ 4   ⑤ 5

046

2006학년도 6월 평가원 나형 6번

수열 $\{a_n\}$의 첫째항부터 제n항까지의 합 S_n이

$S_n = 2n^2 - n$일 때, $\displaystyle\lim_{n\to\infty}\frac{na_n}{S_n}$의 값은? [3점]

① 1   ② 2   ③ 3
④ 4   ⑤ 5

047

2010학년도 6월 평가원 나형 13번

수열 $\{a_n\}$에서 $a_1 = 1$이고, 자연수 n에 대하여

$$a_n a_{n+1} = \left(\frac{1}{5}\right)^n$$

이다. $\displaystyle\sum_{n=1}^{\infty} a_{2n}$의 값은? [4점]

① $\dfrac{1}{6}$ ② $\dfrac{1}{5}$ ③ $\dfrac{1}{4}$

④ $\dfrac{1}{3}$ ⑤ $\dfrac{1}{2}$

048

2013학년도 6월 평가원 나형 20번

닫힌구간 $[-2, 5]$에서 정의된 함수 $y = f(x)$의 그래프가 그림과 같다.

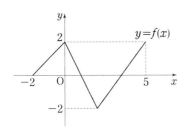

$$\lim_{n \to \infty} \frac{|nf(a) - 1| - nf(a)}{2n + 3} = 1$$ 을 만족시키는 상수 a의 개수는? [4점]

① 1   ② 2   ③ 3

④ 4   ⑤ 5

049

2021학년도 6월 평가원 가형 20번

그림과 같이 $\overline{AB_1} = 3$, $\overline{AC_1} = 2$이고 $\angle B_1 A C_1 = \dfrac{\pi}{3}$인 삼각형 AB_1C_1이 있다. $\angle B_1 A C_1$의 이등분선이 선분 B_1C_1과 만나는 점을 D_1, 세 점 A, D_1, C_1을 지나는 원이 선분 AB_1과 만나는 점 중 A가 아닌 점을 B_2라 할 때, 두 선분 B_1B_2, B_1D_1과 호 B_2D_1로 둘러싸인 부분과 선분 C_1D_1과 호 C_1D_1로 둘러싸인 부분인 ◁ 모양의 도형에 색칠하여 얻은 그림을 R_1이라 하자.

그림 R_1에서 점 B_2를 지나고 직선 B_1C_1에 평행한 직선이 두 선분 AD_1, AC_1과 만나는 점을 각각 D_2, C_2라 하자. 세 점 A, D_2, C_2를 지나는 원이 선분 AB_2와 만나는 점 중 A가 아닌 점을 B_3이라 할 때, 두 선분 B_2B_3, B_2D_2와 호 B_3D_2로 둘러싸인 부분과 선분 C_2D_2와 호 C_2D_2로 둘러싸인 부분인 ◁ 모양의 도형에 색칠하여 얻은 그림을 R_2라 하자.

이와 같은 과정을 계속하여 n번째 얻은 그림 R_n에 색칠되어 있는 부분의 넓이를 S_n이라 할 때, $\lim\limits_{n \to \infty} S_n$의 값은? [4점]

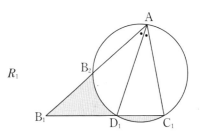

R_1

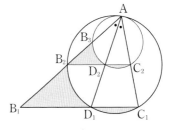

R_2

$\vdots$ $\vdots$

① $\dfrac{27\sqrt{3}}{46}$ ② $\dfrac{15\sqrt{3}}{23}$ ③ $\dfrac{33\sqrt{3}}{46}$

④ $\dfrac{18\sqrt{3}}{23}$ ⑤ $\dfrac{39\sqrt{3}}{46}$

I 수열의 극한

짝기출

SET 01
SET 02
SET 03
SET 04
SET 05
SET 06
SET 07
SET 08

050

2019학년도 수능 가형 9번

함수 $f(x) = \dfrac{1}{1+e^{-x}}$ 의 역함수를 $g(x)$라 할 때,

$g'(f(-1))$의 값은? [3점]

① $\dfrac{1}{(1+e)^2}$ ② $\dfrac{e}{1+e}$ ③ $\left(\dfrac{1+e}{e}\right)^2$

④ $\dfrac{e^2}{1+e}$ ⑤ $\dfrac{(1+e)^2}{e}$

051

2013학년도 6월 평가원 가형 8번

함수 $f(x)$가 $x > -1$인 모든 실수 x에 대하여 부등식

$$\ln(1+x) \le f(x) \le \frac{1}{2}(e^{2x}-1)$$

을 만족시킬 때, $\displaystyle\lim_{x \to 0} \dfrac{f(3x)}{x}$의 값은? [3점]

① 1 ② e ③ 3

④ 4 ⑤ $2e$

052

2012학년도 9월 평가원 가형 9번

함수 $f(x)$가

$$f(x) = \begin{cases} \dfrac{e^{3x}-1}{x(e^x+1)} & (x \neq 0) \\ a & (x = 0) \end{cases}$$

이다. $f(x)$가 $x = 0$에서 연속일 때, 상수 a의 값은? [3점]

① 1 ② $\dfrac{3}{2}$ ③ 2

④ $\dfrac{5}{2}$ ⑤ 3

053

2012학년도 6월 평가원 가형 26번

함수 $f(x) = (x+1)^{\frac{3}{2}}$ 과 실수 전체의 집합에서 미분가능한 함수 $g(x)$에 대하여 함수 $h(x)$를 $h(x) = (g \circ f)(x)$라 하자. $h'(0) = 15$일 때, $g'(1)$의 값을 구하시오. [4점]

054

2018학년도 수능 가형 17번

그림과 같이 한 변의 길이가 1인 마름모 ABCD 가 있다. 점 C 에서 선분 AB 의 연장선에 내린 수선의 발을 E, 점 E 에서 선분 AC 에 내린 수선의 발을 F, 선분 EF 와 선분 BC 의 교점을 G 라 하자. $\angle DAB = \theta$일 때, 삼각형 CFG 의 넓이를 $S(\theta)$라 하자. $\lim\limits_{\theta \to 0+} \dfrac{S(\theta)}{\theta^5}$ 의 값은?

(단, $0 < \theta < \dfrac{\pi}{2}$) [4점]

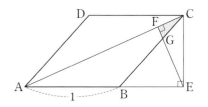

① $\dfrac{1}{24}$ ② $\dfrac{1}{20}$ ③ $\dfrac{1}{16}$

④ $\dfrac{1}{12}$ ⑤ $\dfrac{1}{8}$

055

2005학년도 9월 평가원 가형 (미분과 적분) 26번

$0 < x < \dfrac{\pi}{4}$ 인 모든 x에 대하여 부등식 $\tan(2x) > ax$를 만족시키는 a의 최댓값은? [3점]

① $\dfrac{1}{2}$ ② 1 ③ $\dfrac{3}{2}$

④ 2 ⑤ $\dfrac{5}{2}$

056

2024학년도 9월 평가원 (미적분) 24번

매개변수 t로 나타내어진 곡선

$$x = t + \cos 2t, \quad y = \sin^2 t$$

에서 $t = \dfrac{\pi}{4}$일 때, $\dfrac{dy}{dx}$의 값은? [3점]

① -2 ② -1 ③ 0

④ 1 ⑤ 2

057

2019학년도 9월 평가원 가형 11번

곡선 $e^y \ln x = 2y + 1$ 위의 점 $(e,\, 0)$에서의 접선의 방정식을 $y = ax + b$라 할 때, ab의 값은?

(단, a, b는 상수이다.) [3점]

① $-2e$ ② $-e$ ③ -1

④ $-\dfrac{2}{e}$ ⑤ $-\dfrac{1}{e}$

058

2011학년도 9월 평가원 가형 (미분과 적분) 27번

곡선 $y = \left(\ln \dfrac{1}{ax} \right)^2$의 변곡점이 직선 $y = 2x$ 위에 있을 때, 양수 a의 값은? [3점]

① e ② $\dfrac{5}{4}e$ ③ $\dfrac{3}{2}e$

④ $\dfrac{7}{4}e$ ⑤ $2e$

059

실수 전체의 집합에서 미분가능한 함수 $f(x)$에 대하여 함수 $g(x)$를

$$g(x) = \frac{f(x)}{e^{x-2}}$$

라 하자. $\lim_{x \to 2} \frac{f(x)-3}{x-2} = 5$일 때, $g'(2)$의 값은? [3점]

① 1   ② 2   ③ 3

④ 4   ⑤ 5

060

그림과 같이 $\overline{AB} = 2$, $\angle B = \frac{\pi}{2}$인 직각삼각형 ABC에서 중심이 A, 반지름의 길이가 1인 원이 두 선분 AB, AC와 만나는 점을 각각 D, E라 하자. 호 DE의 삼등분점 중 점 D에 가까운 점을 F라 하고, 직선 AF가 선분 BC와 만나는 점을 G라 하자. $\angle BAG = \theta$라 할 때, 삼각형 ABG의 내부와 부채꼴 ADF의 외부의 공통부분의 넓이를 $f(\theta)$, 부채꼴 AFE의 넓이를 $g(\theta)$라 하자. $40 \times \lim_{\theta \to 0+} \frac{f(\theta)}{g(\theta)}$의

값을 구하시오. (단, $0 < \theta < \frac{\pi}{6}$) [3점]

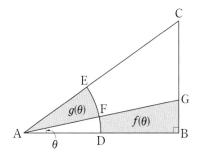

061

2015학년도 9월 평가원 B형 8번

$0 \leq x \leq \pi$일 때, 방정식 $\sin x = \sin(2x)$의 모든 해의 합은? [3점]

① π

② $\dfrac{7}{6}\pi$

③ $\dfrac{5}{4}\pi$

④ $\dfrac{4}{3}\pi$

⑤ $\dfrac{3}{2}\pi$

062

2024학년도 6월 평가원 (미적분) 25번

$\displaystyle\lim_{x \to 0} \dfrac{2^{ax+b} - 8}{2^{bx} - 1} = 16$일 때, $a+b$의 값은?

(단, a와 b는 0이 아닌 상수이다.) [3점]

① 9

② 10

③ 11

④ 12

⑤ 13

063

2020학년도 6월 평가원 가형 11번

함수 $f(x) = xe^x$에 대하여 곡선 $y = f(x)$의 변곡점의 좌표가 (a, b)일 때, 두 수 a, b의 곱 ab의 값은? [3점]

① $4e^2$

② e

③ $\dfrac{1}{e}$

④ $\dfrac{4}{e^2}$

⑤ $\dfrac{9}{e^3}$

064

2019학년도 9월 평가원 가형 26번

미분가능한 함수 $f(x)$와 함수 $g(x) = \sin x$에 대하여 합성함수 $y = (g \circ f)(x)$의 그래프 위의 점 $(1, (g \circ f)(1))$에서의 접선이 원점을 지난다.

$$\lim_{x \to 1} \dfrac{f(x) - \dfrac{\pi}{6}}{x - 1} = k$$

일 때, 상수 k에 대하여 $30k^2$의 값을 구하시오. [4점]

065

2022학년도 수능 예시문항 (미적분) 28번

그림과 같이 길이가 2인 선분 AB를 지름으로 하는 반원의 호 위에 점 P가 있고, 선분 AB 위에 점 Q가 있다.

∠PAB = θ이고 ∠APQ = $\dfrac{\theta}{3}$일 때, 삼각형 PAQ의 넓이를 $S(\theta)$, 선분 PB의 길이를 $l(\theta)$라 하자.

$\displaystyle\lim_{\theta \to 0+} \dfrac{S(\theta)}{l(\theta)}$의 값은? (단, $0 < \theta < \dfrac{\pi}{4}$) [4점]

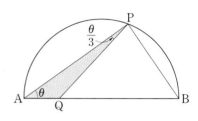

① $\dfrac{1}{12}$ 　　② $\dfrac{1}{6}$ 　　③ $\dfrac{1}{4}$

④ $\dfrac{1}{3}$ 　　⑤ $\dfrac{5}{12}$

066

2019학년도 9월 평가원 가형 10번

좌표평면 위를 움직이는 점 P의 시각 t ($t \geq 0$)에서의 위치 (x, y)가

$$x = 3t - \sin t, \quad y = 4 - \cos t$$

이다. 점 P의 속력의 최댓값을 M, 최솟값을 m이라 할 때, $M + m$의 값은? [3점]

① 3 　　② 4 　　③ 5

④ 6 　　⑤ 7

067

2005학년도 수능 가형 (미분과 적분) 28번

이계도함수를 갖는 함수 $f(x)$가 모든 실수 x에 대하여 $f(-x) = -f(x)$를 만족시킬 때, 〈보기〉에서 옳은 것만을 있는 대로 고른 것은? [3점]

───── 〈보기〉 ─────

ㄱ. $f'(-x) = f'(x)$

ㄴ. $\displaystyle\lim_{x \to 0} f'(x) = 0$

ㄷ. $f(x)$의 도함수 $f'(x)$가 $x = a$ $(a \neq 0)$에서 극댓값을 가지면 $f'(x)$는 $x = -a$에서 극솟값을 갖는다.

① ㄱ 　　② ㄴ 　　③ ㄱ, ㄴ

④ ㄱ, ㄷ 　　⑤ ㄱ, ㄴ, ㄷ

068

2019학년도 6월 평가원 가형 26번

좌표평면에서 점 $(2, a)$가 곡선 $y = \dfrac{2}{x^2 + b}$ $(b > 0)$의

변곡점일 때, $\dfrac{b}{a}$의 값을 구하시오. (단, a, b는 상수이다.)

[4점]

069

2021학년도 6월 평가원 가형 25번

곡선 $x^3 - y^3 = e^{xy}$ 위의 점 $(a, 0)$에서의 접선의 기울기가

b일 때, $a + b$의 값을 구하시오. [3점]

070

2017학년도 6월 평가원 가형 11번

곡선 $y = \ln(x - 3) + 1$ 위의 점 $(4, 1)$에서의 접선의

방정식이 $y = ax + b$일 때, 두 상수 a, b의 합 $a + b$의 값은?

[3점]

① -2 ② -1 ③ 0

④ 1 ⑤ 2

071

2017학년도 6월 평가원 가형 13번

함수 $f(x) = (x^2 - 8)e^{-x+1}$은 극솟값 a와 극댓값 b를 갖는다. 두 수 a, b의 곱 ab의 값은? [3점]

① -34 ② -32 ③ -30

④ -28 ⑤ -26

073

2014학년도 5월 예비 시행 B형 16번

그림과 같이 직선 $y = 1$ 위의 점 P에서 원 $x^2 + y^2 = 1$에 그은 접선이 x축과 만나는 점을 A라 하고, $\angle AOP = \theta$라 하자. $\overline{OA} = \dfrac{5}{4}$일 때, $\tan(3\theta)$의 값은?

(단, $0 < \theta < \dfrac{\pi}{4}$이다.) [4점]

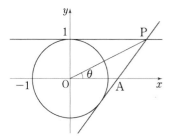

① 4 ② $\dfrac{9}{2}$ ③ 5

④ $\dfrac{11}{2}$ ⑤ 6

072

2005학년도 6월 평가원 가형 (미분과 적분) 26번

함수 $y = 5\sin x + \cos(2x)$의 최댓값은? [3점]

① 1 ② 2 ③ 3

④ 4 ⑤ 5

Ⅱ 미분법

074

2020학년도 9월 평가원 가형 8번

함수 $f(x) = \dfrac{\ln x}{x^2}$ 에 대하여

$\displaystyle\lim_{h \to 0} \dfrac{f(e+h) - f(e-2h)}{h}$ 의 값은? [3점]

① $-\dfrac{2}{e}$ ② $-\dfrac{3}{e^2}$ ③ $-\dfrac{1}{e}$

④ $-\dfrac{2}{e^2}$ ⑤ $-\dfrac{3}{e^3}$

075

2017학년도 수능 가형 10번

좌표평면 위를 움직이는 점 P 의 시각 t $(t > 0)$에서의 위치 (x, y)가

$$x = t - \dfrac{2}{t}, \; y = 2t + \dfrac{1}{t}$$

이다. 시각 $t = 1$에서 점 P 의 속력은? [3점]

① $2\sqrt{2}$ ② 3 ③ $\sqrt{10}$

④ $\sqrt{11}$ ⑤ $2\sqrt{3}$

076

2020학년도 수능 가형 11번

곡선 $y = ax^2 - 2\sin 2x$ 가 변곡점을 갖도록 하는 정수 a의 개수는? [3점]

① 4   ② 5   ③ 6

④ 7   ⑤ 8

077

2020학년도 6월 평가원 가형 9번

함수 $f(x) = \dfrac{2^x}{\ln 2}$ 과 실수 전체의 집합에서 미분가능한

함수 $g(x)$가 다음 조건을 만족시킬 때, $g(2)$의 값은? [3점]

(가) $\displaystyle\lim_{h \to 0} \dfrac{g(2+4h) - g(2)}{h} = 8$

(나) 함수 $(f \circ g)(x)$의 $x = 2$에서의 미분계수는
10이다.

① 1   ② $\log_2 3$ ③ 2

④ $\log_2 5$ ⑤ $\log_2 6$

078

2024학년도 6월 평가원 (미적분) 26번

x에 대한 방정식 $x^2 - 5x + 2\ln x = t$의 서로 다른 실근의
개수가 2가 되도록 하는 모든 실수 t의 값의 합은? [3점]

① $-\dfrac{17}{2}$ ② $-\dfrac{33}{4}$ ③ -8

④ $-\dfrac{31}{4}$ ⑤ $-\dfrac{15}{2}$

079

2020학년도 수능 가형 26번

함수 $f(x) = (x^2 + 2)e^{-x}$에 대하여 함수 $g(x)$가
미분가능하고

$$g\left(\dfrac{x+8}{10}\right) = f^{-1}(x),\ g(1) = 0$$

을 만족시킬 때, $|g'(1)|$의 값을 구하시오. [4점]

080

2017학년도 9월 평가원 가형 11번

함수 $f(x) = \log_3 x$에 대하여

$\lim\limits_{h \to 0} \dfrac{f(3+h) - f(3-h)}{h}$의 값은? [3점]

① $\dfrac{1}{2\ln 3}$ ② $\dfrac{2}{3\ln 3}$ ③ $\dfrac{5}{6\ln 3}$

④ $\dfrac{1}{\ln 3}$ ⑤ $\dfrac{7}{6\ln 3}$

081

2020학년도 9월 평가원 가형 11번

함수 $f(x) = (x^2 - 3)e^{-x}$의 극댓값과 극솟값을 각각 a, b라 할 때, $a \times b$의 값은? [3점]

① $-12e^2$ ② $-12e$ ③ $-\dfrac{12}{e}$

④ $-\dfrac{12}{e^2}$ ⑤ $-\dfrac{12}{e^3}$

082

2017학년도 수능 가형 15번

곡선 $y = 2e^{-x}$ 위의 점 $P\left(t,\, 2e^{-t}\right)\,(t > 0)$에서 y축에 내린 수선의 발을 A라 하고, 점 P에서의 접선이 y축과 만나는 점을 B라 하자. 삼각형 APB의 넓이가 최대가 되도록 하는 t의 값은? [4점]

① 1 ② $\dfrac{e}{2}$ ③ $\sqrt{2}$

④ 2 ⑤ e

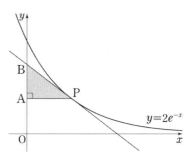

083

2022학년도 6월 평가원 (미적분) 27번

두 함수

$$f(x) = e^x,\ g(x) = k\sin x$$

에 대하여 방정식 $f(x) = g(x)$의 서로 다른 양의 실근의 개수가 3일 때, 양수 k의 값은? [3점]

① $\sqrt{2}\,e^{\frac{3\pi}{2}}$ ② $\sqrt{2}\,e^{\frac{7\pi}{4}}$ ③ $\sqrt{2}\,e^{2\pi}$

④ $\sqrt{2}\,e^{\frac{9\pi}{4}}$ ⑤ $\sqrt{2}\,e^{\frac{5\pi}{2}}$

084

2022학년도 6월 평가원 (미적분) 28번

그림과 같이 길이가 2인 선분 AB를 지름으로 하는 반원의 호 AB 위에 점 P가 있다. 선분 AB의 중점을 O라 할 때, 점 B를 지나고 선분 AB에 수직인 직선이 직선 OP와 만나는 점을 Q라 하고, ∠OQB의 이등분선이 직선 AP와 만나는 점을 R라 하자. ∠OAP = θ일 때, 삼각형 OAP의 넓이를 $f(\theta)$, 삼각형 PQR의 넓이를 $g(\theta)$라 하자.

$\lim\limits_{\theta \to 0+} \dfrac{g(\theta)}{\theta^4 \times f(\theta)}$ 의 값은? (단, $0 < \theta < \dfrac{\pi}{4}$) [4점]

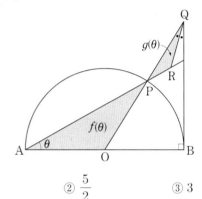

① 2
② $\dfrac{5}{2}$
③ 3

④ $\dfrac{7}{2}$
⑤ 4

085

2018학년도 6월 평가원 가형 26번

그림과 같이 좌표평면에 점 A(1, 0)을 중심으로 하고 반지름의 길이가 1인 원이 있다. 원 위의 점 Q에 대하여

$\angle AOQ = \theta \left(0 < \theta < \dfrac{\pi}{3} \right)$ 라 할 때, 선분 OQ 위에

$\overline{PQ} = 1$인 점 P를 정한다. 점 P의 y좌표가 최대가 될 때,

$\cos\theta = \dfrac{a + \sqrt{b}}{8}$ 이다. $a + b$의 값을 구하시오.

(단, O는 원점이고, a와 b는 자연수이다.) [4점]

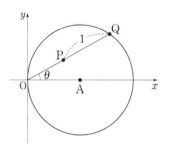

086

2021학년도 6월 평가원 가형 11번

실수 전체의 집합에서 미분가능한 함수 $f(x)$에 대하여 함수
$g(x)$를

$$g(x) = \frac{f(x)}{(e^x + 1)^2}$$

라 하자. $f'(0) - f(0) = 2$일 때, $g'(0)$의 값은? [3점]

① $\dfrac{1}{4}$　　　② $\dfrac{3}{8}$　　　③ $\dfrac{1}{2}$

④ $\dfrac{5}{8}$　　　⑤ $\dfrac{3}{4}$

087

2019학년도 6월 평가원 가형 25번

함수 $f(x) = 3e^{5x} + x + \sin x$의 역함수를 $g(x)$라 할
때, 곡선 $y = g(x)$는 점 $(3, 0)$을 지난다.

$\displaystyle\lim_{x \to 3} \dfrac{x - 3}{g(x) - g(3)}$의 값을 구하시오. [3점]

088

2020학년도 6월 평가원 가형 15번

좌표평면 위를 움직이는 점 P의 시각 $t\,(t > 0)$에서의 위치
(x, y)가

$$x = 2\sqrt{t + 1}\,,\ y = t - \ln(t + 1)$$

이다. 점 P의 속력의 최솟값은? [4점]

① $\dfrac{\sqrt{3}}{8}$　　　② $\dfrac{\sqrt{6}}{8}$　　　③ $\dfrac{\sqrt{3}}{4}$

④ $\dfrac{\sqrt{6}}{4}$　　　⑤ $\dfrac{\sqrt{3}}{2}$

089

2021학년도 9월 평가원 가형 15번

열린구간 $\left(-\dfrac{\pi}{2}, \dfrac{\pi}{2}\right)$에서 정의된 함수

$$f(x) = \ln\left(\dfrac{\sec x + \tan x}{a}\right)$$

의 역함수를 $g(x)$라 하자. $\displaystyle\lim_{x \to -2} \dfrac{g(x)}{x+2} = b$일 때, 두 상수 a, b의 곱 ab의 값은? (단, $a > 0$) [4점]

① $\dfrac{e^2}{4}$ ② $\dfrac{e^2}{2}$ ③ e^2

④ $2e^2$ ⑤ $4e^2$

090

2021학년도 6월 평가원 가형 28번

그림과 같이 $\overline{AB} = 1$, $\overline{BC} = 2$인 두 선분 AB, BC에 대하여 선분 BC의 중점을 M, 점 M에서 선분 AB에 내린 수선의 발을 H라 하자. 중심이 M이고 반지름의 길이가 $\overline{MH}$인 원이 선분 AM과 만나는 점을 D, 선분 HC가 선분 DM과 만나는 점을 E라 하자. $\angle ABC = \theta$라 할 때, 삼각형 CDE의 넓이를 $f(\theta)$, 삼각형 MEH의 넓이를 $g(\theta)$라 하자. $\displaystyle\lim_{\theta \to 0+} \dfrac{f(\theta) - g(\theta)}{\theta^3} = a$일 때, $80a$의 값을 구하시오. (단, $0 < \theta < \dfrac{\pi}{2}$) [4점]

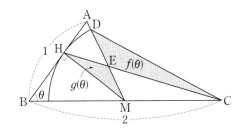

091

2013학년도 9월 평가원 가형 22번

양의 실수 전체의 집합에서 정의된 미분가능한 함수 $f(x)$가

$$f(x^3) = 2x^3 - x^2 + 32x$$

를 만족시킬 때, $f'(1)$의 값을 구하시오. [3점]

093

2022학년도 수능 예시문항 (미적분) 25번

매개변수 t로 나타낸 곡선

$$x = e^t + 2t, \ y = e^{-t} + 3t$$

에 대하여 $t = 0$에 대응하는 점에서의 접선이 점 $(10, a)$를 지날 때, a의 값은? [3점]

① 6　　　　　② 7　　　　　③ 8

④ 9　　　　　⑤ 10

092

2019학년도 6월 평가원 가형 9번

곡선 $e^x - e^y = y$ 위의 점 (a, b)에서의 접선의 기울기가 1일 때, $a + b$의 값은? [3점]

① $1 + \ln(e + 1)$　　　② $2 + \ln(e^2 + 2)$

③ $3 + \ln(e^3 + 3)$　　　④ $4 + \ln(e^4 + 4)$

⑤ $5 + \ln(e^5 + 5)$

094

2017학년도 수능 가형 14번

그림과 같이 반지름의 길이가 1이고 중심각의 크기가 $\dfrac{\pi}{2}$인 부채꼴 OAB가 있다. 호 AB 위의 점 P에서 선분 OA에 내린 수선의 발을 H, 선분 PH와 선분 AB의 교점을 Q라 하자. $\angle\mathrm{POH}=\theta$일 때, 삼각형 AQH의 넓이를 $S(\theta)$라 하자. $\displaystyle\lim_{\theta\to0+}\dfrac{S(\theta)}{\theta^4}$의 값은? (단, $0<\theta<\dfrac{\pi}{2}$) [4점]

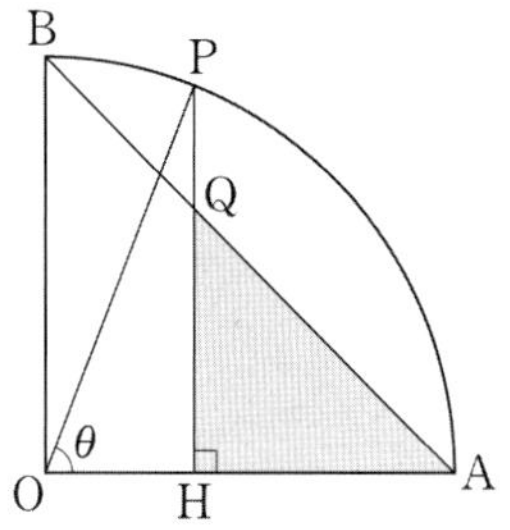

① $\dfrac{1}{8}$ ② $\dfrac{1}{4}$ ③ $\dfrac{3}{8}$

④ $\dfrac{1}{2}$ ⑤ $\dfrac{5}{8}$

095

2021학년도 수능 가형 28번

두 상수 a, $b\,(a<b)$에 대하여 함수 $f(x)$를

$$f(x)=(x-a)(x-b)^2$$

이라 하자. 함수 $g(x)=x^3+x+1$의 역함수 $g^{-1}(x)$에 대하여 합성함수 $h(x)=(f\circ g^{-1})(x)$가 다음 조건을 만족시킬 때, $f(8)$의 값을 구하시오. [4점]

> (가) 함수 $(x-1)|h(x)|$가 실수 전체의 집합에서 미분가능하다.
> (나) $h'(3)=2$

096

2022학년도 수능 (미적분) 28번

함수 $f(x)=6\pi(x-1)^2$에 대하여 함수 $g(x)$를

$$g(x)=3f(x)+4\cos f(x)$$

라 하자. $0<x<2$에서 함수 $g(x)$가 극소가 되는 x의 개수는? [4점]

① 6   ② 7   ③ 8

④ 9   ⑤ 10

II 미분법

짝기출
SET 09
SET 10
SET 11
SET 12
SET 13
SET 14
SET 15
SET 16

097

2020학년도 9월 평가원 나형 19번

함수 $f(x) = 4x^4 + 4x^3$에 대하여

$\displaystyle\lim_{n \to \infty} \sum_{k=1}^{n} \frac{1}{n+k} f\left(\frac{k}{n}\right)$의 값은? [4점]

① 1   ② 2   ③ 3

④ 4   ⑤ 5

098

2018학년도 수능 가형 12번

곡선 $y = e^{2x}$과 y축 및 직선 $y = -2x + a$로 둘러싸인 영역을 A, 곡선 $y = e^{2x}$과 두 직선 $y = -2x + a$, $x = 1$로 둘러싸인 영역을 B라 하자. A의 넓이와 B의 넓이가 같을 때, 상수 a의 값은? (단, $1 < a < e^2$) [3점]

① $\dfrac{e^2 + 1}{2}$ ② $\dfrac{2e^2 + 1}{4}$ ③ $\dfrac{e^2}{2}$

④ $\dfrac{2e^2 - 1}{4}$ ⑤ $\dfrac{e^2 - 1}{2}$

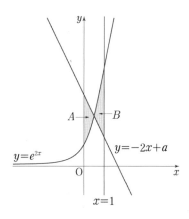

099

2020학년도 9월 평가원 가형 14번

그림과 같이 양수 k에 대하여 함수 $f(x) = 2\sqrt{x}\, e^{kx^2}$의 그래프와 x축 및 두 직선 $x = \dfrac{1}{\sqrt{2k}}$, $x = \dfrac{1}{\sqrt{k}}$로 둘러싸인 부분을 밑면으로 하고 x축에 수직인 평면으로 자른 단면이 모두 정삼각형인 입체도형의 부피가 $\sqrt{3}\,(e^2 - e)$일 때, k의 값은? [4점]

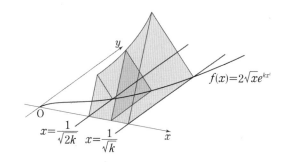

① $\dfrac{1}{12}$ ② $\dfrac{1}{6}$ ③ $\dfrac{1}{4}$

④ $\dfrac{1}{3}$ ⑤ $\dfrac{1}{2}$

100

2020학년도 6월 평가원 가형 20번

실수 전체의 집합에서 미분가능한 함수 $f(x)$가 모든 실수 x에 대하여 다음 조건을 만족시킨다.

(가) $f(x) > 0$
(나) $\ln f(x) + 2\int_0^x (x-t)f(t)dt = 0$

〈보기〉에서 옳은 것만을 있는 대로 고른 것은? [4점]

〈보기〉

ㄱ. $x > 0$에서 함수 $f(x)$는 감소한다.

ㄴ. 함수 $f(x)$의 최댓값은 1이다.

ㄷ. 함수 $F(x)$를 $F(x) = \int_0^x f(t)dt$라 할 때, $f(1) + \{F(1)\}^2 = 1$이다.

① ㄱ ② ㄱ, ㄴ ③ ㄱ, ㄷ
④ ㄴ, ㄷ ⑤ ㄱ, ㄴ, ㄷ

101

2022학년도 수능 예시문항 (미적분) 29번

함수 $f(x) = e^x + x - 1$과 양수 t에 대하여 함수

$$F(x) = \int_0^x \{t - f(s)\}ds$$

가 $x = \alpha$에서 최댓값을 가질 때, 실수 α의 값을 $g(t)$라 하자. 미분가능한 함수 $g(t)$에 대하여

$\int_{f(1)}^{f(5)} \frac{g(t)}{1+e^{g(t)}} dt$ 의 값을 구하시오. [4점]

102

2022학년도 수능 예시문항 (미적분) 27번

곡선 $y = x \ln (x^2 + 1)$과 x축 및 직선 $x = 1$로 둘러싸인 부분의 넓이는? [3점]

① $\ln 2 - \dfrac{1}{2}$ ② $\ln 2 - \dfrac{1}{4}$ ③ $\ln 2 - \dfrac{1}{6}$

④ $\ln 2 - \dfrac{1}{8}$ ⑤ $\ln 2 - \dfrac{1}{10}$

103

2008학년도 수능 가형 (미분과 적분) 30번

$x = 0$에서 $x = 6$까지 곡선 $y = \dfrac{1}{3} (x^2 + 2)^{\frac{3}{2}}$의 길이를 구하시오. [4점]

104

2023학년도 수능 (미적분) 26번

그림과 같이 곡선 $y = \sqrt{\sec^2 x + \tan x}\left(0 \leq x \leq \dfrac{\pi}{3}\right)$와

x축, y축 및 직선 $x = \dfrac{\pi}{3}$로 둘러싸인 부분을 밑면으로 하는 입체도형이 있다. 이 입체도형을 x축에 수직인 평면으로 자른 단면이 모두 정사각형일 때, 이 입체도형의 부피는? [3점]

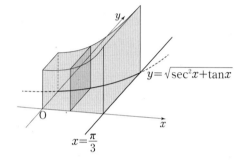

① $\dfrac{\sqrt{3}}{2} + \dfrac{\ln 2}{2}$ ② $\dfrac{\sqrt{3}}{2} + \ln 2$

③ $\sqrt{3} + \dfrac{\ln 2}{2}$ ④ $\sqrt{3} + \ln 2$

⑤ $\sqrt{3} + 2 \ln 2$

105

사차함수 $y = f(x)$의 그래프가 그림과 같을 때,

$$\lim_{n \to \infty} \frac{1}{n} \sum_{k=1}^{n} f\left(m + \frac{k}{n}\right) < 0$$

을 만족시키는 정수 m의 개수는? [4점]

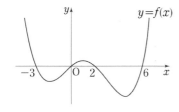

① 3   ② 4   ③ 5

④ 6   ⑤ 7

106

$\displaystyle\int_{1}^{e} \frac{3(\ln x)^2}{x} dx$의 값은? [3점]

① 1   ② $\dfrac{1}{2}$ ③ $\dfrac{1}{3}$

④ $\dfrac{1}{4}$ ⑤ $\dfrac{1}{5}$

107

2024학년도 9월 평가원 (미적분) 25번

함수 $f(x) = x + \ln x$에 대하여 $\displaystyle\int_1^e \left(1 + \frac{1}{x}\right) f(x)\,dx$의 값은? [3점]

① $\dfrac{e^2}{2} + \dfrac{e}{2}$　　　② $\dfrac{e^2}{2} + e$　　　③ $\dfrac{e^2}{2} + 2e$

④ $e^2 + e$　　　⑤ $e^2 + 2e$

108

2022학년도 9월 평가원 (미적분) 26번

그림과 같이 곡선 $y = \sqrt{\dfrac{3x+1}{x^2}}$ $(x > 0)$과 x축 및 두

직선 $x = 1$, $x = 2$로 둘러싸인 부분을 밑면으로 하고 x축에 수직인 평면으로 자른 단면이 모두 정사각형인 입체도형의 부피는? [3점]

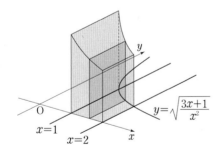

① $3\ln 2$　　　② $\dfrac{1}{2} + 3\ln 2$　　　③ $1 + 3\ln 2$

④ $\dfrac{1}{2} + 4\ln 2$　　　⑤ $1 + 4\ln 2$

109

2014학년도 6월 평가원 B형 27번

함수 $f(x) = \dfrac{1}{1+x}$에 대하여

$$F(x) = \int_0^x t f(x-t)\,dt \ (x \geq 0)$$

일 때, $F'(a) = \ln 10$을 만족시키는 상수 a의 값을 구하시오.

[4점]

110

2005학년도 수능 가형 (미분과 적분) 30번

곡선 $y = 3\sqrt{x-9}$ 와 이 곡선 위의 점 $(18, 9)$에서의 접선 및 x축으로 둘러싸인 영역의 넓이를 구하시오. [4점]

111

2005학년도 수능 가형 10번

다음은 연속함수 $y = f(x)$의 그래프이다.

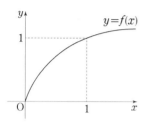

구간 $[0, 1]$에서 함수 $f(x)$의 역함수 $g(x)$가 존재하고 연속일 때, 극한값 $\displaystyle\lim_{n\to\infty}\sum_{k=1}^{n}\left\{g\left(\frac{k}{n}\right) - g\left(\frac{k-1}{n}\right)\right\}\frac{k}{n}$ 와 같은 값을 갖는 것은? [4점]

① $\displaystyle\int_0^1 g(x)dx$ ② $\displaystyle\int_0^1 xg(x)dx$

③ $\displaystyle\int_0^1 f(x)dx$ ④ $\displaystyle\int_0^1 xf(x)dx$

⑤ $\displaystyle\int_0^1 \{f(x) - g(x)\}dx$

112

2019학년도 9월 평가원 가형 25번

$\int_0^{\frac{\pi}{2}} (\cos x + 3\cos^3 x)dx$ 의 값을 구하시오. [3점]

114

2019학년도 9월 평가원 가형 9번

그림과 같이 두 곡선 $y = 2^x - 1$, $y = \left| \sin\left(\frac{\pi}{2}x\right) \right|$ 가 원점

O와 점 $(1, 1)$에서 만난다. 두 곡선 $y = 2^x - 1$,

$y = \left| \sin\left(\frac{\pi}{2}x\right) \right|$ 로 둘러싸인 부분의 넓이는? [3점]

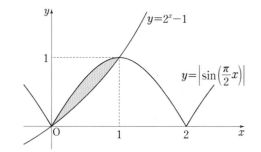

① $-\dfrac{1}{\pi} + \dfrac{1}{\ln 2} - 1$

② $\dfrac{2}{\pi} - \dfrac{1}{\ln 2} + 1$

③ $\dfrac{2}{\pi} + \dfrac{1}{2\ln 2} - 1$

④ $\dfrac{1}{\pi} - \dfrac{1}{2\ln 2} + 1$

⑤ $\dfrac{1}{\pi} + \dfrac{1}{\ln 2} - 1$

113

2019학년도 수능 가형 25번

$\int_0^{\pi} x\cos(\pi - x)\,dx$ 의 값을 구하시오. [3점]

115

2014학년도 6월 평가원 B형 18번

함수 $f(x) = e^x$이 있다. 2 이상인 자연수 n에 대하여 닫힌구간 $[1, 2]$를 n등분한 각 분점(양 끝점도 포함)을 차례로

$$1 = x_0, \, x_1, \, x_2, \, \cdots, \, x_{n-1}, \, x_n = 2$$

라 하자. 세 점 $(0, 0)$, $(x_k, 0)$, $(x_k, f(x_k))$를 꼭짓점으로 하는 삼각형의 넓이를 $A_k(k = 1, 2, \cdots, n)$이라 할 때,

$\displaystyle\lim_{n \to \infty} \dfrac{1}{n}\sum_{k=1}^{n} A_k$의 값은? [4점]

① $\dfrac{1}{2}e^2 - e$ ② $\dfrac{1}{2}(e^2 - e)$ ③ $\dfrac{1}{2}e^2$

④ $e^2 - e$ ⑤ $e^2 - \dfrac{1}{2}e$

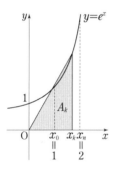

116

2020학년도 9월 평가원 가형 17번

두 함수 $f(x)$, $g(x)$는 실수 전체의 집합에서 도함수가 연속이고 다음 조건을 만족시킨다.

> (가) 모든 실수 x에 대하여 $f(x)g(x) = x^4 - 1$이다.
>
> (나) $\displaystyle\int_{-1}^{1} \{f(x)\}^2 g'(x)dx = 120$

$\displaystyle\int_{-1}^{1} x^3 f(x)dx$의 값은? [4점]

① 12   ② 15   ③ 18

④ 21   ⑤ 24

III 적분법

짝기출

SET 17
SET 18
SET 19
SET 20
SET 21
SET 22
SET 23
SET 24

117

2021학년도 9월 평가원 가형 6번

$\int_1^2 (x-1)e^{-x} dx$의 값은? [3점]

① $\dfrac{1}{e} - \dfrac{2}{e^2}$ ② $\dfrac{1}{e} - \dfrac{1}{e^2}$ ③ $\dfrac{1}{e}$

④ $\dfrac{2}{e} - \dfrac{2}{e^2}$ ⑤ $\dfrac{2}{e} - \dfrac{1}{e^2}$

118

2018학년도 6월 평가원 가형 12번

양의 실수 전체의 집합에서 연속인 함수 $f(x)$가

$$\int_1^x f(t)dt = x^2 - a\sqrt{x} \ (x > 0)$$

를 만족시킬 때, $f(1)$의 값은? (단, a는 상수이다.) [3점]

① 1   ② $\dfrac{3}{2}$ ③ 2

④ $\dfrac{5}{2}$ ⑤ 3

119

2019학년도 6월 평가원 가형 15번

함수 $f(x) = a\cos(\pi x^2)$에 대하여

$$\lim_{x \to 0}\left\{ \frac{x^2+1}{x}\int_1^{x+1} f(t)dt \right\} = 3$$

일 때, $f(a)$의 값은? (단, a는 상수이다.) [4점]

① 1   ② $\dfrac{3}{2}$ ③ 2

④ $\dfrac{5}{2}$ ⑤ 3

120

2009학년도 9월 평가원 가형 (미분과 적분) 28번

좌표평면에서 곡선 $y = \dfrac{xe^{x^2}}{e^{x^2}+1}$ 과 직선 $y = \dfrac{2}{3}x$ 로

둘러싸인 부분의 넓이는? [3점]

① $\dfrac{5}{3}\ln 2 - \ln 3$ ② $2\ln 3 - \dfrac{5}{3}\ln 2$

③ $\dfrac{5}{3}\ln 2 + \ln 3$ ④ $2\ln 3 + \dfrac{5}{3}\ln 2$

⑤ $\dfrac{7}{3}\ln 2 - \ln 3$

121

2010학년도 수능 가형 (미분과 적분) 29번

실수 전체의 집합에서 이계도함수를 갖는 두 함수 $f(x)$와
$g(x)$에 대하여 정적분

$$\int_0^1 \{f'(x)g(1-x) - g'(x)f(1-x)\}\,dx$$

의 값을 k라 하자. 〈보기〉에서 옳은 것만을 있는 대로 고른
것은? [4점]

―――――――〈보기〉―――――――

ㄱ. $\displaystyle\int_0^1 \{f(x)g'(1-x) - g(x)f'(1-x)\}\,dx = -k$

ㄴ. $f(0) = f(1)$이고 $g(0) = g(1)$이면, $k = 0$이다.

ㄷ. $f(x) = \ln(1+x^4)$이고 $g(x) = \sin(\pi x)$이면,
    $k = 0$이다.

① ㄴ   ② ㄷ   ③ ㄱ, ㄴ

④ ㄱ, ㄷ   ⑤ ㄱ, ㄴ, ㄷ

122

2018학년도 6월 평가원 가형 14번

$\displaystyle\int_2^6 \ln(x-1)\,dx$ 의 값은? [4점]

① $4\ln 5 - 4$ ② $4\ln 5 - 3$ ③ $5\ln 5 - 4$

④ $5\ln 5 - 3$ ⑤ $6\ln 5 - 4$

123

2020학년도 6월 평가원 가형 10번

$\displaystyle\int_1^e x^3 \ln x\,dx$ 의 값은? [3점]

① $\dfrac{3e^4}{16}$ ② $\dfrac{3e^4+1}{16}$ ③ $\dfrac{3e^4+2}{16}$

④ $\dfrac{3e^4+3}{16}$ ⑤ $\dfrac{3e^4+4}{16}$

124

2008학년도 9월 평가원 가형 (미분과 적분) 27번

실수 전체의 집합에서 이계도함수를 갖고 $f(0)=0$, $f(1)=\sqrt{3}$ 을 만족시키는 모든 함수 $f(x)$에 대하여 $\displaystyle\int_0^1 \sqrt{1+\{f'(x)\}^2}\,dx$ 의 최솟값은? [3점]

① $\sqrt{2}$ ② 2 ③ $1+\sqrt{2}$

④ $\sqrt{5}$ ⑤ $1+\sqrt{3}$

125

2015학년도 수능 B형 9번

함수 $f(x) = \dfrac{1}{x}$ 에 대하여 $\displaystyle\lim_{n \to \infty} \sum_{k=1}^{n} f\left(1 + \dfrac{2k}{n}\right)\dfrac{2}{n}$ 의

값은? [3점]

① $\ln 2$ ② $\ln 3$ ③ $2\ln 2$

④ $\ln 5$ ⑤ $\ln 6$

126

2012학년도 9월 평가원 가형 20번

구간 $\left[0, \dfrac{\pi}{2}\right]$ 에서 연속인 함수 $f(x)$ 가 다음 조건을

만족시킬 때, $f\left(\dfrac{\pi}{4}\right)$ 의 값은? [4점]

(가) $\displaystyle\int_0^{\frac{\pi}{2}} f(t)\,dt = 1$

(나) $\cos x \displaystyle\int_0^{x} f(t)\,dt = \sin x \int_x^{\frac{\pi}{2}} f(t)\,dt$

$$\left(\text{단, } 0 \le x \le \dfrac{\pi}{2}\right)$$

---

① $\dfrac{1}{5}$ ② $\dfrac{1}{4}$ ③ $\dfrac{1}{3}$

④ $\dfrac{1}{2}$ ⑤ 1

127

2015학년도 9월 평가원 B형 13번

그림과 같이 중심이 O, 반지름의 길이가 1이고 중심각의

크기가 $\dfrac{\pi}{2}$ 인 부채꼴 OAB 가 있다. 자연수 n에 대하여 호

AB를 $2n$등분한 각 분점(양 끝점도 포함)을 차례로

$P_0(=A), P_1, P_2, \cdots, P_{2n-1}, P_{2n}(=B)$ 라 하자.

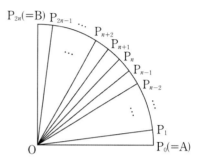

주어진 자연수 n에 대하여 $S_k \,(1 \le k \le n)$ 를 삼각형

$OP_{n-k}P_{n+k}$ 의 넓이라 할 때, $\displaystyle\lim_{n \to \infty} \dfrac{1}{n}\sum_{k=1}^{n} S_k$ 의 값은?

[3점]

① $\dfrac{1}{\pi}$ ② $\dfrac{13}{12\pi}$ ③ $\dfrac{7}{6\pi}$

④ $\dfrac{5}{4\pi}$ ⑤ $\dfrac{4}{3\pi}$

128

2020학년도 9월 평가원 나형 19번

함수 $f(x) = 4x^4 + 4x^3$에 대하여

$\lim\limits_{n\to\infty} \sum\limits_{k=1}^{n} \dfrac{1}{n+k} f\left(\dfrac{k}{n}\right)$의 값은? [4점]

① 1   ② 2   ③ 3

④ 4   ⑤ 5

129

2013학년도 6월 평가원 가형 10번

연속함수 $f(x)$가 모든 실수 x에 대하여

$\displaystyle\int_0^x f(t)dt = e^x + ax + a$를 만족시킬 때, $f(\ln 2)$의 값은?

(단, a는 상수이다.) [3점]

① 1   ② 2   ③ e

④ 3   ⑤ $2e$

130

2018학년도 9월 평가원 가형 18번

실수 전체의 집합에서 미분가능한 함수 $f(x)$가
$f(0) = 0$이고 모든 실수 x에 대하여 $f'(x) > 0$이다.
곡선 $y = f(x)$ 위의 점 $\mathrm{A}(t, f(t))\,(t > 0)$에서 x축에
내린 수선의 발을 B라 하고, 점 A를 지나고 점 A에서의
접선과 수직인 직선이 x축과 만나는 점을 C라 하자. 모든
양수 t에 대하여 삼각형 ABC의 넓이가

$\dfrac{1}{2}(e^{3t} - 2e^{2t} + e^t)$일 때, 곡선 $y = f(x)$와 x축 및 직선

$x = 1$로 둘러싸인 부분의 넓이는? [4점]

① $e - 2$ ② e ③ $e + 2$

④ $e + 4$ ⑤ $e + 6$

131

2022학년도 9월 평가원 (미적분) 28번

좌표평면에서 원점을 중심으로 하고 반지름의 길이가 2인
원 C와 두 점 $A(2, 0)$, $B(0, -2)$가 있다. 원 C 위에
있고 x좌표가 음수인 점 P에 대하여 $\angle PAB = \theta$라 하자.
점 $Q(0, 2\cos\theta)$에서 직선 BP에 내린 수선의 발을 R라
하고, 두 점 P와 R 사이의 거리를 $f(\theta)$라 할 때,

$\displaystyle\int_{\frac{\pi}{6}}^{\frac{\pi}{3}} f(\theta)d\theta$의 값은? [4점]

① $\dfrac{2\sqrt{3}-3}{2}$ ② $\sqrt{3}-1$ ③ $\dfrac{3\sqrt{3}-3}{2}$

④ $\dfrac{2\sqrt{3}-1}{2}$ ⑤ $\dfrac{4\sqrt{3}-3}{2}$

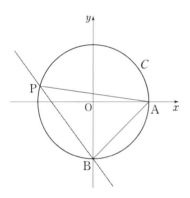

132

2011학년도 수능 가형 (미분과 적분) 29번

실수 전체의 집합에서 미분가능하고, 다음 조건을 만족시키는
모든 함수 $f(x)$에 대하여 $\displaystyle\int_{0}^{2} f(x)dx$의 최솟값은? [4점]

(가) $f(0) = 1$, $f'(0) = 1$
(나) $0 < a < b < 2$이면 $f'(a) \le f'(b)$이다.
(다) 구간 $(0, 1)$에서 $f''(x) = e^x$이다.

---

① $\dfrac{1}{2}e - 1$ ② $\dfrac{3}{2}e - 1$ ③ $\dfrac{5}{2}e - 1$

④ $\dfrac{7}{2}e - 2$ ⑤ $\dfrac{9}{2}e - 2$

133

2020학년도 수능 가형 12번

그림과 같이 양수 k에 대하여 곡선 $y = \sqrt{\dfrac{e^x}{e^x + 1}}$ 과 x축,

y축 및 직선 $x = k$로 둘러싸인 부분을 밑면으로 하고 x축에 수직인 평면으로 자른 단면이 모두 정사각형인 입체도형의 부피가 $\ln 7$일 때, k의 값은? [3점]

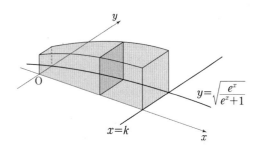

① $\ln 11$ ② $\ln 13$ ③ $\ln 15$

④ $\ln 17$ ⑤ $\ln 19$

134

2015학년도 수능 B형 28번

양수 a에 대하여 함수 $f(x) = \displaystyle\int_0^x (a - t)e^t dt$의 최댓값이

32이다. 곡선 $y = 3e^x$과 두 직선 $x = a$, $y = 3$으로 둘러싸인 부분의 넓이를 구하시오. [4점]

135

2012학년도 수능 가형 16번

그림에서 두 곡선 $y = e^x$, $y = xe^x$과 y축으로 둘러싸인 부분 A의 넓이를 a, 두 곡선 $y = e^x$, $y = xe^x$과 직선 $x = 2$로 둘러싸인 부분 B의 넓이를 b라 할 때, $b - a$의 값은? [4점]

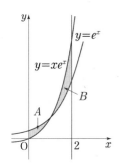

① $\dfrac{3}{2}$ ② $e - 1$ ③ 2

④ $\dfrac{5}{2}$ ⑤ e

136

2016학년도 9월 평가원 B형 21번

함수 $f(x)$를

$$f(x) = \begin{cases} |\sin x| - \sin x & \left(-\dfrac{7}{2}\pi \le x < 0\right) \\ \sin x - |\sin x| & \left(0 \le x \le \dfrac{7}{2}\pi\right) \end{cases}$$

라 하자. 닫힌구간 $\left[-\dfrac{7}{2}\pi, \dfrac{7}{2}\pi\right]$에 속하는 모든 실수 x에

대하여 $\displaystyle\int_a^x f(t)dt \ge 0$이 되도록 하는 실수 a의 최솟값을

α, 최댓값을 β라 할 때, $\beta - \alpha$의 값은?

$$\left(\text{단}, -\dfrac{7}{2}\pi \le a \le \dfrac{7}{2}\pi\right) \text{[4점]}$$

① $\dfrac{\pi}{2}$ ② $\dfrac{3}{2}\pi$ ③ $\dfrac{5}{2}\pi$

④ $\dfrac{7}{2}\pi$ ⑤ $\dfrac{9}{2}\pi$

137

2011학년도 수능 가형 (미분과 적분) 28번

실수 전체의 집합에서 미분가능한 함수 $f(x)$가 있다. 모든
실수 x에 대하여 $f(2x) = 2f(x)f'(x)$이고,

$$f(a) = 0,$$
$$\int_{2a}^{4a} \frac{f(x)}{x} dx = k \ (a > 0, \, 0 < k < 1)$$

일 때, $\displaystyle\int_a^{2a} \frac{\{f(x)\}^2}{x^2} dx$의 값을 k로 나타낸 것은? [3점]

① $\dfrac{k^2}{4}$ ② $\dfrac{k^2}{2}$ ③ k^2

④ k ⑤ $2k$

138

2019학년도 수능 가형 21번

실수 전체의 집합에서 미분가능한 함수 $f(x)$가 다음 조건을
만족시킬 때, $f(-1)$의 값은? [4점]

(가) 모든 실수 x에 대하여
$$2\{f(x)\}^2 f'(x) = \{f(2x+1)\}^2 f'(2x+1)$$
이다.

(나) $f\left(-\dfrac{1}{8}\right) = 1, \, f(6) = 2$

---

① $\dfrac{\sqrt[3]{3}}{6}$ ② $\dfrac{\sqrt[3]{3}}{3}$ ③ $\dfrac{\sqrt[3]{3}}{2}$

④ $\dfrac{2\sqrt[3]{3}}{3}$ ⑤ $\dfrac{5\sqrt[3]{3}}{6}$

빠른 정답

어려운 3점 쉬운 4점 **핵** / **심** / **문** / **제**

I. 수열의 극한

SET 01	001 ①	002 ②	003 ④	004 9	005 4	006 ③	007 ⑤
	008 ⑤	009 2	010 64				

SET 02	011 18	012 ②	013 ④	014 ⑤	015 ②	016 3	017 ②
	018 ②	019 ④	020 ②				

SET 03	021 ③	022 ③	023 ⑤	024 10	025 12	026 3	027 ⑤
	028 10	029 ④	030 ③				

SET 04	031 ③	032 ③	033 6	034 ③	035 9	036 ①	037 ①
	038 ②	039 10	040 ⑤				

SET 05	041 ④	042 ④	043 ②	044 4	045 ③	046 ②	047 6
	048 10	049 3	050 ①				

SET 06	051 ③	052 2	053 ②	054 ④	055 10	056 ①	057 20
	058 18	059 ⑤	060 ②				

SET 07	061 ②	062 ④	063 4	064 ③	065 6	066 6	067 16
	068 ②	069 ⑤	070 ③				

SET 08	071 3	072 24	073 30	074 11	075 ②	076 ②	077 5
	078 ③	079 8	080 ①				

II. 미분법

SET 09	081 ②	082 ④	083 ③	084 ④	085 ⑤	086 ④	087 ③
	088 ②	089 ④	090 ①				

SET 10	091 ②	092 ①	093 8	094 ①	095 4	096 ②	097 2
	098 ③	099 ④	100 ②				

SET 11	101 ④	102 ④	103 ④	104 ②	105 ①	106 8	107 ③
	108 ③	109 ④	110 36				

SET 12	111 ②	112 ②	113 ③	114 ②	115 ③	116 ③	117 20
	118 ②	119 ③	120 ①				

SET 13	121 ⑤	122 ③	123 2	124 27	125 ⑤	126 2	127 ④
	128 25	129 ①	130 15				

SET 14	131 ③	132 ③	133 ⑤	134 ④	135 ③	136 ⑤	137 ⑤
	138 ①	139 ④	140 ④				

SET 15	141 ④	142 10	143 ⑤	144 2	145 ②	146 13	147 5
	148 ②	149 9	150 ④				

SET 16	151 ⑤	152 10	153 ②	154 18	155 ④	156 ④	157 15
	158 13	159 3	160 5				

III. 적분법

SET 17	161 ③	162 ③	163 ③	164 ④	165 225	166 ③	167 ①
	168 ①	169 10	170 ②				

SET 18	171 ④	172 ②	173 ②	174 ④	175 8	176 ③	177 ⑤
	178 ③	179 ⑤	180 7				

SET 19	181 ④	182 ②	183 ①	184 8	185 15	186 ①	187 ②
	188 ④	189 1	190 ③				

SET 20	191 ⑤	192 ③	193 ④	194 ②	195 ③	196 ④	197 ⑤
	198 4	199 3	200 20				

SET 21	201 ⑤	202 ③	203 ②	204 ①	205 ①	206 ⑤	207 31
	208 ④	209 ④	210 20				

SET 22	211 ⑤	212 ⑤	213 ①	214 25	215 ②	216 ③	217 4
	218 ②	219 40	220 ③				

SET 23	221 ②	222 4	223 40	224 31	225 ②	226 ②	227 ①
	228 96	229 ③	230 6				

SET 24	231 ①	232 ②	233 ③	234 ③	235 6	236 ④	237 ③
	238 14	239 5	240 ②				

빠른 정답

Memo

Memo

양만 많은 문제집 푸느라 부족한 시간과

눈 뜨고 있어요

수능 D-100

오?

20XX 입시 전략

매번 바뀌는 출제 경향에 생기는 혼란

험난한 수능 코스

1등급

난 늘 제자리걸음..

이렇게 된 이상 아삽에 모든 걸 건다!!!

최신 수능 경향 매년 ASAP 반영

3/6/9 모의고사 & 수능 대비 전략적 시즌제 콘텐츠

오답률 높은 문항으로 취약 유형 대비

코칭 선생님께 학습 관리 받는 느낌이 들 정도로 체계적이라 대만족이었습니다!

깔끔한 구성에 좋은 문항들이네요!

핵심만 뽑은 효율 甲 모의고사

수험생 무사 입시 완봉 기원! 아삽부흥회

수능 대박

수능 1등급

가보자고

아삽 E 영어 4회분

아삽 M 수학 4회분

아삽 수능 실전 연습 풀 모의고사

국어 | 수학 | 영어 | 사탐 | 과탐

아삽

어삼쉬사 Plus+

너기출
평가원 기출
완전 분석

수능 수학을 책임지는
이투스북

어삼쉬사
Plus+
수능의 허리
완벽 대비

고쟁이
실전+수능
실전 대비
고난도 집중 훈련

어 삼 쉬 사 Plus+

| 정답과 풀이 |

미적분

240제

어삼쉬사를 넘어 1등급 도전이 시작된다.

이투스북

어삼쉬사 Plus+

빠른 정답
어려운 3점 쉬운 4점 **핵** / **심** / **문** / **제**

I. 수열의 극한

SET 01	001 ①	002 ②	003 ④	004 9	005 4	006 ③	007 ⑤
	008 ⑤	009 2	010 64				
SET 02	011 18	012 ②	013 ④	014 ⑤	015 ②	016 3	017 ②
	018 ②	019 ④	020 ②				
SET 03	021 ③	022 ③	023 ⑤	024 10	025 12	026 3	027 ⑤
	028 10	029 ④	030 ③				
SET 04	031 ③	032 ③	033 6	034 ③	035 9	036 ①	037 ①
	038 ②	039 10	040 ⑤				
SET 05	041 ④	042 ④	043 ②	044 4	045 ③	046 ②	047 6
	048 10	049 3	050 ①				
SET 06	051 ③	052 2	053 ②	054 ④	055 10	056 ①	057 20
	058 18	059 ⑤	060 ②				
SET 07	061 ②	062 ④	063 4	064 ③	065 6	066 6	067 16
	068 ②	069 ⑤	070 ③				
SET 08	071 3	072 24	073 30	074 11	075 ②	076 ②	077 5
	078 ③	079 8	080 ①				

II. 미분법

SET 09	081 ②	082 ④	083 ③	084 ④	085 ⑤	086 ④	087 ③
	088 ②	089 ④	090 ①				
SET 10	091 ②	092 ①	093 8	094 ①	095 4	096 ②	097 2
	098 ③	099 ④	100 ②				
SET 11	101 ④	102 ④	103 ④	104 ②	105 ①	106 8	107 ③
	108 ③	109 ④	110 36				
SET 12	111 ②	112 ②	113 ③	114 ②	115 ③	116 ③	117 20
	118 ②	119 ③	120 ①				
SET 13	121 ⑤	122 ③	123 2	124 27	125 ⑤	126 2	127 ④
	128 25	129 ③	130 15				
SET 14	131 ③	132 ③	133 ⑤	134 ③	135 ③	136 ⑤	137 ⑤
	138 ①	139 ④	140 ④				
SET 15	141 ④	142 10	143 ⑤	144 2	145 ②	146 13	147 5
	148 ②	149 9	150 ④				
SET 16	151 ⑤	152 10	153 ②	154 18	155 ④	156 ④	157 15
	158 13	159 3	160 5				

III. 적분법

SET 17	161 ③	162 ③	163 ③	164 ④	165 225	166 ③	167 ①
	168 ①	169 10	170 ②				
SET 18	171 ④	172 ②	173 ②	174 ②	175 8	176 ③	177 ⑤
	178 ③	179 ⑤	180 7				
SET 19	181 ④	182 ②	183 ①	184 8	185 15	186 ①	187 ②
	188 ④	189 1	190 ③				
SET 20	191 ⑤	192 ②	193 ④	194 ②	195 ③	196 ④	197 ⑤
	198 4	199 3	200 20				
SET 21	201 ⑤	202 ③	203 ②	204 ①	205 ①	206 ⑤	207 31
	208 ④	209 ④	210 20				
SET 22	211 ⑤	212 ⑤	213 ①	214 25	215 ②	216 ③	217 4
	218 ②	219 40	220 ③				
SET 23	221 ②	222 4	223 40	224 31	225 ②	226 ②	227 ①
	228 96	229 ③	230 6				
SET 24	231 ①	232 ②	233 ③	234 ③	235 6	236 ④	237 ③
	238 14	239 5	240 ②				

빠른 정답

Ⅰ. 수열의 극한

SET 01 001 ① 002 ④ 003 ⑤ 004 ② 005 16 006 ③

SET 02 007 35 008 15 009 ③ 010 ④ 011 ③ 012 ③ 013 ③

SET 03 014 ② 015 ③ 016 ⑤ 017 ② 018 ② 019 ③

SET 04 020 ③ 021 ⑤ 022 ③ 023 ① 024 ⑤ 025 ②

SET 05 026 9 027 ⑤ 028 ② 029 ① 030 ② 031 ④ 032 ⑤

SET 06 033 19 034 ③ 035 ④ 036 ② 037 16 038 ④

SET 07 039 ③ 040 110 041 ⑤ 042 ① 043 18 044 ③

SET 08 045 ② 046 ② 047 ③ 048 ② 049 ①

Ⅱ. 미분법

SET 09 050 ⑤ 051 ③ 052 ② 053 10 054 ③ 055 ④

SET 10 056 ② 057 ⑤ 058 ⑤ 059 ② 060 60

SET 11 061 ④ 062 ① 063 ④ 064 10 065 ③ 066 ④ 067 ①

SET 12 068 96 069 4 070 ① 071 ② 072 ④ 073 ④

SET 13 074 ⑤ 075 ③ 076 ④ 077 ④ 078 ② 079 5

SET 14 080 ② 081 ④ 082 ④ 083 ④ 084 ① 085 34

SET 15 086 ③ 087 17 088 ⑤ 089 ③ 090 15

SET 16 091 12 092 ① 093 ② 094 ① 095 72 096 ②

Ⅲ. 적분법

SET 17 097 ① 098 ① 099 ③ 100 ⑤ 101 12

SET 18 102 ① 103 78 104 ④ 105 ⑤ 106 ①

SET 19 107 ② 108 ② 109 9 110 27 111 ③

SET 20 112 3 113 2 114 ② 115 ③ 116 ②

SET 21 117 ① 118 ② 119 ⑤ 120 ① 121 ⑤

SET 22 122 ③ 123 ② 124 ② 125 ② 126 ④ 127 ①

SET 23 128 ① 129 ① 130 ① 131 ① 132 ③

SET 24 133 ② 134 96 135 ③ 136 ① 137 ④ 138 ④

어 삼 쉬 사
Plus+

| 정답과 풀이 |

미적분

240제

어삼쉬사를 넘어야 1등급 도전이 시작된다.

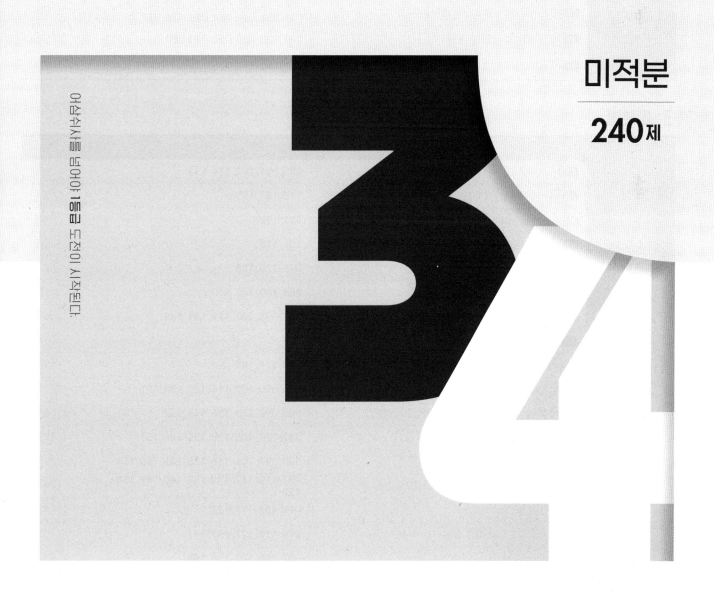

약점 유형 확인

Ⅰ. 수열의 극한

중단원명	유형명	문항번호	틀린갯수
① 수열의 극한	유형 **01** 수렴하는 수열의 극한의 성질과 $\frac{\infty}{\infty}$꼴 수열의 극한값 계산	005, 011, 022, 031, 043, 047, 052	/ 7개
	유형 **02** $\frac{\infty}{\infty}$꼴 수열의 극한 활용	009, 017, 026, 038, 049, 056, 059, 072, 078	/ 9개
	유형 **03** $\infty - \infty$꼴 수열의 극한값 계산	007, 013, 037, 042, 063	/ 5개
	유형 **04** 등비수열의 극한값 계산	003, 010, 014, 021, a 055, 062, 067	/ 7개
	유형 **05** 등비수열의 극한 활용	008, 016, 019, 028, 035, 039, 057, 066, 069, 074, 079	/ 11개
	유형 **06** 수열의 극한의 대소 관계	002, 012, 024, 032, 044, 053, 065, 073	/ 8개
② 급수	유형 **07** 급수의 수렴과 성질	023, 041, 071	/ 3개
	유형 **08** 분수꼴로 표현된 수열의 급수	001, 015, 034, 036, 046, 054, 068	/ 7개
	유형 **09** 등비급수의 수렴 조건과 등비급수의 합	004, 018, 025, 027, 029, 033, 045, 048, 051, 058, 061, 064, 075, 076, 077	/ 15개
	유형 **10** 등비급수와 도형(1) – 닮음	006, 020, 030, 050, 070, 080	/ 6개
	유형 **11** 등비급수와 도형(2) – 개수 변화	040, 060	/ 2개

Ⅱ. 미분법

중단원명	유형명	문항번호	틀린갯수
① 여러 가지 함수의 미분	유형 **01** 지수·로그함수의 극한과 e의 정의	085, 091, 102, 124, 133	/ 5개
	유형 **02** 지수·로그함수의 미분	115, 131, 153	/ 3개
	유형 **03** 삼각함수 사이의 관계와 덧셈정리	081, 112	/ 2개
	유형 **04** 덧셈정리의 활용 (방정식, 최대·최소)	101, 118	/ 2개
	유형 **05** 덧셈정리와 도형	098, 120, 158	/ 3개
	유형 **06** 삼각함수의 극한	084, 100, 142, 160	/ 4개
	유형 **07** 삼각함수의 극한과 도형	089, 096, 107, 129, 139, 148	/ 6개
	유형 **08** 삼각함수의 미분	155	/ 1개
② 여러 가지 미분법	유형 **09** 몫의 미분법	104, 121, 141	/ 3개
	유형 **10** 합성함수의 미분법	086, 095, 109, 114, 125, 134, 151	/ 7개
	유형 **11** 매개변수로 나타낸 함수 또는 음함수의 미분법	083, 092, 113, 126, 145, 152	/ 6개
	유형 **12** 역함수의 미분법	082, 099, 105, 128, 135, 146, 157	/ 7개
③ 도함수의 활용	유형 **13** 접선의 방정식	088, 093, 106, 116, 138, 143, 150, 154	/ 8개
	유형 **14** 도함수, 이계도함수와 함수의 그래프의 활용	097, 110, 117, 130, 132, 140, 149, 156, 159	/ 9개
	유형 **15** 변곡점과 함수의 그래프	094, 103, 111, 123	/ 4개
	유형 **16** 방정식과 부등식에의 활용	090, 119, 127, 137, 147	/ 5개
	유형 **17** 속도와 가속도	087, 108, 122, 136, 144	/ 5개

Ⅲ. 적분법

중단원명	유형명		문항번호	틀린갯수
① **여러 가지** **적분법**	유형 **01**	여러 가지 함수의 적분	163, 180, 185, 220, 230, 239	/ 6개
	유형 **02**	치환적분법	161, 170, 179, 181, 190, 191, 199, 202, 219, 222, 226, 229, 236, 240	/ 14개
	유형 **03**	부분적분법	166, 176, 178, 188, 192, 201, 209, 211, 228, 233	/ 10개
	유형 **04**	정적분으로 정의된 함수(1) – 식 정리	164, 167, 173, 177, 183, 195, 198, 203, 204, 214, 218, 225, 237	/ 13개
	유형 **05**	정적분으로 정의된 함수(2) – 활용	169, 189, 200, 208, 234	/ 5개
② **정적분의** **활용**	유형 **06**	급수의 합과 정적분의 관계	162, 175, 187, 197, 207, 213, 217, 221, 231	/ 9개
	유형 **07**	정적분과 넓이	165, 171, 186, 193, 206, 216, 224, 235, 238	/ 9개
	유형 **08**	정적분과 부피	168, 174, 182, 194, 205, 215, 227, 232	/ 8개
	유형 **09**	속도와 거리	172, 184, 196, 210, 212, 223	/ 6개

풀이 시간 확인

Ⅰ. 수열의 극한

SET	SET 01	SET 02	SET 03	SET 04	SET 05	SET 06	SET 07	SET 08
Time								

Ⅱ. 미분법

SET	SET 09	SET 10	SET 11	SET 12	SET 13	SET 14	SET 15	SET 16
Time								

Ⅲ. 적분법

SET	SET 17	SET 18	SET 19	SET 20	SET 21	SET 22	SET 23	SET 24
Time								

I 수열의 극한

001

등차수열 $\{a_n\}$의 공차를 d라 하면

$a_7 - a_4 = 9$에서

$3d = 9$이므로 $d = 3$

이때 $a_2 = 12$이므로

$a_1 + 3 = 12$에서 $a_1 = 9$

$\therefore a_n = 9 + (n-1) \times 3$

$\qquad = 3n + 6$

$$\sum_{k=1}^{n} \frac{3}{(k+1)a_k} = \sum_{k=1}^{n} \frac{3}{(k+1)(3k+6)}$$

$$= \sum_{k=1}^{n} \frac{1}{(k+1)(k+2)}$$

$$= \sum_{k=1}^{n} \left(\frac{1}{k+1} - \frac{1}{k+2} \right)$$

$$= \left(\frac{1}{2} - \frac{1}{3} \right) + \left(\frac{1}{3} - \frac{1}{4} \right) + \left(\frac{1}{4} - \frac{1}{5} \right) + \cdots$$

$$\qquad\qquad + \left(\frac{1}{n+1} - \frac{1}{n+2} \right)$$

$$= \frac{1}{2} - \frac{1}{n+2}$$

$$\therefore \sum_{n=1}^{\infty} \frac{3}{(n+1)a_n} = \lim_{n \to \infty} \left(\frac{1}{2} - \frac{1}{n+2} \right) = \frac{1}{2}$$

답 ①

002

$\lim_{n \to \infty} (\sqrt{n^2 + 4n} - n) = \lim_{n \to \infty} \frac{4n}{\sqrt{n^2 + 4n} + n} = 2$이고

$\lim_{n \to \infty} (\sqrt{n^2 + 4n + 3} - n)$

$= \lim_{n \to \infty} \frac{4n + 3}{\sqrt{n^2 + 4n + 3} + n} = 2$이므로

수열의 극한의 대소 관계에 의하여

$\lim_{n \to \infty} a_n = 2$이다.

답 ②

003

등비수열 $\{a_n\}$의 첫째항을 a, 공비를 r라 하면

$a_n = ar^{n-1}$이므로

$$\lim_{n \to \infty} \frac{2^n a_n}{2^n + 3^n} = \lim_{n \to \infty} \frac{2^n \times ar^{n-1}}{2^n + 3^n}$$

$$= \lim_{n \to \infty} \frac{\frac{2}{3}a \times \left(\frac{2r}{3} \right)^{n-1}}{\left(\frac{2}{3} \right)^n + 1}$$

위의 극한이 수렴하려면 수열 $\left\{ \left(\frac{2r}{3} \right)^{n-1} \right\}$이 수렴해야

하므로

$$-1 < \frac{2r}{3} \leq 1$$

$$\therefore -\frac{3}{2} < r \leq \frac{3}{2}$$

(i) $-\frac{3}{2} < r < \frac{3}{2}$일 때

$$\lim_{n \to \infty} \frac{\frac{2}{3}a \times \left(\frac{2r}{3} \right)^{n-1}}{\left(\frac{2}{3} \right)^n + 1} = 0 \neq 2$$

(ii) $r = \frac{3}{2}$일 때

$$\lim_{n \to \infty} \frac{\frac{2}{3}a \times \left(\frac{2r}{3} \right)^{n-1}}{\left(\frac{2}{3} \right)^n + 1} = \frac{2}{3}a = 2$$

$$\therefore a = 3$$

(i), (ii)에서 $a = 3$, $r = \frac{3}{2}$이므로

$$a_3 = 3 \times \left(\frac{3}{2} \right)^2 = \frac{27}{4}$$

답 ④

004

수열 $\left\{ \left(\frac{x}{4} \right)^n \right\}$이 수렴하려면 $-1 < \frac{x}{4} \leq 1$

$$\therefore -4 < x \leq 4 \qquad\qquad \cdots\cdots \text{㉠}$$

급수 $\sum_{n=1}^{\infty} (1 - \log_3 x)^n$이 수렴하려면

(i) (첫째항) $= 0$인 경우

$\quad 1 - \log_3 x = 0$에서 $x = 3$

(ii) $-1<$(공비)<1인 경우

$\quad -1<1-\log_3 x<1, \ -2<-\log_3 x<0$

$\quad 0<\log_3 x<2 \quad \therefore \ 1<x<9$

(i), (ii)에서 $1<x<9$ $\qquad$ ……ⓒ

ⓐ, ⓒ에서 x의 값의 범위는 $1<x\leq 4$이므로 구하는 정수 x의 값의 합은

$2+3+4=9$

답 9

005

$$a_n b_n = \sum_{k=1}^{n} a_k b_k - \sum_{k=1}^{n-1} a_k b_k$$

$$= \frac{1}{n} - \frac{1}{n-1} = -\frac{1}{n(n-1)} \ (n\geq 2)$$

$$\lim_{n\to\infty} n^2 a_n b_n = \lim_{n\to\infty} \frac{-n^2}{n(n-1)} = -1$$이고

조건 (나)에서 $\lim_{n\to\infty} n b_n = 3$이므로

$$\lim_{n\to\infty} n a_n = \lim_{n\to\infty} \frac{n^2 a_n b_n}{n b_n} = \frac{\displaystyle\lim_{n\to\infty} n^2 a_n b_n}{\displaystyle\lim_{n\to\infty} n b_n} = -\frac{1}{3}$$

따라서 $k=-\dfrac{1}{3}$이므로 $36k^2 = 36\times \dfrac{1}{9} = 4$

답 4

006

직각삼각형 AB_1C_1에서 $\overline{AB_1}=\overline{AC_1}=3$이므로

$$\overline{B_1C_1}=\sqrt{2}\times\overline{AB_1}=3\sqrt{2}$$

$$\overline{P_1Q_1}=\frac{1}{3}\times\overline{B_1C_1}=\sqrt{2}$$

$$\therefore \ S_1 = \frac{1}{2}\times\left(\frac{\sqrt{2}}{2}\right)^2\times\pi = \frac{\pi}{4}$$

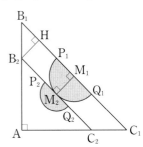

두 선분 P_1Q_1, P_2Q_2의 중점을 각각 M_1, M_2라 하고 점 B_2에서 선분 B_1C_1에 내린 수선의 발을 H라 하면

$$\overline{B_2H}=\overline{M_1M_2}=\frac{\sqrt{2}}{2}$$

직각삼각형 B_1B_2H에서

$$\overline{B_1B_2}=\sqrt{2}\times\overline{B_2H}=1$$

$$\overline{AB_2}=\overline{AB_1}-\overline{B_1B_2}=2$$

두 삼각형 AB_1C_1, AB_2C_2는 서로 닮음이고 닮음비가

$\overline{AB_1}:\overline{AB_2}=3:2$, 즉 $1:\dfrac{2}{3}$이므로 넓이의 비는 $1:\dfrac{4}{9}$이다.

같은 과정을 반복하므로 두 그림 R_n, R_{n+1}에 새로 색칠된 도형의 넓이의 비도 $1:\dfrac{4}{9}$이다.

따라서 S_n은 첫째항이 $\dfrac{\pi}{4}$이고 공비가 $\dfrac{4}{9}$인 등비수열의 첫째항부터 제n항까지의 합이므로

$$\lim_{n\to\infty} S_n = \frac{\dfrac{\pi}{4}}{1-\dfrac{4}{9}} = \frac{9}{20}\pi$$

답 ③

007

$A_n(n, \sqrt{n+2})$, $B_n(n, \sqrt{n})$이므로

$$a_n = \sqrt{n+2}-\sqrt{n}$$

$$\therefore \ \lim_{n\to\infty} \frac{a_{2n}}{a_n}$$

$$= \lim_{n\to\infty} \frac{\sqrt{2n+2}-\sqrt{2n}}{\sqrt{n+2}-\sqrt{n}}$$

$$= \lim_{n\to\infty} \frac{(\sqrt{2n+2}-\sqrt{2n})(\sqrt{2n+2}+\sqrt{2n})(\sqrt{n+2}+\sqrt{n})}{(\sqrt{n+2}-\sqrt{n})(\sqrt{n+2}+\sqrt{n})(\sqrt{2n+2}+\sqrt{2n})}$$

$$= \lim_{n\to\infty} \frac{2(\sqrt{n+2}+\sqrt{n})}{2(\sqrt{2n+2}+\sqrt{2n})}$$

$$= \lim_{n\to\infty} \frac{\sqrt{1+\dfrac{2}{n}}+\sqrt{1}}{\sqrt{2+\dfrac{2}{n}}+\sqrt{2}} = \frac{2}{2\sqrt{2}} = \frac{\sqrt{2}}{2}$$

답 ⑤

008

(i) $0<x<1$일 때

$$\lim_{n\to\infty} x^n = \lim_{n\to\infty} x^{n+1} = 0$$이므로

$$f(x) = \lim_{n\to\infty} \frac{x^{n+1}+1}{x^n+x} = \frac{0+1}{0+x} = \frac{1}{x}$$

(ii) $x=1$일 때

$$\lim_{n\to\infty} x^n = \lim_{n\to\infty} x^{n+1} = 1$$이므로

$$f(1) = \lim_{n\to\infty} \frac{1^{n+1}+1}{1^n+1} = \frac{1+1}{1+1} = 1$$

(iii) $x>1$일 때

$$\lim_{n\to\infty} x^n = \infty, \ \text{즉} \lim_{n\to\infty} \frac{1}{x^n} = 0$$이므로

$$f(x) = \lim_{n\to\infty} \frac{x^{n+1}+1}{x^n+x}$$

$$= \lim_{n\to\infty} \frac{x+\dfrac{1}{x^n}}{1+\dfrac{x}{x^n}} = \frac{x+0}{1+0} = x$$

(i)~(iii)에서 $f(x) = \begin{cases} \dfrac{1}{x} & (0<x<1) \\ 1 & (x=1) \\ x & (x>1) \end{cases}$ 이다.

$f(f(k))=2$에서 $f(k)=\alpha$라 하면

$$f(\alpha)=2 \qquad \therefore \ \alpha=\frac{1}{2} \ \text{또는} \ \alpha=2$$

즉, $f(k)=\dfrac{1}{2}$ 또는 $f(k)=2$를 만족시키는 k의 값을 구하면 된다.

이때 $f(k)=\dfrac{1}{2}$를 만족시키는 k의 값은 존재하지 않고

$f(k)=2$에서 $k=\dfrac{1}{2}$ 또는 $k=2$이므로

구하는 실수 k의 값의 합은

$$\frac{1}{2}+2=\frac{5}{2}$$

답 ⑤

009

조건 (가)에서 $-1 \le x \le 1$일 때 $f(x)=-|x|+1$이고
조건 (나)에서 $f(x+2)=f(x)$이므로 함수 $y=f(x)$의 그래프는 다음 그림과 같다.

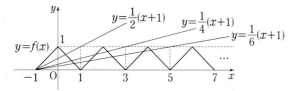

직선 $y=\dfrac{1}{2n}(x+1)$은 점 $(-1, 0)$을 지나므로 함수

$y=f(x)$의 그래프와 점 $(-1, 0)$에서 만난다.

또한 $n=1, 2, 3, \cdots$을 차례로 대입하면

$n=1$일 때 $y=\dfrac{1}{2}(x+1)$

$n=2$일 때 $y=\dfrac{1}{4}(x+1)$

$n=3$일 때 $y=\dfrac{1}{6}(x+1)$

$\vdots$

위의 그림에서 $a_1=2, \ a_2=4, \ a_3=6, \cdots$이므로

$$a_n=2n$$

$$\therefore \ \lim_{n\to\infty} \frac{a_n}{n} = \lim_{n\to\infty} \frac{2n}{n} = 2$$

답 2

010

등비수열 $\{a_n\}$의 첫째항을 $a \ (a>0)$, 공비를 $r \ (r<0)$라 하면 조건 (가)에서

$$\sum_{n=1}^{4}(|a_n|+a_n) = 2(a_1+a_3) = 2a(1+r^2) = 10 \ \cdots\cdots \ \ominus$$

또한 조건 (나)에서

$$\lim_{n\to\infty} \frac{a_n+a_{n+1}}{S_n} = \lim_{n\to\infty} \frac{ar^{n-1}+ar^n}{\dfrac{a(1-r^n)}{1-r}}$$

$$= \lim_{n\to\infty} \frac{(1-r)(r^{n-1}+r^n)}{1-r^n}$$

$$= \lim_{n\to\infty} \frac{r^{n-1}-r^{n+1}}{1-r^n}$$

(i) $r<-1$일 때

$$\lim_{n\to\infty} \frac{1}{r^n} = 0$$이므로

$$\lim_{n\to\infty} \frac{r^{n-1}-r^{n+1}}{1-r^n} = \lim_{n\to\infty} \frac{\dfrac{1}{r}-r}{\dfrac{1}{r^n}-1} = r-\frac{1}{r} = -\frac{3}{2}$$

$$r^2+\frac{3}{2}r-1=0, \ 2r^2+3r-2=0$$

$$(r+2)(2r-1)=0$$

$$\therefore \ r=-2 \ (\because \ r<-1)$$

(ii) $-1<r<0$일 때

$$\lim_{n\to\infty} r^n = 0$$이므로

$$\lim_{n\to\infty} \frac{r^{n-1}-r^{n+1}}{1-r^n} = 0 \ne -\frac{3}{2}$$

(i), (ii)에서 $r = -2$이므로 이를 ㉠에 대입하면

$2a(1+4) = 10$ $\therefore a = 1$

$\therefore a_7 = ar^6 = (-2)^6 = 64$

달 64

011

$\displaystyle\lim_{n\to\infty}(3n-1)a_n = 5,$

$\displaystyle\lim_{n\to\infty}(2n+3)^2 b_n = 8$이므로

$\displaystyle\lim_{n\to\infty}\frac{(15n+1)b_n}{a_n}$

$= \displaystyle\lim_{n\to\infty}\left\{\frac{(15n+1)(3n-1)}{(2n+3)^2}\times\frac{(2n+3)^2 b_n}{(3n-1)a_n}\right\}$

$= \dfrac{45}{4}\times\dfrac{8}{5} = 18$

달 18

012

모든 자연수 n에 대하여

$3n^2 + 3n \le a_n \le 3n^2 + 4n$이므로

$3 + \dfrac{3}{n} \le \dfrac{a_n}{n^2} \le 3 + \dfrac{4}{n}$

이때 $\displaystyle\lim_{n\to\infty}\left(3 + \frac{3}{n}\right) = 3$, $\displaystyle\lim_{n\to\infty}\left(3 + \frac{4}{n}\right) = 3$이므로

수열의 극한의 대소 관계에 의하여

$\displaystyle\lim_{n\to\infty}\frac{a_n}{n^2} = 3$

또한 $\displaystyle\lim_{n\to\infty}(2n^2 + 5n)b_n = 10$이므로

$\displaystyle\lim_{n\to\infty}a_n b_n = \lim_{n\to\infty}\left\{\frac{a_n}{n^2}\times(2n^2 + 5n)b_n\times\frac{n}{2n+5}\right\}$

$= 3\times 10\times\dfrac{1}{2} = 15$

달 ②

013

등차수열 $\{a_n\}$의 첫째항을 a, 공차를 d라 하면

$a_2 = a + d = 5$ ……㉠

$a_4 = a + 3d = 13$ ……㉡

㉠, ㉡을 연립하여 풀면 $a = 1$, $d = 4$

$\therefore a_n = 1 + (n-1)\times 4 = 4n - 3$

$\therefore \displaystyle\lim_{n\to\infty}\sqrt{2n}\left(\sqrt{a_{n+1}} - \sqrt{a_n}\right)$

$= \displaystyle\lim_{n\to\infty}\sqrt{2n}\left(\sqrt{4n+1} - \sqrt{4n-3}\right)$

$= \displaystyle\lim_{n\to\infty}\frac{\sqrt{2n}\left\{(\sqrt{4n+1})^2 - (\sqrt{4n-3})^2\right\}}{\sqrt{4n+1} + \sqrt{4n-3}}$

$= \displaystyle\lim_{n\to\infty}\frac{4\sqrt{2n}}{\sqrt{4n+1} + \sqrt{4n-3}}$

$= \displaystyle\lim_{n\to\infty}\frac{4\sqrt{2}}{\sqrt{4 + \dfrac{1}{n}} + \sqrt{4 - \dfrac{3}{n}}}$

$= \dfrac{4\sqrt{2}}{4} = \sqrt{2}$

달 ④

014

$\dfrac{(6^n - 1)a_n}{5^n} = b_n$이라 하면

$a_n = b_n\times\dfrac{5^n}{6^n - 1}$에서

$a_{n+1} = b_{n+1}\times\dfrac{5^{n+1}}{6^{n+1} - 1}$이고

$\displaystyle\lim_{n\to\infty}b_n = \lim_{n\to\infty}b_{n+1} = 4$이다.

$\therefore \displaystyle\lim_{n\to\infty}\frac{a_n}{a_{n+1}} = \lim_{n\to\infty}\left(\frac{b_n}{b_{n+1}}\times\frac{5^n}{5^{n+1}}\times\frac{6^{n+1}-1}{6^n - 1}\right)$

$= \displaystyle\lim_{n\to\infty}\left\{\frac{b_n}{b_{n+1}}\times\frac{1}{5}\times\frac{6 - \left(\dfrac{1}{6}\right)^n}{1 - \left(\dfrac{1}{6}\right)^n}\right\}$

$= 1\times\dfrac{1}{5}\times 6 = \dfrac{6}{5}$

달 ⑤

015

점 $A(2n, 2)$와 직선 $x + y - n = 0$ 사이의 거리가 a_n이므로

$a_n = \dfrac{|2n + 2 - n|}{\sqrt{1^2 + 1^2}} = \dfrac{n + 2}{\sqrt{2}}$

$$\therefore \sum_{n=1}^{\infty} \frac{1}{a_n a_{n+1}} = \lim_{n \to \infty} \sum_{k=1}^{n} \frac{1}{a_k a_{k+1}}$$

$$= \lim_{n \to \infty} \sum_{k=1}^{n} \left(\frac{\sqrt{2}}{k+2} \times \frac{\sqrt{2}}{k+3} \right)$$

$$= \lim_{n \to \infty} \sum_{k=1}^{n} \frac{2}{(k+2)(k+3)}$$

$$= 2 \lim_{n \to \infty} \sum_{k=1}^{n} \left(\frac{1}{k+2} - \frac{1}{k+3} \right)$$

$$= 2 \lim_{n \to \infty} \left\{ \left(\frac{1}{3} - \frac{1}{4} \right) + \left(\frac{1}{4} - \frac{1}{5} \right) + \cdots \right.$$

$$\left. + \left(\frac{1}{n+2} - \frac{1}{n+3} \right) \right\}$$

$$= 2 \lim_{n \to \infty} \left(\frac{1}{3} - \frac{1}{n+3} \right) = \frac{2}{3}$$

답 ②

016

$f(x) = x^n + x$ 라 하고 $f(x)$를 $x-2$로 나눈 몫을
$Q(x)$라 하면

$f(x) = (x-2)Q(x) + a_n$ 이므로

$a_n = f(2) = 2^n + 2$

$\dfrac{a_n}{p^n} = \dfrac{2^n + 2}{p^n} = \left(\dfrac{2}{p} \right)^n + 2 \left(\dfrac{1}{p} \right)^n$

(i) $0 < p < 2$일 때

  $\dfrac{2}{p} > 1$이므로

  $\displaystyle\lim_{n \to \infty} \frac{a_n}{p^n} = \lim_{n \to \infty} \left\{ \left(\frac{2}{p} \right)^n + 2 \left(\frac{1}{p} \right)^n \right\} = \infty$

(ii) $p = 2$일 때

  $\displaystyle\lim_{n \to \infty} \frac{a_n}{p^n} = \lim_{n \to \infty} \left\{ 1^n + 2 \left(\frac{1}{2} \right)^n \right\} = 1$

(iii) $p > 2$일 때

  $0 < \dfrac{2}{p} < 1$, $0 < \dfrac{1}{p} < \dfrac{1}{2}$이므로

  $\displaystyle\lim_{n \to \infty} \frac{a_n}{p^n} = \lim_{n \to \infty} \left\{ \left(\frac{2}{p} \right)^n + 2 \left(\frac{1}{p} \right)^n \right\} = 0$

(i)~(iii)에서 $\displaystyle\lim_{n \to \infty} \frac{a_n}{p^n}$이 양수로 수렴하는 경우는

$p = 2$, $q = 1$이다.

  $\therefore p + q = 2 + 1 = 3$

답 3

017

자연수 n에 대하여

$A_n(\sqrt{n}, 0)$, $B_n(0, n)$, $C_n(\sqrt{n}, 2n)$에서

$\overline{A_n B_n} = \overline{B_n C_n} = \sqrt{n^2 + n}$,

$\overline{A_n C_n} = 2n$

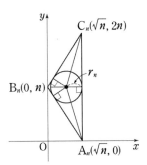

삼각형 $A_n B_n C_n$의 넓이는

$\dfrac{1}{2} \times 2n \times \sqrt{n}$ 이고,

또한 이 삼각형에 내접하는 원의 반지름의 길이가 r_n이므로
삼각형 $A_n B_n C_n$의 넓이는

$\dfrac{1}{2} \times r_n \times (2n + 2\sqrt{n^2 + n})$ 이다.

$\dfrac{1}{2} \times 2n \times \sqrt{n} = \dfrac{1}{2} \times r_n \times (2n + 2\sqrt{n^2 + n})$에서

$\dfrac{r_n}{\sqrt{n}} = \dfrac{n}{n + \sqrt{n^2 + n}}$

$\therefore \displaystyle\lim_{n \to \infty} \frac{r_n}{\sqrt{n}} = \lim_{n \to \infty} \frac{n}{n + \sqrt{n^2 + n}}$

$= \displaystyle\lim_{n \to \infty} \frac{1}{1 + \sqrt{1 + \dfrac{1}{n}}}$

$= \dfrac{1}{2}$

답 ②

018

조건 (가)에서 $a_1 = 2$이고

조건 (나)에서 $a_{n+1} = \dfrac{2^{2n}}{a_n}$이므로

$n = 1$일 때 $a_2 = \dfrac{2^2}{2} = 2$

$n = 2$일 때 $a_3 = \dfrac{2^4}{2} = 2^3$

$n=3$일 때 $a_4 = \dfrac{2^6}{2^3} = 2^3$

$n=4$일 때 $a_5 = \dfrac{2^8}{2^3} = 2^5$

$n=5$일 때 $a_6 = \dfrac{2^{10}}{2^5} = 2^5$

$\vdots$

$\therefore \displaystyle\sum_{n=1}^{\infty} \dfrac{1}{a_{2n-1}} = \dfrac{1}{2} + \dfrac{1}{2^3} + \dfrac{1}{2^5} + \dfrac{1}{2^7} + \cdots$

$$= \dfrac{\dfrac{1}{2}}{1-\dfrac{1}{4}} = \dfrac{2}{3}$$

다른풀이

조건 (가)에서 $a_1 = 2$이므로 $\dfrac{1}{a_1} = \dfrac{1}{2}$

조건 (나)에서 자연수 k에 대하여 $n = 2k-1$일 때

$a_{2k-1} a_{2k} = 4^{2k-1}$ ······㉠

$n = 2k$일 때

$a_{2k} a_{2k+1} = 4^{2k}$ ······㉡

㉡÷㉠에서 $\dfrac{a_{2k+1}}{a_{2k-1}} = 4$이므로

수열 $\{a_{2k-1}\}$은 공비가 4인 등비수열이다.

따라서 수열 $\left\{\dfrac{1}{a_{2k-1}}\right\}$은 첫째항이 $\dfrac{1}{2}$이고 공비가 $\dfrac{1}{4}$인

등비수열이므로

$$\sum_{n=1}^{\infty} \dfrac{1}{a_{2n-1}} = \dfrac{\dfrac{1}{2}}{1-\dfrac{1}{4}} = \dfrac{2}{3}$$

답 ②

019

$P_n(n, 2^n)$, $Q_n(n, a^n)$,

$P_{n+1}(n+1, 2^{n+1})$, $Q_{n+1}(n+1, a^{n+1})$이므로

$S_n = \dfrac{1}{2} \times (\overline{P_n Q_n} + \overline{P_{n+1} Q_{n+1}}) \times 1$

$\quad = \dfrac{1}{2} \times \{(a^n - 2^n) + (a^{n+1} - 2^{n+1})\}$

$\quad = \dfrac{1}{2} \times \{(a+1)a^n - 3 \times 2^n\}$

$T_n = \displaystyle\sum_{k=1}^{n} S_k$

$\quad = \dfrac{1}{2} \left\{ \displaystyle\sum_{k=1}^{n} (a+1)a^k - \sum_{k=1}^{n} (3 \times 2^k) \right\}$

$\quad = \dfrac{1}{2} \left\{ \dfrac{a(a+1)(a^n-1)}{a-1} - \dfrac{6 \times (2^n-1)}{2-1} \right\}$

$\displaystyle\lim_{n \to \infty} \dfrac{T_n}{a^n}$

$= \displaystyle\lim_{n \to \infty} \dfrac{1}{2} \left\{ \dfrac{a(a+1)(a^n-1)}{(a-1)a^n} - \dfrac{6 \times (2^n-1)}{a^n} \right\}$

$= \displaystyle\lim_{n \to \infty} \dfrac{1}{2} \left[\dfrac{a(a+1)\left(1-\dfrac{1}{a^n}\right)}{a-1} - 6 \times \left\{ \left(\dfrac{2}{a}\right)^n - \dfrac{1}{a^n} \right\} \right]$

$= \dfrac{1}{2} \times \dfrac{a(a+1)}{a-1} = \dfrac{10}{3}$

이므로 $3a(a+1) = 20(a-1)$에서

$3a^2 - 17a + 20 = 0$, $(3a-5)(a-4) = 0$

$\therefore a = 4 \ (\because a > 2)$

답 ④

020

그림과 같이 점 F_1에서 선분 $C_1 D_1$에 내린 수선의 발을 G 라

하고, $\overline{F_1 G} = a$라 하자.

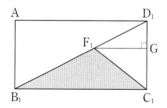

두 직각삼각형 $B_1 C_1 D_1$, $F_1 G D_1$은 서로 닮음이고

$\overline{F_1 G} = a$이므로 $\overline{D_1 G} = \dfrac{a}{2}$이다.

따라서 $\overline{C_1 G} = 1 - \dfrac{a}{2}$이므로 직각삼각형 $C_1 F_1 G$에서

피타고라스 정리에 의하여

$1^2 = a^2 + \left(1 - \dfrac{a}{2}\right)^2$, $\dfrac{5}{4} a^2 - a = 0$

$\dfrac{5}{4} a \left(a - \dfrac{4}{5}\right) = 0$

$\therefore a = \dfrac{4}{5} \ (\because a > 0)$

따라서 삼각형 $B_1 C_1 F_1$의 넓이는

$S_1 = \dfrac{1}{2} \times \overline{B_1 C_1} \times \overline{C_1 G} = \dfrac{1}{2} \times 2 \times \dfrac{3}{5} = \dfrac{3}{5}$

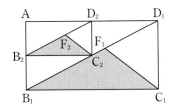

한편, 그림 R_2에서 $\overline{AB_2} = x$라 하면

$\overline{B_2C_2} = 2x$, $\overline{B_1B_2} = 1 - x$이고

두 직각삼각형 $B_2B_1C_2$, AB_1D_1은 서로 닮음이므로

$2x : (1-x) = 2 : 1$, $2 - 2x = 2x$

$\therefore x = \dfrac{1}{2}$

따라서 두 직사각형 $AB_1C_1D_1$, $AB_2C_2D_2$의 닮음비는

$1 : \dfrac{1}{2}$이므로 넓이의 비는 $1 : \dfrac{1}{4}$이다.

이와 같은 과정을 계속하므로 모든 자연수 n에 대하여

두 직사각형 $AB_nC_nD_n$, $AB_{n+1}C_{n+1}D_{n+1}$의 닮음비는

$1 : \dfrac{1}{2}$이고 넓이의 비는 $1 : \dfrac{1}{4}$이다.

따라서 S_n은 첫째항이 $\dfrac{3}{5}$이고 공비가 $\dfrac{1}{4}$인 등비수열의

첫째항부터 제n항까지의 합이므로

$\displaystyle\lim_{n\to\infty} S_n = \dfrac{\dfrac{3}{5}}{1 - \dfrac{1}{4}} = \dfrac{4}{5}$

답 ②

021

등비수열 $\{a_n\}$은 첫째항이 4이고 공비가 3이므로

$a_n = 4 \times 3^{n-1}$

수열 $\{a_n\}$의 첫째항부터 제n항까지의 합 S_n은

$S_n = \dfrac{4(3^n - 1)}{3 - 1} = 2(3^n - 1)$

$\therefore \displaystyle\lim_{n\to\infty} \dfrac{S_n}{a_n} = \lim_{n\to\infty} \dfrac{2(3^n - 1)}{4 \times 3^{n-1}}$

$= \displaystyle\lim_{n\to\infty} \dfrac{2 - 2 \times \left(\dfrac{1}{3}\right)^n}{\dfrac{4}{3}} = \dfrac{3}{2}$

답 ③

022

두 수열 $\{a_n\}$, $\{b_n\}$이 수렴하므로

$\displaystyle\lim_{n\to\infty} a_n = \alpha$, $\displaystyle\lim_{n\to\infty} b_n = \beta$라 하면

$\displaystyle\lim_{n\to\infty} \dfrac{a_n + 1}{b_n} = 2$에서 $\dfrac{\alpha + 1}{\beta} = 2$

$\alpha + 1 = 2\beta$ ······ ㉠

$\displaystyle\lim_{n\to\infty} \dfrac{b_n + 4}{a_n} = 2$에서 $\dfrac{\beta + 4}{\alpha} = 2$

$\beta + 4 = 2\alpha$ ······ ㉡

㉠, ㉡을 연립하여 풀면 $\alpha = 3$, $\beta = 2$

$\therefore \displaystyle\lim_{n\to\infty}(a_n + b_n) = \alpha + \beta = 5$

답 ③

023

급수 $\displaystyle\sum_{n=1}^{\infty}(a_n - 3b_n)$이 수렴하므로

$\displaystyle\lim_{n\to\infty}(a_n - 3b_n) = 0$

이때 $a_n - 3b_n = c_n$이라 하면

$\displaystyle\lim_{n\to\infty} c_n = 0$, $b_n = \dfrac{a_n - c_n}{3}$이고

$\displaystyle\lim_{n\to\infty} a_n = \infty$에서 $\displaystyle\lim_{n\to\infty} \dfrac{1}{a_n} = 0$이므로

$\displaystyle\lim_{n\to\infty} \dfrac{c_n}{a_n} = 0$

$\therefore \displaystyle\lim_{n\to\infty} \dfrac{2a_n + 3b_n + 1}{2a_n - 3b_n + 2} = \lim_{n\to\infty} \dfrac{2a_n + (a_n - c_n) + 1}{2a_n - (a_n - c_n) + 2}$

$= \displaystyle\lim_{n\to\infty} \dfrac{3a_n - c_n + 1}{a_n + c_n + 2}$

$= \displaystyle\lim_{n\to\infty} \dfrac{3 - \dfrac{c_n}{a_n} + \dfrac{1}{a_n}}{1 + \dfrac{c_n}{a_n} + \dfrac{2}{a_n}} = 3$

답 ⑤

024

모든 자연수 n에 대하여

$\dfrac{6}{n+3} < a_n < \dfrac{6}{n+1}$,

$5n^2 + n < b_n < 5n^2 + 3n$이므로

$$\frac{6(5n^2+n)}{n+3} < a_n b_n < \frac{6(5n^2+3n)}{n+1}$$ 에서

$$\frac{6(5n^2+n)}{(n+3)(3n+2)} < \frac{a_n b_n}{3n+2} < \frac{6(5n^2+3n)}{(n+1)(3n+2)}$$ 이다.

이때 $\displaystyle\lim_{n\to\infty} \frac{6(5n^2+n)}{(n+3)(3n+2)} = 10$,

$\displaystyle\lim_{n\to\infty} \frac{6(5n^2+3n)}{(n+1)(3n+2)} = 10$이므로

수열의 극한의 대소 관계에 의하여

$\displaystyle\lim_{n\to\infty} \frac{a_n b_n}{3n+2} = 10$이다.

답 10

025

등비수열 $\{a_n\}$의 첫째항을 a, 공비를 r라 하면

$\displaystyle\sum_{n=1}^{\infty} a_n = 6$에서

$$\frac{a}{1-r} = 6 \qquad\qquad \cdots\cdots\text{㉠}$$

$a_{2n} = ar \times (r^2)^{n-1} = ar^{2n-1}$이므로

$\displaystyle\sum_{n=1}^{\infty} a_{2n} = 2$에서

$$\frac{ar}{1-r^2} \qquad\qquad \cdots\cdots\text{㉡}$$

㉠을 ㉡에 대입하면

$$\frac{r}{1+r} = \frac{1}{3},\ 3r = 1+r$$

$$\therefore\ r = \frac{1}{2}$$

$r = \dfrac{1}{2}$을 ㉠에 대입하면

$$\frac{a}{1-\dfrac{1}{2}} = 6$$

$$\therefore\ a = 3$$

$$\therefore\ (a_n)^2 = (ar^{n-1})^2 = 9 \times \left(\frac{1}{2}\right)^{2n-2}$$

수열 $\{(a_n)^2\}$은 첫째항이 9이고 공비가 $\dfrac{1}{4}$인 등비수열이므로

$$\sum_{n=1}^{\infty} (a_n)^2 = \frac{9}{1-\dfrac{1}{4}} = 12$$

답 12

026

곡선 $y = ax^2 - nx$와 x축의 교점의 x좌표는

$ax^2 - nx = x(ax-n) = 0$에서

$x = 0$ 또는 $x = \dfrac{n}{a}$이므로

$\mathrm{P}\left(\dfrac{n}{a},\ 0\right)$이고, $\mathrm{Q}(n,\ an^2 - n^2)$이다.

$$S_n = \frac{1}{2} \times \frac{n}{a} \times n^2(a-1)$$

$$= \frac{(a-1)n^3}{2a}$$

$$\begin{aligned}
\lim_{n\to\infty} \frac{S_n}{2n^3 - 3n} &= \lim_{n\to\infty} \frac{\dfrac{(a-1)n^3}{2a}}{2n^3 - 3n} \\
&= \lim_{n\to\infty} \frac{(a-1)n^3}{2a(2n^3 - 3n)} \\
&= \frac{a-1}{4a} = \frac{1}{6}
\end{aligned}$$

$$\therefore\ a = 3$$

답 3

027

등비수열 $\{a_n\}$의 첫째항을 a, 공비를 $r\ (-1 < r < 1)$라 하면 수열 $\{a_n{}^2\}$은 첫째항이 a^2이고 공비가 r^2인 등비수열이므로

$\displaystyle\sum_{n=1}^{\infty} a_n = 6$에서 $\dfrac{a}{1-r} = 6$ $\qquad \cdots\cdots\text{㉠}$

$\displaystyle\sum_{n=1}^{\infty} a_n{}^2 = 18$에서 $\dfrac{a^2}{1-r^2} = 18$ $\qquad \cdots\cdots\text{㉡}$

㉡에서 $\dfrac{a^2}{(1-r)(1+r)} = 18$, $\dfrac{6a}{1+r} = 18\ (\because\ \text{㉠})$

$$\therefore\ a = 3(1+r) \qquad\qquad \cdots\cdots\text{㉢}$$

이를 ㉠에 대입하면

$$\frac{3(1+r)}{1-r} = 6,\ 1+r = 2-2r$$

$$\therefore\ r = \frac{1}{3}$$

이를 ㉢에 대입하면 $a = 4$

따라서 두 수열 $\{a_{2n-1}\}$, $\{a_{2n}\}$은 첫째항이 각각 4, $\dfrac{4}{3}$이고 공비가 모두 $\dfrac{1}{9}$인 등비수열이므로

$$\sum_{n=1}^{\infty} (a_{2n-1} - a_{2n}) = \frac{4}{1-\frac{1}{9}} - \frac{\frac{4}{3}}{1-\frac{1}{9}}$$

$$= 4 \times \frac{9}{8} - \frac{4}{3} \times \frac{9}{8} = 3$$

답 ⑤

028

$f(x) = \lim_{n \to \infty} \dfrac{\left(\dfrac{x^2}{4}\right)^{n+1} + x}{2 \times \left(\dfrac{x^2}{4}\right)^{n} + 1}$ 에서

(ⅰ) $0 \leq \dfrac{x^2}{4} < 1$, 즉 $-2 < x < 2$일 때

$$\lim_{n \to \infty} \left(\frac{x^2}{4}\right)^{n} = 0 \text{이므로}$$

$$f(x) = \frac{0+x}{0+1} = x$$

이때 부등식 $f(k) \leq k$에서 $k \leq k$이므로
$-2 < k < 2$인 모든 정수 k의 값은 주어진 부등식을
만족시킨다.

$$\therefore \ k = -1, 0, 1$$

(ⅱ) $\dfrac{x^2}{4} = 1$, 즉 $x = -2$ 또는 $x = 2$일 때

$$f(2) = \frac{1+2}{2+1} = 1 \leq 2 \text{이고,}$$

$$f(-2) = \frac{1+(-2)}{2+1} = -\frac{1}{3} > -2 \text{이므로}$$

부등식 $f(k) \leq k$를 만족시키는 k의 값은 $k = 2$이다.

(ⅲ) $\dfrac{x^2}{4} > 1$, 즉 $x < -2$ 또는 $x > 2$일 때

$$\lim_{n \to \infty} \left(\frac{4}{x^2}\right)^{n} = 0 \text{이므로}$$

$$f(x) = \lim_{n \to \infty} \frac{\dfrac{x^2}{4} + x \times \left(\dfrac{4}{x^2}\right)^{n}}{2 + \left(\dfrac{4}{x^2}\right)^{n}}$$

$$= \frac{\dfrac{x^2}{4} + 0}{2 + 0} = \frac{x^2}{8}$$

이때 부등식 $f(k) \leq k$에서 $\dfrac{k^2}{8} \leq k$이므로 이를

만족시키는 k의 값은

$k^2 - 8k \leq 0$, $k(k-8) \leq 0$

$$\therefore \ 0 \leq k \leq 8$$

그런데 $k < -2$ 또는 $k > 2$인 정수이므로

$$k = 3, 4, \cdots, 8$$

(ⅰ)~(ⅲ)에 의하여 구하는 정수 k는
$-1, 0, 1, 2, 3, \cdots, 8$이므로 그 개수는 10이다.

답 10

029

조건 (나)에서 수열 $\{a_n\}$이 모든 자연수 n에 대하여
$(a_{n+1})^2 = a_n a_{n+2}$를 만족시키고

조건 (가)에서 $a_1 = 1$, $a_2 = \dfrac{1}{2}$이므로

수열 $\{a_n\}$은 첫째항이 1이고 공비가 $\dfrac{1}{2}$인 등비수열이다.

$$\therefore \ a_n = \left(\frac{1}{2}\right)^{n-1}$$

한편 정삼각형의 한 변의 길이를 a라 하면

정삼각형의 높이는 $\dfrac{\sqrt{3}}{2}a$이므로

$a_n = \dfrac{\sqrt{3}}{2}a$에서 $a = \dfrac{2}{3}\sqrt{3}\,a_n$이다.

이때 한 변의 길이가 a인 정삼각형의 넓이는 $\dfrac{\sqrt{3}}{4}a^2$이므로

$$S_n = \frac{\sqrt{3}}{4}\left(\frac{2}{3}\sqrt{3}\,a_n\right)^2 = \frac{\sqrt{3}}{3}\left(\frac{1}{4}\right)^{n-1}$$

$$\therefore \ \sum_{n=1}^{\infty} S_n = \sum_{n=1}^{\infty} \frac{\sqrt{3}}{3}\left(\frac{1}{4}\right)^{n-1} = \frac{\dfrac{\sqrt{3}}{3}}{1-\dfrac{1}{4}} = \frac{4}{9}\sqrt{3}$$

답 ④

030

그림 R_1에서 반원의 중심(선분 $B_1 A_2$의 중점)을 O_1이라 하자.

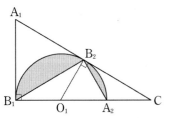

$\overline{A_1 B_1} = 3$, $\overline{B_1 C} = 3\sqrt{3}$, $\angle B_1 = 90°$이므로
$\angle C = 30°$

$\angle CB_2O_1 = 90°$이므로 $\angle B_2O_1C = 60°$

직각삼각형 O_1B_2C에서 $\overline{O_1C} = 2\overline{O_1B_2}$이므로

$\overline{B_1C} = 3\overline{B_1O_1} = 3\sqrt{3}$에서

$\overline{B_1O_1} = \sqrt{3}$

$\overline{O_1B_2} = \overline{O_1A_2}$, $\angle B_2O_1A_2 = 60°$에서

삼각형 $O_1A_2B_2$는 정삼각형이므로

$\overline{A_2B_2} = \overline{B_1O_1} = \sqrt{3}$

또한 $\angle O_1A_2B_2 = 60°$이고 $\angle B_1B_2A_2 = 90°$이므로

직각삼각형 $A_2B_2B_1$에서

$\overline{B_1B_2} = \sqrt{3} \times \overline{A_2B_2} = 3$

$\therefore S_1 = \dfrac{1}{2} \times \pi \times (\sqrt{3})^2 - \dfrac{1}{2} \times \sqrt{3} \times 3$

$\qquad = \dfrac{3}{2}(\pi - \sqrt{3})$

한편 두 그림 R_1, R_2에서 새로 색칠된 부분의 닮음비는

두 삼각형 A_1B_1C, $A_2B_2B_1$의 닮음비

$\overline{A_1B_1} : \overline{A_2B_2} = 3 : \sqrt{3} = 1 : \dfrac{\sqrt{3}}{3}$과 같다.

이와 같은 과정을 계속하므로

모든 자연수 n에 대하여

두 그림 R_n, R_{n+1}에서 새로 색칠된 부분의

닮음비도 $1 : \dfrac{\sqrt{3}}{3}$이고

넓이의 비는 $1^2 : \left(\dfrac{\sqrt{3}}{3}\right)^2 = 1 : \dfrac{1}{3}$이다.

따라서 S_n은 첫째항이 $\dfrac{3}{2}(\pi - \sqrt{3})$이고 공비가 $\dfrac{1}{3}$인

등비수열의 첫째항부터 제 n항까지의 합이므로

$\displaystyle\lim_{n \to \infty} S_n = \dfrac{\dfrac{3}{2}(\pi - \sqrt{3})}{1 - \dfrac{1}{3}} = \dfrac{9}{4}(\pi - \sqrt{3})$

답 ③

031

$\displaystyle\lim_{n \to \infty} na_n = \infty$, $\displaystyle\lim_{n \to \infty}(2na_n - b_n) = 6$이므로

$\displaystyle\lim_{n \to \infty} \dfrac{2na_n - b_n}{na_n} = \lim_{n \to \infty}\left(2 - \dfrac{b_n}{na_n}\right) = 0$에서

$\displaystyle\lim_{n \to \infty} \dfrac{b_n}{na_n} = 2$이다.

$\therefore \displaystyle\lim_{n \to \infty} \dfrac{na_n - 2b_n}{3na_n + b_n} = \lim_{n \to \infty} \dfrac{1 - 2 \times \dfrac{b_n}{na_n}}{3 + \dfrac{b_n}{na_n}}$

$\qquad = \dfrac{1 - 2 \times 2}{3 + 2} = -\dfrac{3}{5}$

답 ③

032

$n(n+2) < a_n < (n+2)^2$에 n 대신 $2n$을 대입하면

$2n(2n+2) < a_{2n} < (2n+2)^2$

$4n(n+1) < a_{2n} < 4(n+1)^2$

또한 $\dfrac{1}{(n+2)^2} < \dfrac{1}{a_n} < \dfrac{1}{n(n+2)}$이므로

$\dfrac{4n(n+1)}{(n+2)^2} < \dfrac{a_{2n}}{a_n} < \dfrac{4(n+1)^2}{n(n+2)}$

이때

$\displaystyle\lim_{n \to \infty} \dfrac{4n(n+1)}{(n+2)^2} = \lim_{n \to \infty} \dfrac{4n^2 + 4n}{n^2 + 4n + 4}$

$\qquad = \displaystyle\lim_{n \to \infty} \dfrac{4 + \dfrac{4}{n}}{1 + \dfrac{4}{n} + \dfrac{4}{n^2}} = 4$

$\displaystyle\lim_{n \to \infty} \dfrac{4(n+1)^2}{n(n+2)} = \lim_{n \to \infty} \dfrac{4n^2 + 8n + 4}{n^2 + 2n}$

$\qquad = \displaystyle\lim_{n \to \infty} \dfrac{4 + \dfrac{8}{n} + \dfrac{4}{n^2}}{1 + \dfrac{2}{n}} = 4$

이므로 수열의 극한의 대소 관계에 의하여

$\displaystyle\lim_{n \to \infty} \dfrac{a_{2n}}{a_n} = 4$

답 ③

033

등비수열 $\left\{\left(\dfrac{2-x}{4}\right)^n\right\}$이 수렴하려면

$-1 < \dfrac{2-x}{4} \le 1$,

$-4 \le x - 2 < 4$

$\therefore -2 \le x < 6$ ······㉠

등비급수 $\displaystyle\sum_{n=1}^{\infty}(x+1)\left(1-\frac{x}{4}\right)^{n-1}$ 이 수렴하려면

(i) (첫째항)$=0$인 경우

$\quad x+1=0$에서 $x=-1$

(ii) $-1<$(공비)<1인 경우

$\quad -1<1-\dfrac{x}{4}<1,\ -2<-\dfrac{x}{4}<0$

$\quad \therefore\ 0<x<8$

(i), (ii)에서 $x=-1$ 또는 $0<x<8$ ......ⓛ

㉠, ⓛ에서 구하는 x의 값은

$x=-1$ 또는 $0<x<6$이므로

구하는 정수 x는 $-1,\ 1,\ 2,\ 3,\ 4,\ 5$로 6개이다.

답 6

034

등차수열 $\{a_n\}$의 공차를 d라 하면

$\displaystyle\sum_{n=1}^{\infty}\frac{1}{a_n a_{n+1}}$

$\displaystyle=\sum_{n=1}^{\infty}\frac{1}{a_{n+1}-a_n}\left(\frac{1}{a_n}-\frac{1}{a_{n+1}}\right)$

$\displaystyle=\frac{1}{d}\lim_{n\to\infty}\sum_{k=1}^{n}\left(\frac{1}{a_k}-\frac{1}{a_{k+1}}\right)$

$\displaystyle=\frac{1}{d}\lim_{n\to\infty}\left\{\left(\frac{1}{a_1}-\frac{1}{a_2}\right)+\left(\frac{1}{a_2}-\frac{1}{a_3}\right)+\cdots\right.$

$\displaystyle\left.\hspace{4cm}+\left(\frac{1}{a_n}-\frac{1}{a_{n+1}}\right)\right\}$

$\displaystyle=\frac{1}{d}\lim_{n\to\infty}\left(\frac{1}{a_1}-\frac{1}{a_{n+1}}\right)$

$\displaystyle=\frac{1}{a_1 d}=\frac{1}{d}=\frac{1}{3}\ (\because\ a_1=1)$

$\therefore\ d=3$

따라서 $a_n=1+(n-1)\times3=3n-2$이므로

$\displaystyle\sum_{n=1}^{\infty}\left(\frac{a_n}{n}-\frac{3n+4}{n+2}\right)$

$\displaystyle=\sum_{n=1}^{\infty}\left(\frac{3n-2}{n}-\frac{3n+4}{n+2}\right)$

$\displaystyle=\sum_{n=1}^{\infty}\left(-\frac{2}{n}+\frac{2}{n+2}\right)$

$\displaystyle=-2\lim_{n\to\infty}\sum_{k=1}^{n}\left(\frac{1}{k}-\frac{1}{k+2}\right)$

$\displaystyle=-2\lim_{n\to\infty}\left\{\left(1-\frac{1}{3}\right)+\left(\frac{1}{2}-\frac{1}{4}\right)+\left(\frac{1}{3}-\frac{1}{5}\right)+\cdots\right.$

$\displaystyle\left.\hspace{2cm}+\left(\frac{1}{n-1}-\frac{1}{n+1}\right)+\left(\frac{1}{n}-\frac{1}{n+2}\right)\right\}$

$\displaystyle=-2\lim_{n\to\infty}\left(1+\frac{1}{2}-\frac{1}{n+1}-\frac{1}{n+2}\right)$

$\displaystyle=-2\times\frac{3}{2}=-3$

답 ③

035

$9^n=3^{2n}$의 양의 약수는

$3^0,\ 3^1,\ 3^2,\ \cdots,\ 3^{2n-1},\ 3^{2n}$이므로

집합 A_n의 원소의 개수는 $2n+1$이다.

따라서 집합 A_n의 부분집합의 개수는

$a_n=2^{2n+1}=2\times4^n$이다.

$\displaystyle\lim_{n\to\infty}\frac{3^n+4^{n-1}}{a_n-3^{n+1}}=\lim_{n\to\infty}\frac{3^n+4^{n-1}}{2\times4^n-3^{n+1}}$

$\displaystyle\hspace{2cm}=\lim_{n\to\infty}\frac{\left(\dfrac{3}{4}\right)^n+\dfrac{1}{4}}{2-3\times\left(\dfrac{3}{4}\right)^n}=\frac{1}{8}$

$\therefore\ p+q=8+1=9$

답 9

036

실수 x의 값에 관계없이

부등식 $x^2-4px+3p^2+n^2\geq0$이 성립하려면

x에 대한 이차방정식 $x^2-4px+3p^2+n^2=0$의

판별식을 D라 할 때, $D\leq0$이어야 한다.

$\dfrac{D}{4}=(2p)^2-(3p^2+n^2)=p^2-n^2\leq0$

에서 $-n\leq p\leq n$이므로 구하는 정수 p의 개수 a_n은

$a_n=2n+1$이다.

$\displaystyle\sum_{k=1}^{n}\frac{1}{a_k a_{k+1}}=\sum_{k=1}^{n}\frac{1}{(2k+1)(2k+3)}$

$\displaystyle\hspace{2cm}=\frac{1}{2}\sum_{k=1}^{n}\left(\frac{1}{2k+1}-\frac{1}{2k+3}\right)$

$$= \frac{1}{2}\left\{\left(\frac{1}{3}-\frac{1}{5}\right)+\left(\frac{1}{5}-\frac{1}{7}\right)+\left(\frac{1}{7}-\frac{1}{9}\right)+\right.$$
$$\left.\cdots+\left(\frac{1}{2n+1}-\frac{1}{2n+3}\right)\right\}$$
$$=\frac{1}{2}\left(\frac{1}{3}-\frac{1}{2n+3}\right)$$
$$\therefore \sum_{n=1}^{\infty}\frac{1}{a_n a_{n+1}}=\lim_{n\to\infty}\sum_{k=1}^{n}\frac{1}{a_k a_{k+1}}$$
$$=\lim_{n\to\infty}\frac{1}{2}\left(\frac{1}{3}-\frac{1}{2n+3}\right)$$
$$=\frac{1}{2}\times\frac{1}{3}=\frac{1}{6}$$

답 ①

037

곡선 $y=\dfrac{n}{x}$ 과 직선 $y=x$ 가 만나는 점의 x 좌표는

$\dfrac{n}{x}=x$ 에서 $x^2=n$

$\therefore x=-\sqrt{n}$ 또는 $x=\sqrt{n}$

따라서 두 점 $(-\sqrt{n},\,-\sqrt{n})$ 과 $(\sqrt{n},\,\sqrt{n})$ 사이의

거리는 $a_n=2\sqrt{2n}$ 이다.

$$\therefore \lim_{n\to\infty}\sqrt{n}\,(a_{n+1}-a_n)=2\sqrt{2}\lim_{n\to\infty}(\sqrt{n^2+n}-n)$$
$$=2\sqrt{2}\lim_{n\to\infty}\frac{n}{\sqrt{n^2+n}+n}$$
$$=2\sqrt{2}\times\frac{1}{2}=\sqrt{2}$$

답 ①

038

함수 $g(x)$ 는 함수 $f(x)$ 의 역함수이므로

두 곡선 $y=f(x)$, $y=g(x)$ 는 직선 $y=x$ 에 대하여

대칭이다.

따라서 두 곡선 $y=f(x)$, $y=g(x)$ 가 만나는 점 P_n 은

곡선 $y=f(x)$ 와 직선 $y=x$ 가 만나는 점이다.

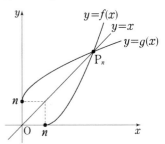

방정식 $f(x)=x$ 에서

$(x-n)^2=x$, $x^2-(2n+1)x+n^2=0$

$$x=\frac{2n+1+\sqrt{4n+1}}{2}\ (\because\ x\geq n)$$

$\mathrm{P}_n\left(\dfrac{2n+1+\sqrt{4n+1}}{2},\ \dfrac{2n+1+\sqrt{4n+1}}{2}\right)$ 이므로

$$a_n=\overline{\mathrm{OP}_n}$$
$$=\sqrt{2}\times\frac{2n+1+\sqrt{4n+1}}{2}$$
$$\therefore \lim_{n\to\infty}\frac{a_n}{n}=\lim_{n\to\infty}\left(\sqrt{2}\times\frac{2+\dfrac{1}{n}+\sqrt{\dfrac{4}{n}+\dfrac{1}{n^2}}}{2}\right)$$
$$=\sqrt{2}\times\frac{2+0+0}{2}$$
$$=\sqrt{2}$$

답 ②

039

$a_n=3\times5^{n-1}$ 이고,

$S_n=\dfrac{3(5^n-1)}{5-1}=\dfrac{3(5^n-1)}{4}$ 이므로

$$\lim_{n\to\infty}\frac{S_n-k^n}{a_n+k^n}=\lim_{n\to\infty}\frac{\dfrac{3}{4}\times5^n-\dfrac{3}{4}-k^n}{3\times5^{n-1}+k^n}$$

(i) $k>5$ 일 때

$$\lim_{n\to\infty}\frac{\dfrac{3}{4}\times5^n-\dfrac{3}{4}-k^n}{3\times5^{n-1}+k^n}$$
$$=\lim_{n\to\infty}\frac{\dfrac{3}{4}-\dfrac{3}{4\times5^n}-\left(\dfrac{k}{5}\right)^n}{\dfrac{3}{5}+\left(\dfrac{k}{5}\right)^n}=-1$$

(ii) $k=5$ 일 때

$$\lim_{n\to\infty}\frac{\dfrac{3}{4}\times5^n-\dfrac{3}{4}-k^n}{3\times5^{n-1}+k^n}=\lim_{n\to\infty}\frac{\dfrac{3}{4}\times5^n-\dfrac{3}{4}-5^n}{3\times5^{n-1}+5^n}$$
$$=\lim_{n\to\infty}\frac{\dfrac{3}{4}-\dfrac{3}{4}\times\dfrac{1}{5^n}-1}{\dfrac{3}{5}+1}$$
$$=-\frac{5}{32}$$

(iii) $0 < k < 5$일 때

$$\lim_{n \to \infty} \frac{\dfrac{3}{4} \times 5^n - \dfrac{3}{4} - k^n}{3 \times 5^{n-1} + k^n}$$

$$= \lim_{n \to \infty} \frac{\dfrac{3}{4} - \dfrac{3}{4 \times 5^n} - \left(\dfrac{k}{5}\right)^n}{\dfrac{3}{5} + \left(\dfrac{k}{5}\right)^n} = \frac{5}{4}$$

(i)~(iii)에서 $\displaystyle\lim_{n \to \infty} \frac{S_n - k^n}{a_n + k^n} > 0$이 되도록 하는 양수 k의

범위는 $0 < k < 5$이므로 모든 자연수 k의 값의 합은
$1 + 2 + 3 + 4 = 10$

답 10

040

그림 R_1에서 반원의 반지름의 길이는 $\overline{\mathrm{MN}} = 1$이다.

$$\therefore S_1 = \frac{1}{2} \times \pi \times 1^2 = \frac{\pi}{2}$$

한편 두 그림 R_1, R_2에서 새로 그린 반원의 닮음비는
새로 그린 직사각형의 닮음비와 같다.
그림 R_2에 새로 생긴 2개의 직사각형에서 짧은 변의 길이를
$x \, (0 < x < 1)$라 하면 긴 변의 길이는 $2x$이다.
그림과 같이 직사각형의 한 꼭짓점인 호 BN 위의 점을 P라
하고, 점 P에서 선분 BC에 내린 수선의 발을 Q라 하자.

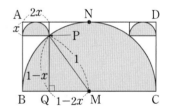

직각삼각형 PQM에서 피타고라스 정리에 의하여
$(1 - x)^2 + (1 - 2x)^2 = 1^2$
$5x^2 - 6x + 1 = 0$, $(x - 1)(5x - 1) = 0$

$$\therefore x = \frac{1}{5} \; (\because 0 < x < 1)$$

직사각형 ABCD와 그림 R_2에서
새로 그려진 직사각형의 닮음비는 $1 : \dfrac{1}{5}$이다.

이와 같은 과정을 계속하므로 모든 자연수 n에 대하여
두 그림 R_n, R_{n+1}에서 새로 그려진 직사각형의 닮음비도
$1 : \dfrac{1}{5}$이고 넓이의 비는 $1 : \left(\dfrac{1}{5}\right)^2 = 1 : \dfrac{1}{25}$이며 개수는
2배이다.

따라서 S_n은 첫째항이 $\dfrac{\pi}{2}$이고 공비가 $\dfrac{1}{25} \times 2 = \dfrac{2}{25}$인

등비수열의 첫째항부터 제n항까지의 합이므로

$$\lim_{n \to \infty} S_n = \frac{\dfrac{\pi}{2}}{1 - \dfrac{2}{25}} = \frac{25}{46}\pi$$

답 ⑤

041

$\displaystyle\sum_{n=1}^{\infty} \frac{a_n}{n} = 3$이므로 $\displaystyle\lim_{n \to \infty} \frac{a_n}{n} = 0$이고

$\displaystyle\sum_{n=1}^{\infty} b_n = 2$이므로 $\displaystyle\lim_{n \to \infty} b_n = 0$이다.

$$\therefore \lim_{n \to \infty} \frac{a_n + 2n}{2nb_n + n + 1} = \lim_{n \to \infty} \frac{\dfrac{a_n}{n} + 2}{2b_n + 1 + \dfrac{1}{n}} = 2$$

답 ④

042

$(n+2)^2 = n^2 + 4n + 4 < n^2 + 5n + 7$
$(n+3)^2 = n^2 + 6n + 9 > n^2 + 5n + 7$이므로
$n + 2 < \sqrt{n^2 + 5n + 7} < n + 3$
따라서 $a_n = n + 2$

$$\therefore \lim_{n \to \infty} \left(\sqrt{n^2 + 5n + 7} - a_n\right)$$

$$= \lim_{n \to \infty} \left\{ \sqrt{n^2 + 5n + 7} - (n+2) \right\}$$

$$= \lim_{n \to \infty} \frac{n^2 + 5n + 7 - (n+2)^2}{\sqrt{n^2 + 5n + 7} + n + 2}$$

$$= \lim_{n \to \infty} \frac{n^2 + 5n + 7 - (n^2 + 4n + 4)}{\sqrt{n^2 + 5n + 7} + n + 2}$$

$$= \lim_{n \to \infty} \frac{n + 3}{\sqrt{n^2 + 5n + 7} + n + 2}$$

$$= \lim_{n \to \infty} \frac{1 + \dfrac{3}{n}}{\sqrt{1 + \dfrac{5}{n} + \dfrac{7}{n^2}} + 1 + \dfrac{2}{n}}$$

$$= \frac{1}{1 + 1} = \frac{1}{2}$$

답 ④

043

$\dfrac{a_n - 3}{2} = c_n$ 이라 하면

$$\lim_{n \to \infty} c_n = \lim_{n \to \infty} \frac{a_n - 3}{2} = 1$$

이때 $a_n = 2c_n + 3$ 이므로

$$\lim_{n \to \infty} a_n = \lim_{n \to \infty} (2c_n + 3) = 2 \times 1 + 3 = 5$$

또한 $\dfrac{3}{b_n + 2} = d_n$ 이라 하면

$$\lim_{n \to \infty} d_n = \lim_{n \to \infty} \frac{3}{b_n + 2} = \frac{1}{2}$$

이때 $b_n = \dfrac{3}{d_n} - 2$ 이므로

$$\lim_{n \to \infty} b_n = \lim_{n \to \infty} \left(\frac{3}{d_n} - 2 \right) = 3 \times 2 - 2 = 4$$

$$\therefore \lim_{n \to \infty} \frac{2na_n + b_n}{nb_n + n} = \lim_{n \to \infty} \frac{2a_n + \dfrac{b_n}{n}}{b_n + 1} = \frac{2 \times 5 + 0}{4 + 1} = 2$$

답 ②

044

모든 자연수 n에 대하여

$\dfrac{n}{2} < a_n < \dfrac{n+1}{2}$ 이므로

$\displaystyle\sum_{k=1}^{n} \frac{k}{2} < \sum_{k=1}^{n} a_k < \sum_{k=1}^{n} \frac{k+1}{2}$ 이다.

$\dfrac{n(n+1)}{4} < \displaystyle\sum_{k=1}^{n} a_k < \dfrac{n(n+3)}{4}$ 이므로

$$\frac{4(n^2 - n)}{n(n+3)} < \frac{n^2 - n}{\displaystyle\sum_{k=1}^{n} a_k} < \frac{4(n^2 - n)}{n(n+1)},$$

$$\frac{4(n-1)}{n+3} < \frac{n^2 - n}{\displaystyle\sum_{k=1}^{n} a_k} < \frac{4(n-1)}{n+1}$$

이때 $\displaystyle\lim_{n \to \infty} \frac{4(n-1)}{n+3} = 4$, $\displaystyle\lim_{n \to \infty} \frac{4(n-1)}{n+1} = 4$ 이므로

수열의 극한의 대소 관계에 의하여

$$\lim_{n \to \infty} \frac{n^2 - n}{\displaystyle\sum_{k=1}^{n} a_k} = 4 \text{이다.}$$

답 4

045

수열 $\{\log a_n\}$ 의 첫째항부터 제n항까지의 합을 S_n 이라 하면

$$S_n = \sum_{k=1}^{n} \log a_k$$

$$= \log(2^n) - \frac{1}{2} \log(3^{n^2 - n})$$

$$= n \log 2 - \frac{n(n-1)}{2} \log 3$$

이므로

$n = 1$ 일 때, $\log a_1 = S_1 = \log 2$ 이고

$n \geq 2$ 일 때,

$$\log a_n = S_n - S_{n-1}$$

$$= \left\{ n \log 2 - \frac{n(n-1)}{2} \log 3 \right\}$$

$$\quad - \left\{ (n-1) \log 2 - \frac{(n-1)(n-2)}{2} \log 3 \right\}$$

$$= \log 2 - (n-1) \log 3 = \log \left\{ 2 \times \left(\frac{1}{3} \right)^{n-1} \right\}$$

이므로 $a_n = 2 \times \left(\dfrac{1}{3} \right)^{n-1}$ $(n \geq 1)$ 이다.

이때 수열 $\{a_n\}$ 은 첫째항이 2, 공비가 $\dfrac{1}{3}$ 인 등비수열이므로

$$\sum_{n=1}^{\infty} a_n = \frac{2}{1 - \dfrac{1}{3}} = 3$$

답 ③

046

원 $x^2 + y^2 = n^2$ 과 직선 $y = \sqrt{n}$ 의 교점의 x좌표는

x에 대한 방정식 $x^2 + (\sqrt{n})^2 = n^2$ 에서

$x^2 = n^2 - n$ 이므로

$x = -\sqrt{n^2 - n}$ 또는 $x = \sqrt{n^2 - n}$

이때 점 A_n 은 제1사분면 위의 점이므로

$a_n = \sqrt{n^2 - n}$ $(n \geq 2)$

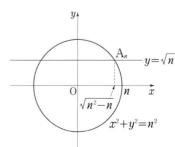

$$\sum_{k=2}^{n} \frac{1}{(a_k)^2} = \sum_{k=2}^{n} \frac{1}{(k-1)k} = \sum_{k=2}^{n} \left(\frac{1}{k-1} - \frac{1}{k} \right)$$

$$= \left(\frac{1}{1} - \frac{1}{2} \right) + \left(\frac{1}{2} - \frac{1}{3} \right) + \left(\frac{1}{3} - \frac{1}{4} \right) + \cdots$$

$$+ \left(\frac{1}{n-1} - \frac{1}{n} \right)$$

$$= 1 - \frac{1}{n}$$

$$\therefore \sum_{n=2}^{\infty} \frac{1}{(a_n)^2} = \lim_{n \to \infty} \sum_{k=2}^{n} \frac{1}{(a_k)^2} = \lim_{n \to \infty} \left(1 - \frac{1}{n} \right) = 1$$

답 ②

047

$$\sum_{k=1}^{n} \frac{a_{k+1} - a_k}{a_k a_{k+1}} = \sum_{k=1}^{n} \left(\frac{1}{a_k} - \frac{1}{a_{k+1}} \right)$$

$$= \left(\frac{1}{a_1} - \frac{1}{a_2} \right) + \left(\frac{1}{a_2} - \frac{1}{a_3} \right) + \cdots$$

$$+ \left(\frac{1}{a_n} - \frac{1}{a_{n+1}} \right)$$

$$= \frac{1}{a_1} - \frac{1}{a_{n+1}}$$

$$= 1 - \frac{1}{a_{n+1}} \ (\because \ a_1 = 1)$$

$$= \frac{3n+1}{3n+2}$$

에서 $\dfrac{1}{a_{n+1}} = \dfrac{1}{3n+2}$ 이므로

$$a_{n+1} = 3n + 2$$

즉, $a_n = \begin{cases} 1 & (n=1) \\ 3n-1 & (n \geq 2) \end{cases}$ 이므로

$$\sum_{k=1}^{n} a_k = 1 + \sum_{k=2}^{n} (3k-1) = 1 + \sum_{k=1}^{n} (3k-1) - 2$$

$$= 3 \times \frac{n(n+1)}{2} - n - 1 = \frac{3}{2}n^2 + \frac{1}{2}n - 1$$

$$\therefore \lim_{n \to \infty} \frac{(a_n)^2}{\sum\limits_{k=1}^{n} a_k} = \lim_{n \to \infty} \frac{(3n-1)^2}{\frac{3}{2}n^2 + \frac{1}{2}n - 1}$$

$$= \lim_{n \to \infty} \frac{\left(3 - \frac{1}{n} \right)^2}{\frac{3}{2} + \frac{1}{2n} - \frac{1}{n^2}} = \frac{9}{\frac{3}{2}} = 6$$

답 6

048

등비수열 $\{a_n\}$은 모든 항이 양수이므로

첫째항을 $a \ (a > 0)$, 공비를 $r \ (r > 0)$라 하면

$a_n = a \times r^{n-1}$이다.

$$\lim_{n \to \infty} \frac{3^n a_n + 2^{2n+1}}{3 \times 4^n + 1} = \lim_{n \to \infty} \frac{3^n \times a \times r^{n-1} + 2 \times 2^{2n}}{3 \times 4^n + 1}$$

$$= \lim_{n \to \infty} \frac{\frac{a}{r} \times (3r)^n + 2 \times 4^n}{3 \times 4^n + 1}$$

$$= \lim_{n \to \infty} \frac{\frac{a}{r} \left(\frac{3r}{4} \right)^n + 2}{3 + \left(\frac{1}{4} \right)^n}$$

(i) $0 < \dfrac{3r}{4} < 1$, 즉 $0 < r < \dfrac{4}{3}$ 인 경우

$$\lim_{n \to \infty} \left(\frac{3r}{4} \right)^n = 0$$이므로

$$\lim_{n \to \infty} \frac{\frac{a}{r} \left(\frac{3r}{4} \right)^n + 2}{3 + \left(\frac{1}{4} \right)^n} = \frac{2}{3}$$이다.

(ii) $\dfrac{3r}{4} = 1$, 즉 $r = \dfrac{4}{3}$ 인 경우

$$\lim_{n \to \infty} \left(\frac{3r}{4} \right)^n = 1$$이므로

$$\lim_{n \to \infty} \frac{\frac{a}{r} \left(\frac{3r}{4} \right)^n + 2}{3 + \left(\frac{1}{4} \right)^n} = \frac{\frac{3a}{4} + 2}{3} = \frac{a}{4} + \frac{2}{3}$$이다.

(iii) $\dfrac{3r}{4} > 1$, 즉 $r > \dfrac{4}{3}$ 인 경우

$$\lim_{n \to \infty} \left(\frac{3r}{4} \right)^n = \infty$$이므로

$$\lim_{n \to \infty} \frac{\frac{a}{r} \left(\frac{3r}{4} \right)^n + 2}{3 + \left(\frac{1}{4} \right)^n} = \infty$$이다.

(i)~(iii)에서 $\lim\limits_{n \to \infty} \dfrac{3^n a_n + 2^{2n+1}}{3 \times 4^n + 1} = \dfrac{5}{3}$를 만족시키는

경우는 $r = \dfrac{4}{3}$ 일 때이므로 $\dfrac{a}{4} + \dfrac{2}{3} = \dfrac{5}{3}$ 에서 $a = 4$이다.

따라서 $a_n = 4 \times \left(\dfrac{4}{3} \right)^{n-1}$ 이므로 $\dfrac{1}{a_n} = \dfrac{1}{4} \times \left(\dfrac{3}{4} \right)^{n-1}$

$$\therefore \sum_{n=1}^{\infty} \frac{10}{a_n} = 10 \sum_{n=1}^{\infty} \left\{ \frac{1}{4} \times \left(\frac{3}{4} \right)^{n-1} \right\}$$

$$= 10 \times \frac{\frac{1}{4}}{1 - \frac{3}{4}} = 10$$

답 10

049

점 $A_n(n, 0)$을 지나고 기울기가 $2n$인 직선 l의 방정식은

$$y = 2n(x - n)$$

$$\therefore y = 2nx - 2n^2$$

위의 식에 $x = 2n$을 대입하면

$$y = 4n^2 - 2n^2 = 2n^2$$

따라서 직선 l이 직선 $x = 2n$과 만나는 점의 좌표는

$B_n(2n, 2n^2)$

이때 직선 l과 수직인 직선의 기울기는 $-\frac{1}{2n}$이고, 이 직선이

점 B_n을 지나므로

$$y - 2n^2 = -\frac{1}{2n}(x - 2n)$$

$$\therefore y = -\frac{1}{2n}x + 2n^2 + 1$$

위의 식에 $x = 0$을 대입하면

$$y = 2n^2 + 1$$

따라서 이 직선이 y축과 만나는 점의 좌표는

$C_n(0, 2n^2 + 1)$

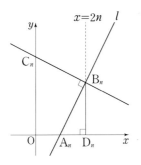

위의 그림과 같이 점 B_n에서 x축에 내린 수선의 발을

D_n이라 하면

$D_n(2n, 0)$

$S_n =$ (사각형 $OA_nB_nC_n$의 넓이)

= (사각형 $OD_nB_nC_n$의 넓이)

　　　　　　 $-$ (삼각형 $A_nB_nD_n$의 넓이)

$$= \frac{1}{2} \times \overline{OD_n} \times (\overline{OC_n} + \overline{B_nD_n})$$

$$\qquad\qquad -\frac{1}{2} \times \overline{A_nD_n} \times \overline{B_nD_n}$$

$$= \frac{1}{2} \times 2n \times (2n^2 + 1 + 2n^2) - \frac{1}{2} \times n \times 2n^2$$

$$= 4n^3 + n - n^3 = 3n^3 + n$$

$$\therefore \lim_{n \to \infty} \frac{S_n}{n^3} = \lim_{n \to \infty} \frac{3n^3 + n}{n^3} = 3$$

답 3

050

$\overline{AD_1} = 3$이고 $\overline{AE_1} : \overline{D_1E_1} = 2 : 1$이므로

$\overline{D_1E_1} = \overline{D_1F_1} = 1$, $\overline{C_1F_1} = 2$

$$\therefore S_1 = 1^2 \times \frac{\pi}{4} + \frac{1}{2} \times 2 \times 3 = 3 + \frac{\pi}{4}$$

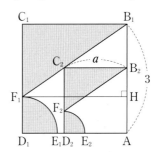

그림과 같이 점 F_1에서 선분 AB_1에 내린 수선의 발을 H라

하면 삼각형 B_1F_1H와 삼각형 $B_1B_2C_2$는 서로 닮음이고

$\overline{B_2C_2} = a$라 하면 $\overline{B_1B_2} = 3 - a$이므로

$\overline{B_2C_2} : \overline{B_1B_2} = \overline{F_1H} : \overline{B_1H}$에서

$a : 3 - a = 3 : 2$, $9 - 3a = 2a$

$5a = 9$

$$\therefore a = \frac{9}{5}$$

따라서 두 그림 R_1, R_2에 새로 색칠된 부분의 닮음비는

두 정사각형 $AB_1C_1D_1$, $AB_2C_2D_2$의 닮음비

$\overline{AB_1} : \overline{AB_2} = 3 : \frac{9}{5} = 1 : \frac{3}{5}$과 같다.

이와 같은 과정을 계속하므로 모든 자연수 n에 대하여

두 그림 R_n, R_{n+1}에서 새로 그려진 부분의 닮음비도

$1 : \frac{3}{5}$이고 넓이의 비는 $1 : \left(\frac{3}{5} \right)^2 = 1 : \frac{9}{25}$이다.

따라서 S_n은 첫째항이 $3 + \frac{\pi}{4}$, 공비가 $\frac{9}{25}$인 등비수열의

첫째항부터 제 n 항까지의 합이므로

$$\lim_{n \to \infty} S_n = \frac{3 + \dfrac{\pi}{4}}{1 - \dfrac{9}{25}} = \frac{25}{16}\left(3 + \frac{\pi}{4}\right)$$

답 ①

051

등비수열 $\{a_n\}$ 의 공비를 r 라 하면

$a_2 = 2$, $a_4 = \dfrac{4}{5}$ 에서

$r^2 = \dfrac{a_4}{a_2} = \dfrac{\dfrac{4}{5}}{2} = \dfrac{2}{5}$ 이다.

한편 $n \geq 2$ 일 때 a_{n-1}, a_{n+1} 의 등비중항은 a_n 이므로

$a_{n-1}a_{n+1} = (a_n)^2$ 이고

수열 $\{(a_n)^2\}$ 의 공비는 r^2 이다.

$$\therefore \sum_{n=2}^{\infty} a_{n-1}a_{n+1} = \sum_{n=2}^{\infty} (a_n)^2 = \frac{(a_2)^2}{1 - r^2}$$
$$= \frac{4}{1 - \dfrac{2}{5}} = \frac{20}{3}$$

답 ③

052

두 수열 $\{a_n\}$ 과 $\{b_n\}$ 이 수렴하므로

$\lim\limits_{n \to \infty} a_{n+1} = \lim\limits_{n \to \infty} a_n = \alpha$ (단, α 는 실수)

$\lim\limits_{n \to \infty} b_{n+1} = \lim\limits_{n \to \infty} b_n = \beta$ (단, β 는 실수)라 하자.

$a_{n+1} = \dfrac{1}{2}b_n + \dfrac{7}{2}$ 에서

$\lim\limits_{n \to \infty} a_{n+1} = \lim\limits_{n \to \infty}\left(\dfrac{1}{2}b_n + \dfrac{7}{2}\right)$ 이므로

$\alpha = \dfrac{1}{2}\beta + \dfrac{7}{2}$ ......㉠

$b_{n+1} = -\dfrac{1}{2}a_n + \dfrac{1}{2}$ 에서

$\lim\limits_{n \to \infty} b_{n+1} = \lim\limits_{n \to \infty}\left(-\dfrac{1}{2}a_n + \dfrac{1}{2}\right)$ 이므로

$\beta = -\dfrac{1}{2}\alpha + \dfrac{1}{2}$ ......㉡

㉠, ㉡을 연립하여 풀면

$\alpha = 3$, $\beta = -1$

$$\therefore \lim_{n \to \infty}(a_n + b_n) = 3 + (-1) = 2$$

답 2

053

모든 자연수 n 에 대하여

$\left| na_n - \dfrac{2n^2 + 1}{3n} \right| < \dfrac{n}{2^n}$ 이므로

$-\dfrac{n}{2^n} < na_n - \dfrac{2n^2 + 1}{3n} < \dfrac{n}{2^n}$

$-\dfrac{1}{2^n} + \dfrac{2n^2 + 1}{3n^2} < a_n < \dfrac{1}{2^n} + \dfrac{2n^2 + 1}{3n^2}$

이때

$\lim\limits_{n \to \infty}\left(-\dfrac{1}{2^n} + \dfrac{2n^2 + 1}{3n^2}\right) = \dfrac{2}{3}$,

$\lim\limits_{n \to \infty}\left(\dfrac{1}{2^n} + \dfrac{2n^2 + 1}{3n^2}\right) = \dfrac{2}{3}$ 이므로

수열의 극한의 대소 관계에 의하여 $\lim\limits_{n \to \infty} a_n = \dfrac{2}{3}$ 이다.

답 ②

054

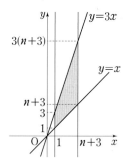

$$S_n = \frac{1}{2} \times \{2 + 2(n+3)\} \times (n+2)$$
$$= (n+2)(n+4)$$

$$\therefore \sum_{n=1}^{\infty} \frac{1}{S_n}$$
$$= \lim_{n \to \infty} \sum_{k=1}^{n} \frac{1}{(k+2)(k+4)}$$
$$= \frac{1}{2} \lim_{n \to \infty} \sum_{k=1}^{n} \left(\frac{1}{k+2} - \frac{1}{k+4}\right)$$

$$= \frac{1}{2} \lim_{n \to \infty} \left\{ \left(\frac{1}{3} - \frac{1}{5} \right) + \left(\frac{1}{4} - \frac{1}{6} \right) + \cdots \right.$$
$$\left. + \left(\frac{1}{n+1} - \frac{1}{n+3} \right) + \left(\frac{1}{n+2} - \frac{1}{n+4} \right) \right\}$$
$$= \frac{1}{2} \lim_{n \to \infty} \left(\frac{1}{3} + \frac{1}{4} - \frac{1}{n+3} - \frac{1}{n+4} \right)$$
$$= \frac{1}{2} \times \left(\frac{1}{3} + \frac{1}{4} \right) = \frac{7}{24}$$

답 ④

055

조건 (가)에서 $S_n = 3^n + k \times 5^n$ 이므로

$n \geq 2$일 때

$a_n = S_n - S_{n-1}$

$\quad = (3^n + k \times 5^n) - (3^{n-1} + k \times 5^{n-1})$

$\quad = 2 \times 3^{n-1} + 4k \times 5^{n-1}$

이므로 조건 (나)에서

$$\lim_{n \to \infty} \frac{a_n}{S_n - 5^{n+1}} = \lim_{n \to \infty} \frac{2 \times 3^{n-1} + 4k \times 5^{n-1}}{3^n + k \times 5^n - 5^{n+1}}$$

$$= \lim_{n \to \infty} \frac{2 \times \left(\frac{3}{5} \right)^{n-1} + 4k}{3 \times \left(\frac{3}{5} \right)^{n-1} + 5k - 25}$$

$$= \frac{4k}{5k - 25} = \frac{8}{5}$$

$\therefore \ k = 10$

답 10

056

수열 $\{a_n\}$은 첫째항이 2이고 공차가 3인 등차수열이므로

$a_n = 2 + 3(n-1) = 3n - 1$이고

$a_{3n-1} = 3(3n-1) - 1 = 9n - 4$이다.

한편 수열 $\{b_k\}$는 다음과 같다.

k	$a_n \leq k$를 만족시키는 a_n	b_k
1		0
2	2	1
3	2	1
4	2	1
5	2, 5	2
6	2, 5	2
7	2, 5	2
8	2, 5, 8	3
9	2, 5, 8	3
10	2, 5, 8	3
11	2, 5, 8, 11	4
⋮	⋮	⋮

따라서 자연수 m에 대하여

$$b_k = \begin{cases} m-1 & (k = 3m-2) \\ m & (k = 3m-1 \text{ 또는 } k = 3m) \end{cases}$$

$$\therefore \ \lim_{n \to \infty} \frac{a_{3n-1}}{b_{3n-1}} = \lim_{n \to \infty} \frac{9n-4}{n} = 9$$

답 ①

057

$x > -1$에서 $f(x) = \lim\limits_{n \to \infty} \dfrac{ax^n + bx}{x^{n+1} + 3}$ 이므로

(ⅰ) $-1 < x < 1$일 때

$$f(x) = \lim_{n \to \infty} \frac{ax^n + bx}{x^{n+1} + 3} = \frac{bx}{3}$$

(ⅱ) $x = 1$일 때

$$f(1) = \lim_{n \to \infty} \frac{a \times 1^n + b}{1^{n+1} + 3} = \frac{a+b}{4}$$

(ⅲ) $x > 1$일 때

$$f(x) = \lim_{n \to \infty} \frac{a + b \times \left(\frac{1}{x} \right)^{n-1}}{x + 3 \times \left(\frac{1}{x} \right)^n} = \frac{a}{x}$$

(ⅰ)~(ⅲ)에서 $f(x) = \begin{cases} 2x - 3 & (x \leq -1) \\ \dfrac{bx}{3} & (-1 < x < 1) \\ \dfrac{a+b}{4} & (x = 1) \\ \dfrac{a}{x} & (x > 1) \end{cases}$ 이다.

이때 함수 $f(x)$는 $x = 1$에서 연속이므로

$\lim\limits_{x \to 1-} f(x) = \lim\limits_{x \to 1+} f(x) = f(1)$에서

$\lim\limits_{x \to 1-} \dfrac{bx}{3} = \lim\limits_{x \to 1+} \dfrac{a}{x} = \dfrac{a+b}{4}$ 이어야 한다.

즉, $\dfrac{b}{3} = a$, $a = \dfrac{a+b}{4}$에서 $b = 3a$ ……㉠

또한 함수 $f(x)$는 $x = -1$에서 연속이므로

$\lim\limits_{x \to -1-} f(x) = \lim\limits_{x \to -1+} f(x) = f(-1)$에서

$\lim\limits_{x \to -1-} (2x - 3) = \lim\limits_{x \to -1+} \dfrac{bx}{3} = -5$ 이어야 한다.

즉, $-\dfrac{b}{3}=-5$이므로 $b=15$, $a=5$ ($\because$ ㉠)

$\therefore a+b=5+15=20$

답 20

058

두 등비수열 $\{a_n\}$, $\{b_n\}$의 공비를 r라 하면

조건 (나)에서

$$\sum_{n=1}^{\infty} a_n = \frac{a_1}{1-r} = \frac{9}{4}, \qquad \cdots\cdots㉠$$

$$\sum_{n=1}^{\infty} b_n = \frac{b_1}{1-r} = -\frac{3}{4}$$ 이므로

$$\sum_{n=1}^{\infty} a_n + \sum_{n=1}^{\infty} b_n = \frac{a_1}{1-r} + \frac{b_1}{1-r}$$

$$= \frac{a_1+b_1}{1-r} = \frac{2}{1-r} \ (\because 조건 (가))$$

$$= \frac{9}{4} + \left(-\frac{3}{4}\right) = \frac{3}{2} \ (\because 조건 (나))$$

따라서 $\dfrac{2}{1-r}=\dfrac{3}{2}$에서 $r=-\dfrac{1}{3}$이다.

이때 ㉠에서 $\dfrac{a_1}{1-\left(-\dfrac{1}{3}\right)}=\dfrac{9}{4}$이므로

$a_1=3$, $b_1=-1$ ($\because$ 조건 (가))

따라서

$a_n = 3 \times \left(-\dfrac{1}{3}\right)^{n-1}$, $b_n = (-1) \times \left(-\dfrac{1}{3}\right)^{n-1}$에서

$$(a_n-b_n)^2 = \left\{3 \times \left(-\frac{1}{3}\right)^{n-1} - (-1) \times \left(-\frac{1}{3}\right)^{n-1}\right\}^2$$

$$= \left[\{3-(-1)\}\left(-\frac{1}{3}\right)^{n-1}\right]^2$$

$$= 16 \times \left(\frac{1}{9}\right)^{n-1}$$

이므로 수열 $\left\{(a_n-b_n)^2\right\}$은 첫째항이 16이고 공비가 $\dfrac{1}{9}$인

등비수열이다.

$$\therefore \sum_{n=1}^{\infty} (a_n-b_n)^2 = \frac{16}{1-\dfrac{1}{9}} = 18$$

답 18

059

원점 O를 지나고 원 $(x-2n)^2+y^2=n^2+n$에 접하는

기울기가 a_n인 접선의 방정식은 $y=a_n x$이고,

점 $(2n, 0)$과 직선 $a_n x - y = 0$ 사이의 거리는

원의 반지름의 길이인 $\sqrt{n^2+n}$과 같다.

즉, $\dfrac{|2na_n|}{\sqrt{(a_n)^2+1}} = \sqrt{n^2+n}$에서

$4n^2(a_n)^2 = (n^2+n)\{(a_n)^2+1\}$,

$(a_n)^2 = \dfrac{n+1}{3n-1}$, $|a_n| = \sqrt{\dfrac{n+1}{3n-1}}$

$$\therefore \lim_{n \to \infty} |a_n| = \lim_{n \to \infty} \sqrt{\frac{n+1}{3n-1}} = \lim_{n \to \infty} \sqrt{\frac{1+\dfrac{1}{n}}{3-\dfrac{1}{n}}}$$

$$= \sqrt{\frac{1}{3}} = \frac{\sqrt{3}}{3}$$

다른풀이

원 $(x-2n)^2+y^2=n^2+n$의 중심을 Q_n이라 하고,

원점 O를 지나고 이 원에 접하는 직선의 한 접점을 P_n,

점 P_n에서 x축에 내린 수선의 발을 H_n이라 하자.

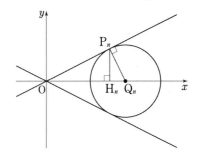

삼각형 $P_n O Q_n$은 직각삼각형이고

$\overline{OP_n} = \sqrt{(2n)^2 - (\sqrt{n^2+n})^2} = \sqrt{3n^2-n}$

이므로

$|a_n| = \dfrac{\overline{P_n H_n}}{\overline{OH_n}} = \dfrac{\overline{Q_n P_n}}{\overline{OP_n}} = \dfrac{\sqrt{n^2+n}}{\sqrt{3n^2-n}}$

$$\therefore \lim_{n \to \infty} |a_n| = \lim_{n \to \infty} \frac{\sqrt{n^2+n}}{\sqrt{3n^2-n}}$$

$$= \lim_{n \to \infty} \frac{\sqrt{1+\dfrac{1}{n}}}{\sqrt{3-\dfrac{1}{n}}} = \frac{1}{\sqrt{3}} = \frac{\sqrt{3}}{3}$$

답 ⑤

060

직각삼각형 ABC에서

$\overline{BC} = \sqrt{2} \times \overline{AB} = 3\sqrt{2}$

정사각형 DEFG의 한 변의 길이를 r라 하자.

두 삼각형 BDG, CEF는 각각

$\angle BDG = \dfrac{\pi}{2}$, $\angle CEF = \dfrac{\pi}{2}$인 직각이등변삼각형이므로

$\overline{BD} = \overline{CE} = r$

따라서 $\overline{BC} = \overline{BD} + \overline{DE} + \overline{CE} = 3r$이므로

$3r = 3\sqrt{2}$ $\therefore r = \sqrt{2}$

$\therefore S_1 = \left(\sqrt{2}\right)^2 = 2$

두 직각삼각형 ABC, HBD는 서로 닮음이고 닮음비는

$\overline{BC} : \overline{BD} = 3 : 1$, 즉 $1 : \dfrac{1}{3}$이므로 넓이의 비는 $1 : \dfrac{1}{9}$이다.

이때 새로 그려지는 사각형의 개수가 2배씩 늘어나므로 두

그림 R_1, R_2에 새로 색칠된 부분의 넓이의 비는 $1 : \dfrac{2}{9}$이다.

따라서 S_n은 첫째항이 2이고 공비가 $\dfrac{2}{9}$인 등비수열의

첫째항부터 제n항까지의 합이므로

$\displaystyle\lim_{n\to\infty} S_n = \dfrac{2}{1 - \dfrac{2}{9}} = \dfrac{18}{7}$

답 ②

061

등비수열 $\{a_n\}$의 첫째항을 a, 공비를 r라 하면

$a_n = a \times r^{n-1}$

$\displaystyle\lim_{n\to\infty} \dfrac{4^{n+1}}{a_n + 3^n} = \lim_{n\to\infty} \dfrac{4^{n+1}}{a \times r^{n-1} + 3^n}$

$= \displaystyle\lim_{n\to\infty} \dfrac{4}{\dfrac{a}{r} \times \left(\dfrac{r}{4}\right)^n + \left(\dfrac{3}{4}\right)^n} = 2$

이때 $\displaystyle\lim_{n\to\infty} \left(\dfrac{3}{4}\right)^n = 0$이므로 $\displaystyle\lim_{n\to\infty} \dfrac{a}{r} \times \left(\dfrac{r}{4}\right)^n = 2$에서

$r = 4$, $a = 8$

따라서 $a_n = 8 \times 4^{n-1} = 2 \times 4^n$이므로

$\displaystyle\sum_{n=1}^{\infty} \dfrac{1}{a_{2n-1}} = \sum_{n=1}^{\infty} \dfrac{1}{2 \times 4^{2n-1}} = \dfrac{\dfrac{1}{8}}{1 - \dfrac{1}{16}} = \dfrac{2}{15}$

답 ②

062

공비가 $x^2 - x - 1$이므로 주어진 등비수열이 수렴하려면

$-1 < x^2 - x - 1 \le 1$을 만족시켜야 한다.

(i) $-1 < x^2 - x - 1$일 때

　$x^2 - x > 0$, $x(x-1) > 0$

　$\therefore x < 0$ 또는 $x > 1$

(ii) $x^2 - x - 1 \le 1$일 때

　$x^2 - x - 2 \le 0$, $(x+1)(x-2) \le 0$

　$\therefore -1 \le x \le 2$

(i), (ii)에서 조건을 만족시키는 x의 값의 범위는

$-1 \le x < 0$ 또는 $1 < x \le 2$

따라서 구하는 정수 x의 합은

$-1 + 2 = 1$

답 ④

063

$\displaystyle\lim_{n\to\infty} \left(\sqrt{an^2 + 6n} - n\right) = \lim_{n\to\infty} \dfrac{\left(\sqrt{an^2 + 6n}\right)^2 - n^2}{\sqrt{an^2 + 6n} + n}$

$= \displaystyle\lim_{n\to\infty} \dfrac{(a-1)n^2 + 6n}{\sqrt{an^2 + 6n} + n}$

$= \displaystyle\lim_{n\to\infty} \dfrac{(a-1)n + 6}{\sqrt{a + \dfrac{6}{n}} + 1}$ ……㉠

㉠의 극한값이 존재해야 하므로

$a - 1 = 0$ $\therefore a = 1$

이를 ㉠에 대입하면

$\displaystyle\lim_{n\to\infty} \dfrac{(a-1)n + 6}{\sqrt{a + \dfrac{6}{n}} + 1} = \lim_{n\to\infty} \dfrac{6}{\sqrt{1 + \dfrac{6}{n}} + 1}$

$= \dfrac{6}{1 + 1} = 3 = b$

$\therefore a + b = 1 + 3 = 4$

답 4

064

함수 $\sin \dfrac{(x-1)\pi}{3}$의 주기는 6이므로

$\sin 0 = \sin \pi = \cdots = 0$,

$\sin \dfrac{\pi}{3} = \sin \dfrac{2\pi}{3} = \cdots = \dfrac{\sqrt{3}}{2}$,

$\sin\dfrac{4\pi}{3}=\sin\dfrac{5\pi}{3}=\cdots=-\dfrac{\sqrt{3}}{2}$에서

수열 $\{a_n\}$은 다음과 같다.

n	1	2	3	4	5	6
a_n	0	$\dfrac{\sqrt{3}}{2^2}$	$\dfrac{\sqrt{3}}{2^3}$	0	$-\dfrac{\sqrt{3}}{2^5}$	$-\dfrac{\sqrt{3}}{2^6}$

7	8	9	10	11	12	$\cdots$
0	$\dfrac{\sqrt{3}}{2^8}$	$\dfrac{\sqrt{3}}{2^9}$	0	$-\dfrac{\sqrt{3}}{2^{11}}$	$-\dfrac{\sqrt{3}}{2^{12}}$	$\cdots$

이때 구하는 값 $\displaystyle\sum_{n=1}^{\infty} a_n$은

첫째항이 $\dfrac{\sqrt{3}}{2^2}$이고 공비가 $-\dfrac{1}{8}$인 등비급수와

첫째항이 $\dfrac{\sqrt{3}}{2^3}$이고 공비가 $-\dfrac{1}{8}$인 등비급수의 합과 같다.

$$\therefore \sum_{n=1}^{\infty} a_n = \dfrac{\dfrac{\sqrt{3}}{2^2}}{1-\left(-\dfrac{1}{8}\right)}+\dfrac{\dfrac{\sqrt{3}}{2^3}}{1-\left(-\dfrac{1}{8}\right)}=\dfrac{\sqrt{3}}{3}$$

답 ③

065

조건 (가)에서

$$\dfrac{9^{n+1}-3}{8}<a_n+b_n<1+3^2+3^4+\cdots+3^{2n} \quad \cdots\cdots \text{㉠}$$

조건 (나)에서

$$-\dfrac{3\times9^n+1}{8}<b_n-a_n<-(3+3^3+3^5+\cdots+3^{2n-1}) \quad \cdots\cdots \text{㉡}$$

㉠+㉡에서

$$\dfrac{3\times9^n-2}{4}<2b_n<\dfrac{1-(-3)^{2n+1}}{1-(-3)},$$

$$\dfrac{3\times9^n-2}{8}<b_n<\dfrac{1+3^{2n+1}}{8}$$이므로

$$\dfrac{2(3\times9^n-2)}{3^n+9^n}<\dfrac{16b_n}{3^n+9^n}<\dfrac{2(1+3\times9^n)}{3^n+9^n}$$

이때

$$\lim_{n\to\infty}\dfrac{2(3\times9^n-2)}{3^n+9^n}=\lim_{n\to\infty}\dfrac{2\left(3-\dfrac{2}{9^n}\right)}{\dfrac{1}{3^n}+1}=6,$$

$$\lim_{n\to\infty}\dfrac{2(1+3\times9^n)}{3^n+9^n}=\lim_{n\to\infty}\dfrac{2\left(\dfrac{1}{9^n}+3\right)}{\dfrac{1}{3^n}+1}=6$$이므로

수열의 극한의 대소 관계에 의하여

$$\lim_{n\to\infty}\dfrac{16b_n}{3^n+9^n}=6$$이다.

답 6

066

직선 $y=n$이 곡선 $y=\log_3 x$와 만나는 점의 x좌표는

$\log_3 x=n$에서 $x=3^n$이다.

$\therefore \mathrm{P}_n(3^n,\,n),\ \mathrm{P}_{n+1}(3^{n+1},\,n+1)$

또한 $\mathrm{Q}_n(0,\,n),\ \mathrm{Q}_{n+1}(0,\,n+1)$이므로

$\overline{\mathrm{P}_n\mathrm{Q}_n}=3^n,\ \overline{\mathrm{P}_{n+1}\mathrm{Q}_{n+1}}=3^{n+1},\ \overline{\mathrm{Q}_n\mathrm{Q}_{n+1}}=1,$

$\overline{\mathrm{P}_n\mathrm{P}_{n+1}}=\sqrt{(3^{n+1}-3^n)^2+\{(n+1)-n\}^2}$

$\qquad\qquad=\sqrt{(2\times3^n)^2+1}=\sqrt{4\times9^n+1}$

이다. 따라서

$L_n=\overline{\mathrm{P}_n\mathrm{Q}_n}+\overline{\mathrm{P}_{n+1}\mathrm{Q}_{n+1}}+\overline{\mathrm{Q}_n\mathrm{Q}_{n+1}}+\overline{\mathrm{P}_n\mathrm{P}_{n+1}}$

$\qquad=3^n+3^{n+1}+1+\sqrt{4\times9^n+1}$

$\therefore \displaystyle\lim_{n\to\infty}\dfrac{L_n}{3^n}=\lim_{n\to\infty}\dfrac{3^n+3^{n+1}+1+\sqrt{4\times9^n+1}}{3^n}$

$\qquad\qquad=\displaystyle\lim_{n\to\infty}\left(1+3+\dfrac{1}{3^n}+\sqrt{4+\dfrac{1}{9^n}}\right)$

$\qquad\qquad=1+3+0+\sqrt{4+0}=6$

답 6

067

(i) $0<k<4$일 때

$0<\dfrac{k}{4}<1$이므로

$a_k=\displaystyle\lim_{n\to\infty}\dfrac{k^{n+1}+3^n}{3\times k^n+4^n}$

$\quad=\displaystyle\lim_{n\to\infty}\dfrac{k\times\left(\dfrac{k}{4}\right)^n+\left(\dfrac{3}{4}\right)^n}{3\times\left(\dfrac{k}{4}\right)^n+1}=0$

(ii) $k=4$일 때

$a_4=\displaystyle\lim_{n\to\infty}\dfrac{4^{n+1}+3^n}{3\times4^n+4^n}=\lim_{n\to\infty}\dfrac{4+\left(\dfrac{3}{4}\right)^n}{3+1}=1$

(iii) $k > 4$일 때

$0 < \dfrac{4}{k} < 1$이므로

$$a_k = \lim_{n \to \infty} \frac{k^{n+1} + 3^n}{3 \times k^n + 4^n} = \lim_{n \to \infty} \frac{k + \left(\dfrac{3}{k}\right)^n}{3 + \left(\dfrac{4}{k}\right)^n} = \frac{k}{3}$$

(i)~(iii)에서

$$\sum_{k=1}^{10} a_k = \sum_{k=1}^{3} a_k + a_4 + \sum_{k=5}^{10} a_k$$

$$= 0 + 1 + \sum_{k=5}^{10} \frac{k}{3}$$

$$= 1 + \frac{1}{3} \times \frac{6 \times (5 + 10)}{2} = 16$$

답 16

068

$\dfrac{2-x}{2x} = n$ 에서

$-x + 2 = 2nx,\ x = \dfrac{2}{2n+1}$

따라서 곡선 $y = \dfrac{2-x}{2x}$ 와 직선 $y = n$이 만나는 점의 좌표는

$A_n\left(\dfrac{2}{2n+1},\ n\right)$

$\dfrac{2-x}{2x} = n+1$ 에서

$-x + 2 = 2nx + 2x,\ x = \dfrac{2}{2n+3}$

따라서 곡선 $y = \dfrac{2-x}{2x}$ 와 직선 $y = n+1$이 만나는 점의

좌표는

$B_n\left(\dfrac{2}{2n+3},\ n+1\right)$

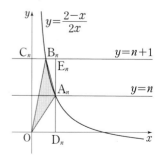

그림과 같이 직선 $y = n+1$이 y축과 만나는 점을 C_n,

점 A_n을 지나고 y축과 평행한 직선이 x축 및 직선

$y = n+1$과 만나는 점을 각각 D_n, E_n이라 하면

삼각형 OA_nB_n의 넓이는

$S_n = $(직사각형 $OC_nE_nD_n$의 넓이)

$\qquad -$(삼각형 OA_nD_n의 넓이 + 삼각형 OB_nC_n의 넓이

$\qquad\qquad\qquad\qquad + $삼각형 $A_nE_nB_n$의 넓이)

$$= \frac{2(n+1)}{2n+1} - \frac{1}{2}\left\{ \frac{2n}{2n+1} + \frac{2(n+1)}{2n+3} \right.$$

$$\left. + \left(\frac{2}{2n+1} - \frac{2}{2n+3} \right) \times 1 \right\}$$

$$= \frac{n+1}{2n+1} - \frac{n}{2n+3}$$

$$= \frac{(n+1)(2n+3) - n(2n+1)}{(2n+1)(2n+3)}$$

$$= \frac{4n+3}{(2n+1)(2n+3)}$$

$$\sum_{n=1}^{\infty} \frac{S_n}{4n+3} = \sum_{n=1}^{\infty} \left\{ \frac{1}{4n+3} \times \frac{4n+3}{(2n+1)(2n+3)} \right\}$$

$$= \sum_{n=1}^{\infty} \frac{1}{(2n+1)(2n+3)}$$

$$= \frac{1}{2} \sum_{n=1}^{\infty} \left(\frac{1}{2n+1} - \frac{1}{2n+3} \right)$$

$$= \frac{1}{2} \lim_{n \to \infty} \sum_{k=1}^{n} \left(\frac{1}{2k+1} - \frac{1}{2k+3} \right)$$

$$= \frac{1}{2} \lim_{n \to \infty} \left(\frac{1}{3} - \frac{1}{5} + \frac{1}{5} - \frac{1}{7} + \cdots \right.$$

$$\left. + \frac{1}{2n+1} - \frac{1}{2n+3} \right)$$

$$= \frac{1}{2} \lim_{n \to \infty} \left(\frac{1}{3} - \frac{1}{2n+3} \right) = \frac{1}{6}$$

답 ②

069

등비수열 $\{a_n\}$의 첫째항을 a, 공비를 r라 하면 모든 항이

자연수이므로 a, r는 모두 자연수이다.

$$\lim_{n \to \infty} \frac{a_n}{S_n} = \lim_{n \to \infty} \frac{ar^{n-1}}{\dfrac{a(r^n - 1)}{r - 1}} = \lim_{n \to \infty} \frac{r^n - r^{n-1}}{r^n - 1}$$

$$= \lim_{n \to \infty} \frac{r^n\left(1 - \dfrac{1}{r}\right)}{r^n - 1} = 1 - \frac{1}{r}$$

문제의 조건에서 $\lim\limits_{n\to\infty}\dfrac{a_n}{S_n}>\dfrac{7}{8}$이므로

$1-\dfrac{1}{r}>\dfrac{7}{8}$에서 $\dfrac{1}{r}<\dfrac{1}{8}$

$\therefore\ r>8$ ······㉠

$\lim\limits_{n\to\infty}\dfrac{a_{n+1}+3^{2n+1}}{4a_n+9^n}=\lim\limits_{n\to\infty}\dfrac{ar^n+3\times9^n}{4ar^{n-1}+9^n}$에서

(i) $r<9$일 때

$$\lim_{n\to\infty}\frac{ar^n+3\times9^n}{4ar^{n-1}+9^n}=\lim_{n\to\infty}\frac{a\left(\dfrac{r}{9}\right)^n+3}{4a\left(\dfrac{r}{9}\right)^n\times\dfrac{1}{r}+1}$$

$$=\frac{0+3}{0+1}=3$$

(ii) $r=9$일 때

$$\lim_{n\to\infty}\frac{ar^n+3\times9^n}{4ar^{n-1}+9^n}=\lim_{n\to\infty}\frac{a\times9^n+3\times9^n}{4a\times9^{n-1}+9^n}$$

$$=\frac{a+3}{\dfrac{4}{9}a+1}$$

$$=\frac{9a+27}{4a+9}$$

$\dfrac{9a+27}{4a+9}=3$에서 $9a+27=12a+27$, 즉 $a=0$

이때 a는 자연수이므로 조건을 만족시키지 않는다.

(iii) $r>9$일 때

$$\lim_{n\to\infty}\frac{ar^n+3\times9^n}{4ar^{n-1}+9^n}=\lim_{n\to\infty}\frac{a+3\times\left(\dfrac{9}{r}\right)^n}{\dfrac{4a}{r}+\left(\dfrac{9}{r}\right)^n}$$

$$=\frac{a}{\dfrac{4a}{r}}=\frac{r}{4}$$

$\dfrac{r}{4}=3$에서 $r=12$

(i)~(iii)에서 조건을 만족시키는 등비수열 $\{a_n\}$의 공비 r는

$r=1,\ 2,\ 3,\ 4,\ 5,\ 6,\ 7,\ 8,\ 12$ ······㉡

㉠, ㉡을 동시에 만족시키는 r의 값은 $r=12$

$$\therefore\ \frac{S_2}{a_2}=\frac{\dfrac{a(r^2-1)}{r-1}}{ar}=1+\frac{1}{r}$$

$$=1+\frac{1}{12}=\frac{13}{12}$$

답 ⑤

070

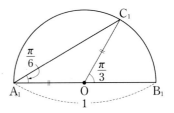

선분 A_1B_1의 중점을 O라 하면

$\angle C_1OB_1=2\angle C_1A_1B_1=\dfrac{\pi}{3}$,

$\angle C_1OA_1=\dfrac{2}{3}\pi$이므로

$$S_1=\frac{1}{2}\times\frac{1}{2}\times\frac{1}{2}\times\sin\frac{2}{3}\pi+\frac{1}{2}\times\left(\frac{1}{2}\right)^2\times\frac{\pi}{3}$$

$$=\frac{\sqrt{3}}{16}+\frac{\pi}{24}=\frac{3\sqrt{3}+2\pi}{48}$$

한편 선분 OA_2와 선분 A_1B_2가 만나는 점을 P라 하면

$\angle A_1PO=\dfrac{\pi}{4}$ ($\because$ 맞꼭지각)

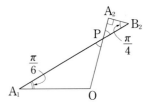

이때 삼각형 A_1OP에서 사인법칙에 의하여

$$\frac{\overline{OP}}{\sin\dfrac{\pi}{6}}=\frac{\dfrac{1}{2}}{\sin\dfrac{\pi}{4}}\text{에서}$$

$$\overline{OP}=\frac{\dfrac{1}{2}}{\sin\dfrac{\pi}{4}}\times\sin\frac{\pi}{6}=\frac{\dfrac{1}{2}}{\dfrac{1}{\sqrt{2}}}\times\frac{1}{2}=\frac{\sqrt{2}}{4}$$

이고 $\overline{A_1B_1}=1$이므로

$$\overline{A_2B_2}=\overline{A_2P}=\frac{1}{2}-\overline{OP}=\frac{2-\sqrt{2}}{4}$$

따라서 두 그림 R_1, R_2에서 새로 색칠된 부분의 닮음비는

두 반원의 지름 A_1B_1, A_2B_2의 길이의 비 $1:\dfrac{2-\sqrt{2}}{4}$와 같다.

이와 같은 과정을 계속하므로 두 그림 R_n, R_{n+1}에서 새로

색칠된 부분의 닮음비도 $1:\dfrac{2-\sqrt{2}}{4}$이고 넓이의 비는

$1 : \left(\dfrac{2-\sqrt{2}}{4}\right)^2 = 1 : \dfrac{3-2\sqrt{2}}{8}$ 이다.

따라서 S_n은 첫째항이 $\dfrac{3\sqrt{3}+2\pi}{48}$, 공비가 $\dfrac{3-2\sqrt{2}}{8}$ 인

등비수열의 첫째항부터 제 n 항까지의 합이므로

$$\lim_{n\to\infty} S_n = \dfrac{\dfrac{3\sqrt{3}+2\pi}{48}}{1-\dfrac{3-2\sqrt{2}}{8}} = \dfrac{3\sqrt{3}+2\pi}{48-6(3-2\sqrt{2})}$$

$$= \dfrac{3\sqrt{3}+2\pi}{30+12\sqrt{2}} = \dfrac{3\sqrt{3}+2\pi}{6(5+2\sqrt{2})}$$

$$= \dfrac{(3\sqrt{3}+2\pi)(5-2\sqrt{2})}{102}$$

답 ③

071

급수 $\displaystyle\sum_{n=1}^{\infty} \dfrac{na_n-3}{n}$ 이 수렴하므로

$$\lim_{n\to\infty}\left(\dfrac{na_n-3}{n}\right) = \lim_{n\to\infty}\left(a_n - \dfrac{3}{n}\right) = 0 \text{에서}$$

$$\lim_{n\to\infty} a_n = 0$$

급수 $\displaystyle\sum_{n=1}^{\infty}\left(b_n - \dfrac{3n^3-1}{n^3+2n^2}\right)$ 이 수렴하므로

$$\lim_{n\to\infty}\left(b_n - \dfrac{3n^3-1}{n^3+2n^2}\right) = 0 \text{에서} \lim_{n\to\infty} b_n = 3$$

$$\therefore \lim_{n\to\infty}(a_n+b_n) = 0+3 = 3$$

답 3

072

$S_n = 6n^2 - 8n$ 이므로

$n = 1$일 때 $a_1 = S_1 = -2$ ......㉠

$n \geq 2$일 때

$$a_n = S_n - S_{n-1}$$

$$= (6n^2-8n) - \{6(n-1)^2 - 8(n-1)\}$$

$$= 12n - 14 \qquad\qquad ......㉡$$

㉡에 $n = 1$을 대입하여 얻은 값이 ㉠과 같다.

$\therefore a_n = 12n - 14$ (단, $n \geq 1$인 자연수)

$T_n = \dfrac{1}{4}n^2 + 2n$ 이므로

$n = 1$일 때 $b_1 = T_1 = \dfrac{9}{4}$ ......㉢

$n \geq 2$일 때

$$b_n = T_n - T_{n-1}$$

$$= \left(\dfrac{1}{4}n^2 + 2n\right) - \left\{\dfrac{1}{4}(n-1)^2 + 2(n-1)\right\}$$

$$= \dfrac{1}{2}n + \dfrac{7}{4} \qquad\qquad ......㉣$$

㉣에 $n = 1$을 대입하여 얻은 값이 ㉢과 같다.

$\therefore b_n = \dfrac{1}{2}n + \dfrac{7}{4}$ (단, $n \geq 1$인 자연수)

$$\therefore \lim_{n\to\infty}\dfrac{a_n}{b_n} = \lim_{n\to\infty}\dfrac{12n-14}{\dfrac{1}{2}n+\dfrac{7}{4}} = \dfrac{12}{\dfrac{1}{2}} = 24$$

답 24

> **참고**
>
> 첫째항이 a, 공차가 $d(d \neq 0)$인 등차수열 $\{a_n\}$의
> 첫째항부터 제 n 항까지의 합을 S_n 이라 하면
> $$S_n = \dfrac{n\{2a+(n-1)d\}}{2} = \dfrac{d}{2}n^2 + \dfrac{2a-d}{2}n$$
> 이므로 S_n은 최고차항의 계수가 (공차) $\times \dfrac{1}{2}$ 인 n에 대한 이차식이다.
> 역으로 수열 $\{a_n\}$의 첫째항부터 제 n 항까지의 합 S_n이 n에 관한 이차식
> $S_n = pn^2 + qn$ (단, p, q는 상수)
> 인 경우 일반항 $a_n = S_n - S_{n-1}$은 n에 관한 일차식이고,
> 이때 수열 $\{a_n\}$은 공차가 $2p$인 등차수열이다.
> 따라서 문제의
> $S_n = 6n^2 - 8n$ 에서 수열 $\{a_n\}$은 공차가 $6 \times 2 = 12$인 등차수열이고,
> $T_n = \dfrac{1}{4}n^2 + 2n$ 에서 수열 $\{b_n\}$은 공차가 $\dfrac{1}{4} \times 2 = \dfrac{1}{2}$ 인
> 등차수열임을 알 수도 있다.

073

조건 (가)에서 $5n^2 + 2 > 0$이므로

조건 (나)의 부등식 $4n^2 + 2 \leq a_n + n^2 b_n \leq 4n^2 + 5$에서

$$\dfrac{4n^2+2}{5n^2+2} \leq \dfrac{a_n+n^2 b_n}{5n^2+2} \leq \dfrac{4n^2+5}{5n^2+2}$$

이때 $\displaystyle\lim_{n\to\infty}\dfrac{4n^2+2}{5n^2+2} = \dfrac{4}{5}$, $\displaystyle\lim_{n\to\infty}\dfrac{4n^2+5}{5n^2+2} = \dfrac{4}{5}$이므로

수열의 극한의 대소 관계에 의하여

$$\lim_{n\to\infty}\dfrac{a_n+n^2 b_n}{5n^2+2} = \dfrac{4}{5}$$

조건 (가)에서 $\displaystyle\lim_{n\to\infty}\dfrac{a_n}{5n^2+2} = 2$이므로

$$\lim_{n\to\infty}\frac{n^2 b_n}{5n^2+2}=\lim_{n\to\infty}\frac{a_n+n^2 b_n}{5n^2+2}-\lim_{n\to\infty}\frac{a_n}{5n^2+2}$$

$$=\frac{4}{5}-2=-\frac{6}{5}$$

$$\lim_{n\to\infty}b_n=\lim_{n\to\infty}\frac{n^2 b_n}{5n^2+2}\times\lim_{n\to\infty}\frac{5n^2+2}{n^2}$$

$$=-\frac{6}{5}\times 5=-6$$

$$\therefore\ -5\times\lim_{n\to\infty}b_n=-5\times(-6)=30$$

답 30

074

$a_1=1,\ a_2=4,\ a_3=4,\ a_4=1,\ a_5=0,\ a_6=1,$

$a_7=4,\ a_8=4,\ a_9=1,\ a_{10}=0,\ a_{11}=1,\ \cdots$

$\therefore\ a_{5n-4}=1,\ a_{5n-3}=4,\ a_{5n-2}=4,$

$\quad a_{5n-1}=1,\ a_{5n}=0\ (n=1,\ 2,\ 3,\ \cdots)$

$f(5n)=\displaystyle\sum_{k=1}^{5n}a_k=10n$이므로

$f(5^n)=f(5\times 5^{n-1})=10\times 5^{n-1}$

$f(5^{n+1})=f(5\times 5^n)=10\times 5^n$

$$\therefore\ \lim_{n\to\infty}\frac{f(5^{n+1})-f(5^n)}{f(5^n)+5^n}$$

$$=\lim_{n\to\infty}\frac{10\times 5^n-10\times 5^{n-1}}{10\times 5^{n-1}+5^n}$$

$$=\frac{10-2}{2+1}=\frac{8}{3}$$

$\therefore\ p+q=3+8=11$

답 11

075

$a_n a_{n+1}=\dfrac{4}{3}$에서

$n=1$일 때 $a_2=\dfrac{4}{3}\times\dfrac{1}{a_1}=\dfrac{2}{3}$

$n=2$일 때 $a_3=\dfrac{4}{3}\times\dfrac{1}{a_2}=2$

$n=3$일 때 $a_4=\dfrac{4}{3}\times\dfrac{1}{a_3}=\dfrac{2}{3}$

$\quad\vdots$

이므로 수열 $\{a_n\}$은 자연수 m에 대하여

$$a_n=\begin{cases}2\ (n=2m-1)\\[2mm]\dfrac{2}{3}\ (n=2m)\end{cases}\text{이다.}$$

$a_n+a_{n+1}=\dfrac{2}{3}+2=\dfrac{8}{3}$이므로 $(a_n+a_{n+1})^2=\dfrac{64}{9}$

n이 홀수일 때 $a_n-a_{n+1}=2-\dfrac{2}{3}=\dfrac{4}{3}$이고,

n이 짝수일 때 $a_n-a_{n+1}=\dfrac{2}{3}-2=-\dfrac{4}{3}$이므로

$(a_n-a_{n+1})^2=\dfrac{16}{9}$

$$\therefore\ \sum_{n=1}^{\infty}\left(\frac{a_n-a_{n+1}}{a_n+a_{n+1}}\right)^{2n}=\sum_{n=1}^{\infty}\left\{\frac{(a_n-a_{n+1})^2}{(a_n+a_{n+1})^2}\right\}^n$$

$$=\sum_{n=1}^{\infty}\left(\frac{\frac{16}{9}}{\frac{64}{9}}\right)^n=\sum_{n=1}^{\infty}\left(\frac{1}{4}\right)^n$$

$$=\frac{\frac{1}{4}}{1-\frac{1}{4}}=\frac{1}{3}$$

답 ②

076

등비수열 $\{a_n\}$의 첫째항을 $a\ (a>0)$, 공비를 r라 하면

수열 $\{a_{2n-1}\}$은 공비가 r^2인 등비수열이고,

$\displaystyle\sum_{n=1}^{\infty}a_{2n-1}$이 0이 아닌 값에 수렴하므로

$0<r^2<1$

$\therefore\ -1<r<0$ 또는 $0<r<1$

그런데 $0<r<1$이면

$$\sum_{n=1}^{\infty}(|a_n|-3a_n)=\sum_{n=1}^{\infty}(-2a_n)=-2\times\frac{a}{1-r}\neq 0$$

으로 모순이다.

따라서 $-1<r<0$이고,

이때 수열 $\{|a_n|\}$은 공비가 $-r$인 등비수열이므로

$$\sum_{n=1}^{\infty}(|a_n|-3a_n)=\sum_{n=1}^{\infty}|a_n|-3\sum_{n=1}^{\infty}a_n$$

$$=\frac{a}{1-(-r)}-\frac{3a}{1-r}=0$$

에서 $\dfrac{a}{1+r}=\dfrac{3a}{1-r}$

$1-r=3(1+r)\ (\because\ a>0)\qquad\therefore\ r=-\dfrac{1}{2}$

수열 $\{a_{2n-1}\}$은 첫째항이 a이고 공비가 $r^2 = \dfrac{1}{4}$인

등비수열이므로

$$\sum_{n=1}^{\infty} a_{2n-1} = \frac{a}{1-\dfrac{1}{4}} = \frac{4}{3}a = \frac{8}{3} \qquad \therefore \ a=2$$

따라서 수열 $\{a_{3n-1}\}$은 첫째항이 $a_2 = ar = -1$이고

공비가 $r^3 = -\dfrac{1}{8}$인 등비수열이므로

$$\sum_{n=1}^{\infty} a_{3n-1} = \frac{-1}{1-\left(-\dfrac{1}{8}\right)} = -\frac{8}{9}$$

답 ②

077

등비수열 $\{a_n\}$의 첫째항을 a, 공비를 r라 하면

$a_n = ar^{n-1}$이므로

$$\lim_{n\to\infty} \frac{a_1 + a_{n+1}}{a_2 + a_n} = \lim_{n\to\infty} \frac{a + ar^n}{ar + ar^{n-1}}$$

(i) $r > 1$일 때

$$\lim_{n\to\infty} \frac{a+ar^n}{ar+ar^{n-1}} = \lim_{n\to\infty} \frac{\dfrac{a}{r^n}+a}{\dfrac{a}{r^{n-1}}+\dfrac{a}{r}}$$

$$= \frac{a}{\dfrac{a}{r}} = r = \frac{3}{2}$$

(ii) $r = 1$일 때

$$\lim_{n\to\infty} \frac{a+ar^n}{ar+ar^{n-1}} = \frac{2a}{2a} = 1$$

이므로 조건을 만족시키지 않는다.

(iii) $0 < r < 1$일 때

$$\lim_{n\to\infty} \frac{a+ar^n}{ar+ar^{n-1}} = \frac{a}{ar} = \frac{1}{r} = \frac{3}{2}$$

$$\therefore \ r = \frac{2}{3}$$

(i)~(iii)에서 가능한 r의 값은 $\dfrac{3}{2}$ 또는 $\dfrac{2}{3}$이다.

한편 수열 $\left\{\dfrac{1}{(a_n)^2}\right\}$은 첫째항이 $\dfrac{1}{a^2}$이고 공비가 $\dfrac{1}{r^2}$인

등비수열이므로

급수 $\displaystyle\sum_{n=1}^{\infty} \dfrac{1}{(a_n)^2}$이 수렴하려면 $0 < \dfrac{1}{r^2} < 1$이어야 한다.

따라서 $r = \dfrac{3}{2}$이므로

$$\sum_{n=1}^{\infty} \frac{1}{(a_n)^2} = \frac{1}{a^2\left(1-\dfrac{1}{r^2}\right)} = \frac{9}{5a^2}$$

문제의 조건에서 $\displaystyle\sum_{n=1}^{\infty} \dfrac{1}{(a_n)^2} = 5$이므로

$\dfrac{9}{5a^2} = 5$에서 $a^2 = \dfrac{9}{25}$ $\qquad \therefore \ a = \dfrac{3}{5}$

$$\therefore \ \sum_{n=1}^{\infty} \frac{1}{a_n} = \frac{1}{a\left(1-\dfrac{1}{r}\right)} = \frac{5}{3} \times 3 = 5$$

답 5

078

$$\overline{\mathrm{OP}} = \sqrt{n^2 + (2-n)^2} = \sqrt{2n^2 - 4n + 4}$$

점 A는 원 $x^2 + y^2 = 2$와 직선 $x + y = 2$의 교점이므로

점 A의 좌표는 $(1, 1)$이다.

$$\overline{\mathrm{AP}} = \sqrt{(n-1)^2 + (-n+1)^2}$$

$$= \sqrt{2(n-1)^2}$$

따라서 삼각형 OAP의 넓이는

$$\frac{1}{2} \times \sqrt{2} \times \sqrt{2(n-1)^2} = n-1$$

이때 두 삼각형 OAP, AHP가 서로 닮음이고 닮음비는

$$\overline{\mathrm{OP}} : \overline{\mathrm{AP}} = \sqrt{2n^2-4n+4} : \sqrt{2n^2-4n+2}$$

따라서 두 삼각형 OAP, AHP의 넓이의 비는

$$2n^2 - 4n + 4 : 2n^2 - 4n + 2$$

$$\therefore \ S_n = (n-1) \times \frac{2(n-1)^2}{2n^2-4n+4} = \frac{(n-1)^3}{n^2-2n+2}$$

$$\therefore \ \lim_{n\to\infty} \frac{S_n}{n} = \lim_{n\to\infty} \frac{(n-1)^3}{n(n^2-2n+2)} = 1$$

답 ③

079

(i) $n^2 f(k) - 2 \geq 0$일 때

$$\lim_{n\to\infty} \frac{|n^2 f(k) - 2| - n^2 f(k)}{n^2 + 1}$$

$$= \lim_{n\to\infty} \frac{n^2 f(k) - 2 - n^2 f(k)}{n^2 + 1}$$

$$= \lim_{n\to\infty} \frac{-2}{n^2 + 1} = 0 \neq 2$$

즉, 주어진 식을 만족시키는 실수 k는 존재하지 않는다.

(ii) $n^2 f(k) - 2 < 0$일 때

$$\lim_{n \to \infty} \frac{\left| n^2 f(k) - 2 \right| - n^2 f(k)}{n^2 + 1}$$

$$= \lim_{n \to \infty} \frac{-n^2 f(k) + 2 - n^2 f(k)}{n^2 + 1}$$

$$= \lim_{n \to \infty} \frac{-2 f(k) + \dfrac{2}{n^2}}{1 + \dfrac{1}{n^2}} = -2 f(k) = 2$$

$$\therefore f(k) = -1$$

조건 (가)에서 $f(k) = -1$을 만족시키는 실수 k의
개수가 1이므로 이차함수 $y = f(x)$의 그래프와 직선
$y = -1$의 교점의 개수가 1이어야 한다.

즉, 이차함수 $f(x)$는 최솟값 -1을 갖는다.

(i), (ii)에서 이차함수 $f(x)$의 최고차항의 계수가 1이므로
$f(x) = (x - a)^2 - 1$ (단, a는 상수)

한편 조건 (나)에서

$$\lim_{n \to \infty} \{ f(x) + 1 \}^n = \lim_{n \to \infty} (x - a)^{2n}$$

위의 극한값이 존재하기 위한 x의 값의 범위는

$-1 \le x - a \le 1$ $\quad \therefore a - 1 \le x \le a + 1$

이때 이를 만족시키는 실수 x의 최댓값이 3이므로

$a + 1 = 3$ $\quad \therefore a = 2$

따라서 $f(x) = (x - 2)^2 - 1$이므로

$f(5) = 3^2 - 1 = 8$

답 8

080

직각삼각형 AB_1C_1에서 $\angle AC_1B_1 = \dfrac{\pi}{3}$이고

직각이등변삼각형 AB_2C_1에서 $\angle AC_1B_2 = \dfrac{\pi}{4}$이므로

$\angle B_1C_1B_2 = \dfrac{\pi}{3} - \dfrac{\pi}{4} = \dfrac{\pi}{12}$

선분 B_2C_1의 중점을 M_1이라 하면

$\overline{B_2M_1} = \overline{C_1M_1} = \overline{D_1M_1} = \sqrt{2}$

이고 원주각과 중심각 사이의 관계에 의하여

$\angle B_2M_1D_1 = \dfrac{\pi}{12} \times 2 = \dfrac{\pi}{6}$

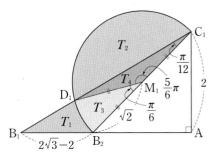

두 선분 B_1B_2, B_1D_1과 호 B_2D_1로 둘러싸인 부분의
넓이를 T_1, 선분 C_1D_1과 호 C_1D_1로 둘러싸인 부분의
넓이를 T_2라 하고, 부채꼴 $B_2D_1M_1$의 넓이를 T_3,
이등변삼각형 $C_1D_1M_1$의 넓이를 T_4라 하면

$$T_3 = \frac{1}{2} \times (\sqrt{2})^2 \times \frac{\pi}{6} = \frac{\pi}{6},$$

$$T_4 = \frac{1}{2} \times \sqrt{2} \times \sqrt{2} \times \sin \frac{5}{6}\pi = \frac{1}{2} \text{이므로}$$

$T_1 = (\text{삼각형 } B_1B_2C_1 \text{의 넓이}) - T_3 - T_4$

$$= \frac{1}{2} \times (2\sqrt{3} - 2) \times 2 - \frac{\pi}{6} - \frac{1}{2}$$

$$= 2\sqrt{3} - \frac{\pi}{6} - \frac{5}{2}$$

$T_2 = (\text{부채꼴 } C_1D_1M_1 \text{의 넓이}) - T_4$

$$= \frac{1}{2} \times (\sqrt{2})^2 \times \frac{5}{6}\pi - \frac{1}{2}$$

$$= \frac{5}{6}\pi - \frac{1}{2}$$

$$\therefore S_1 = T_1 + T_2 = 2\sqrt{3} + \frac{2}{3}\pi - 3$$

한편 두 그림 R_1, R_2에서 새로 색칠된 부분의 닮음비는
두 직각삼각형 AB_1C_1, AB_2C_2의 닮음비

$\overline{AB_1} : \overline{AB_2} = 1 : \dfrac{1}{\sqrt{3}}$과 같다.

이와 같은 과정을 계속하므로 모든 자연수 n에 대하여
두 그림 R_n, R_{n+1}에서 새로 색칠된 부분의 닮음비도

$1 : \dfrac{1}{\sqrt{3}}$이고 넓이의 비는 $1 : \left(\dfrac{1}{\sqrt{3}} \right)^2 = 1 : \dfrac{1}{3}$이다.

따라서 S_n은 첫째항이 $2\sqrt{3} + \dfrac{2}{3}\pi - 3$, 공비가 $\dfrac{1}{3}$인
등비수열의 첫째항부터 제n항까지의 합이므로

$$\lim_{n \to \infty} S_n = \frac{2\sqrt{3} + \dfrac{2}{3}\pi - 3}{1 - \dfrac{1}{3}} = 3\sqrt{3} + \pi - \frac{9}{2}$$

답 ①

Ⅱ 미분법

081

삼각함수의 덧셈정리에 의하여

$\sin\left(\theta + \dfrac{\pi}{3}\right) + \sin\left(\theta - \dfrac{\pi}{3}\right)$

$= \left(\sin\theta\cos\dfrac{\pi}{3} + \cos\theta\sin\dfrac{\pi}{3}\right)$

$\qquad\qquad + \left(\sin\theta\cos\dfrac{\pi}{3} - \cos\theta\sin\dfrac{\pi}{3}\right)$

$= \dfrac{1}{2}\sin\theta + \dfrac{\sqrt{3}}{2}\cos\theta + \dfrac{1}{2}\sin\theta - \dfrac{\sqrt{3}}{2}\cos\theta$

$= \sin\theta = \dfrac{4}{5}$

이므로 $\cos\theta = \sqrt{1 - \sin^2\theta} = \dfrac{3}{5}\ \left(\because\ 0 \leq \theta \leq \dfrac{\pi}{2}\right)$

$\therefore\ \sec\theta = \dfrac{1}{\cos\theta} = \dfrac{5}{3}$

답 ②

082

$f(x) = e^x - e^{-x}$에서

$f'(x) = e^x + e^{-x}$이므로

$f'(\ln 3) = e^{\ln 3} + e^{-\ln 3} = 3 + \dfrac{1}{3} = \dfrac{10}{3}$

함수 $f(x)$의 역함수가 $g(x)$이므로

$g'(f(\ln 3)) = \dfrac{1}{f'(\ln 3)} = \dfrac{3}{10}$

답 ④

083

$x = e^t\sin t,\ y = e^t\cos t$에서

$\dfrac{dx}{dt} = e^t(\sin t + \cos t),\ \dfrac{dy}{dt} = e^t(\cos t - \sin t)$

$\therefore\ \dfrac{dy}{dx} = \dfrac{\dfrac{dy}{dt}}{\dfrac{dx}{dt}} = \dfrac{e^t(\cos t - \sin t)}{e^t(\sin t + \cos t)}$

$\qquad\qquad = \dfrac{\cos t - \sin t}{\sin t + \cos t}$

이 곡선 위의 점 $(0, 1)$은

$x = e^t\sin t = 0$에서 $\sin t = 0$

$t = 0$일 때이므로 $\left(\because\ -\dfrac{\pi}{2} \leq t \leq \dfrac{\pi}{2}\right)$

구하는 접선의 기울기는

$\dfrac{dy}{dx} = \dfrac{\cos 0 - \sin 0}{\sin 0 + \cos 0} = \dfrac{1 - 0}{0 + 1} = 1$이다.

답 ③

084

$x^2 \leq (e^x - 1)f(x) \leq x\tan x$에서

$x \neq 0$일 때 $\dfrac{x}{e^x - 1} \leq \dfrac{f(x)}{x} \leq \dfrac{\tan x}{e^x - 1}$이다.

이때 $\lim\limits_{x \to 0}\dfrac{x}{e^x - 1} = 1$,

$\lim\limits_{x \to 0}\dfrac{\tan x}{e^x - 1} = \lim\limits_{x \to 0}\left(\dfrac{\tan x}{x} \times \dfrac{x}{e^x - 1}\right) = 1 \times 1 = 1$

이므로 함수의 극한의 대소 관계에 의하여

$\lim\limits_{x \to 0}\dfrac{f(x)}{x} = 1$이다.

$\therefore\ \lim\limits_{x \to 0}\dfrac{f(2x)}{x} = \lim\limits_{x \to 0}\left\{\dfrac{f(2x)}{2x} \times 2\right\}$

$\qquad\qquad\qquad = 1 \times 2 = 2$

답 ④

085

함수 $f(x)$가 $x = 0$에서 연속이므로

$\lim\limits_{x \to 0}f(x) = f(0)$

즉, $\lim\limits_{x \to 0}\dfrac{ax}{e^x + x + b} = 2b$에서 (단, a, b는 0이 아닌 상수)

0이 아닌 극한값이 존재하고

$x \to 0$일 때 (분자) $\to 0$이므로 (분모) $\to 0$이어야 한다.

$\lim\limits_{x \to 0}(e^x + x + b) = 1 + b = 0$에서 $b = -1$이므로

$\lim\limits_{x \to 0}\dfrac{ax}{e^x + x - 1} = \lim\limits_{x \to 0}\dfrac{a}{\dfrac{e^x - 1}{x} + 1}$

$\qquad\qquad\qquad = \dfrac{a}{1 + 1} = -2$

에서 $a = -4$이다.

$\therefore\ a + b = (-4) + (-1) = -5$

답 ⑤

086

$f(x) = \sqrt{x^3 + 2x^2}$ 에서

$f'(x) = \left\{ (x^3 + 2x^2)^{\frac{1}{2}} \right\}'$

$\qquad = \frac{1}{2}(x^3 + 2x^2)^{-\frac{1}{2}}(x^3 + 2x^2)'$

$\qquad = \frac{3x^2 + 4x}{2\sqrt{x^3 + 2x^2}}$

$g(x) = \sin(3x) + 2$ 에서 $g'(x) = 3\cos(3x)$

이때 합성함수의 미분법에 의하여

$h'(x) = f'(g(x))g'(x)$ 이므로

$h'(0) = f'(g(0))g'(0)$

$\qquad = f'(2)g'(0)$

$\qquad = \frac{12 + 8}{2\sqrt{8 + 8}} \times 3 = \frac{15}{2}$

답 ④

087

$x = 3e^t - 3$ 에서 $\dfrac{dx}{dt} = 3e^t$, $\dfrac{d^2x}{dt^2} = 3e^t$ 이고,

$y = e^{2t} - 1$ 에서 $\dfrac{dy}{dt} = 2e^{2t}$, $\dfrac{d^2y}{dt^2} = 4e^{2t}$ 이므로

점 P의 시각 t에서의 가속도는 $(3e^t, 4e^{2t})$ 이다.

한편, 점 P가 직선 $y = x$와 만나는 시각을 k $(k > 0)$라 하면

$e^{2k} - 1 = 3e^k - 3$ 이므로

$e^{2k} - 3e^k + 2 = 0$, $(e^k - 1)(e^k - 2) = 0$

$\therefore e^k = 2$ $(\because e^k > 1)$

따라서 점 P가 직선 $y = x$와 만나는 순간의 가속도는

$(3 \times 2, 4 \times 2^2)$ 즉, $(6, 16)$ 이므로

구하는 가속도의 크기는 $\sqrt{6^2 + 16^2} = 2\sqrt{73}$ 이다.

답 ③

088

$y = \ln x$ 에서 $y' = \dfrac{1}{x}$ 이므로

곡선 $y = \ln x$ 위의 점 P $(3, \ln 3)$에서의 접선의 방정식은

$y = \dfrac{1}{3}(x - 3) + \ln 3$ 에서 $y = \dfrac{1}{3}x - 1 + \ln 3$

곡선 $y = -\ln x$ 위의 점 Q$\left(\dfrac{1}{3}, \ln 3\right)$에서의 접선의 방정식은

$y = -3\left(x - \dfrac{1}{3}\right) + \ln 3$ 에서 $y = -3x + 1 + \ln 3$

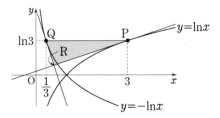

이때 두 접선의 교점의 x좌표는

$\dfrac{1}{3}x - 1 + \ln 3 = -3x + 1 + \ln 3$ 에서 $x = \dfrac{3}{5}$

이므로 점 R의 좌표는 R$\left(\dfrac{3}{5}, -\dfrac{4}{5} + \ln 3\right)$ 이고

점 R과 직선 PQ 사이의 거리는

$\ln 3 - \left(-\dfrac{4}{5} + \ln 3\right) = \dfrac{4}{5}$ 이다.

$\therefore$ (삼각형 PQR의 넓이) $= \dfrac{1}{2} \times \left(3 - \dfrac{1}{3}\right) \times \dfrac{4}{5} = \dfrac{16}{15}$

다른풀이

$y = \ln x$ 에서 $y' = \dfrac{1}{x}$ 이므로

곡선 $y = \ln x$ 위의 점 P$(3, \ln 3)$에서의 접선의 기울기는

$\dfrac{1}{3}$ 이고 곡선 $y = -\ln x$ 위의 점 Q$\left(\dfrac{1}{3}, \ln 3\right)$에서의 접선의

기울기는 -3 이므로 두 접선은 서로 수직이다.

즉, 삼각형 PQR는 빗변 PQ의 길이가 $3 - \dfrac{1}{3} = \dfrac{8}{3}$ 인

직각삼각형이다.

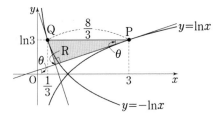

곡선 $y = \ln x$ 위의 점 P에서의 접선이 x축의 양의 방향과

이루는 각의 크기를 θ $\left(0 < \theta < \dfrac{\pi}{2}\right)$라 하면

$\tan\theta = \dfrac{1}{3}$ 이므로 $\cos\theta = \dfrac{3}{\sqrt{10}}$, $\sin\theta = \dfrac{1}{\sqrt{10}}$ 이고

$\overline{PR} = \overline{PQ} \times \cos\theta = \dfrac{8}{3} \times \dfrac{3}{\sqrt{10}} = \dfrac{8}{\sqrt{10}}$

$\overline{QR} = \overline{PQ} \times \sin\theta = \dfrac{8}{3} \times \dfrac{1}{\sqrt{10}} = \dfrac{8}{3\sqrt{10}}$

∴ (삼각형 PQR의 넓이) $= \frac{1}{2} \times \overline{PR} \times \overline{QR}$

$$= \frac{1}{2} \times \frac{8}{\sqrt{10}} \times \frac{8}{3\sqrt{10}}$$

$$= \frac{16}{15}$$

답 ②

089

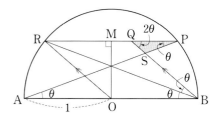

사각형 OBQR가 마름모이므로 점 R는 호 AB 위에 있고
세 점 P, Q, R가 한 직선 위에 있으므로 두 직선 AB,
PR는 서로 평행하다.

∴ ∠QPS = ∠PAB = θ

∠PQS = ∠QBO = 2∠RBA = 2∠PAB = 2θ

삼각형 PQS에서 사인법칙에 의하여

$$\frac{\overline{PQ}}{\sin(\pi - 3\theta)} = \frac{\overline{PS}}{\sin 2\theta}, \ 즉 \ \overline{PS} = \overline{PQ} \times \frac{\sin 2\theta}{\sin 3\theta}$$

선분 PR의 중점을 M이라 하면 $\angle OMR = \frac{\pi}{2}$ 이므로

$\overline{MR} = \cos 2\theta$, $\overline{PQ} = \overline{PR} - \overline{QR} = 2\cos 2\theta - 1$

$$\therefore f(\theta) = \frac{1}{2} \times \overline{PQ} \times \overline{PS} \times \sin\theta$$

$$= \frac{(2\cos 2\theta - 1)^2}{2} \times \frac{\sin 2\theta \sin\theta}{\sin 3\theta}$$

$$\therefore \lim_{\theta \to 0+} \frac{f(\theta)}{\theta}$$

$$= \lim_{\theta \to 0+} \left\{ \frac{(2\cos 2\theta - 1)^2}{3} \times \frac{\dfrac{\sin 2\theta}{2\theta} \times \dfrac{\sin\theta}{\theta}}{\dfrac{\sin 3\theta}{3\theta}} \right\}$$

$$= \frac{(2 \times 1 - 1)^2}{3} \times \frac{1 \times 1}{1} = \frac{1}{3}$$

답 ④

090

$f(x) = (x^2 - 2x + 2)e^x$ 라 하면

$f'(x) = (2x - 2)e^x + (x^2 - 2x + 2)e^x = x^2 e^x$

이때 $f'(x) \geq 0$이므로

함수 $f(x)$는 실수 전체의 집합에서 증가하고,

$f''(x) = 2xe^x + x^2 e^x = x(x + 2)e^x$에서

$x = 0$, $x = -2$의 좌우에서 $f''(x)$의 부호가 바뀌므로

곡선 $y = f(x)$의 변곡점은 $(-2, 10e^{-2})$, $(0, 2)$이다.

또한 $\lim_{x \to -\infty} (x^2 - 2x + 2)e^x = 0$이므로

함수 $y = f(x)$의 그래프의 개형은 그림과 같다.

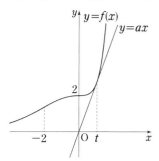

한편, 직선 $y = ax$는 원점을 지나고 기울기가 a이므로

모든 실수 x에 대하여 $f(x) \geq ax$가 성립하도록 하는

양수 a의 최댓값은 원점에서 곡선 $y = f(x)$에 그은 접선의

기울기이다.

이때 접점의 x좌표를 t ($t > 0$)라 하면

$$\frac{f(t) - 0}{t - 0} = f'(t)$$이므로

$$\frac{(t^2 - 2t + 2)e^t}{t} = t^2 e^t,$$

$t^3 - t^2 + 2t - 2 = 0$, $(t - 1)(t^2 + 2) = 0$

따라서 $t = 1$이므로 상수 a의 최댓값은

$f'(1) = e$이다.

답 ①

091

$\lim_{x \to 0} \frac{f(x)}{x} = 2$에서 극한값이 존재하고

$x \to 0$일 때, (분모) $\to 0$이므로 (분자) $\to 0$이어야 한다.

따라서 $\lim_{x \to 0} f(x) = 0$이다. ······ ㉠

한편

$$\lim_{x \to 0} \frac{\ln(1 + f(2x^2))}{x^2}$$

$$= \lim_{x \to 0} \left\{ \frac{\ln(1 + f(2x^2))}{f(2x^2)} \times \frac{f(2x^2)}{x^2} \right\}$$에서

$2x^2 = t$라 하면 $x \to 0$일 때, $t \to 0$이고 $f(t) \to 0$이므로

$$\lim_{x \to 0}\left\{\frac{\ln\left(1+f(2x^2)\right)}{f(2x^2)} \times \frac{f(2x^2)}{x^2}\right\}$$

$$= \lim_{t \to 0}\left\{\frac{\ln(1+f(t))}{f(t)} \times \frac{2f(t)}{t}\right\}$$

$$= 1 \times 4 = 4 \ (\because \ \bigcirc)$$

답 ②

092

$x = \ln(t+1),\ y = \dfrac{1}{2}(t^2+t)$에서

$$\frac{dx}{dt} = \frac{1}{t+1},\ \frac{dy}{dt} = \frac{1}{2}(2t+1)$$

$$\therefore\ \frac{dy}{dx} = \frac{\dfrac{dy}{dt}}{\dfrac{dx}{dt}} = \frac{\dfrac{1}{2}(2t+1)}{\dfrac{1}{t+1}}$$

$$= \frac{(2t+1)(t+1)}{2}$$

이때 $\dfrac{(2a+1)(a+1)}{2} = 3$이므로

$2a^2 + 3a + 1 = 6,\ (a-1)(2a+5) = 0$

$\therefore\ a = 1 \ (\because\ a > 0)$

답 ①

093

$x^3 + 3xy - y^2 = -9$를 x에 대하여 미분하면

$3x^2 + 3y + 3xy' - 2yy' = 0$

$\therefore\ y' = -\dfrac{3x^2+3y}{3x-2y}$ (단, $3x-2y \neq 0$)

이때 곡선 위의 점 $(1,\ -2)$에서의 접선의 기울기는

$\dfrac{3}{7}$이므로 접선의 방정식은 $y = \dfrac{3}{7}(x-1) - 2$이다.

이 접선이 점 $(a,\ 1)$을 지나므로

$1 = \dfrac{3}{7}(a-1) - 2$

$\therefore\ a = 8$

답 8

094

$f(x) = \dfrac{1}{2}\left(\ln\dfrac{x}{a}\right)^2$이라 하면

$$f'(x) = \left(\ln\frac{x}{a}\right) \times \frac{1}{x},$$

$$f''(x) = \frac{1}{x} \times \frac{1}{x} + \left(\ln\frac{x}{a}\right) \times \left(-\frac{1}{x^2}\right)$$

$$= \frac{1-\ln\dfrac{x}{a}}{x^2}$$

$f''(x) = 0$에서 $\ln\dfrac{x}{a} = 1,\ \dfrac{x}{a} = e$

즉, $x = ae$의 좌우에서 $f''(x)$의 부호가 바뀌므로

변곡점은 $\left(ae,\ \dfrac{1}{2}\right)$이다.

이 변곡점이 직선 $y = \dfrac{1}{4e}x$ 위에 있으므로

$$\frac{1}{2} = \frac{1}{4e} \times ae$$

$\therefore\ a = 2$

답 ①

095

$\displaystyle\lim_{x \to 1}\dfrac{4f(x)-\pi}{x-1} = 8$에서 극한값이 존재하고

$x \to 1$일 때 (분모) $\to 0$이므로 (분자) $\to 0$이어야 한다.

따라서 $4f(1) - \pi = 0$, 즉 $f(1) = \dfrac{\pi}{4}$

$$\lim_{x \to 1}\frac{4f(x)-\pi}{x-1} = \lim_{x \to 1}\left\{4 \times \frac{f(x)-\dfrac{\pi}{4}}{x-1}\right\}$$

$$= \lim_{x \to 1}\left\{4 \times \frac{f(x)-f(1)}{x-1}\right\}$$

$$= 4 \times f'(1) = 8$$

$\therefore\ f'(1) = 2$

한편, $g(x) = \sin^2 f(x)$이므로

$g(1) = \sin^2 f(1) = \sin^2\dfrac{\pi}{4} = \dfrac{1}{2}$이고,

$g'(x) = 2\sin f(x) \times \cos f(x) \times f'(x)$에서

$g'(1) = 2\sin f(1) \times \cos f(1) \times f'(1)$

$$= 2\sin\frac{\pi}{4} \times \cos\frac{\pi}{4} \times 2$$

$$= 2 \times \frac{\sqrt{2}}{2} \times \frac{\sqrt{2}}{2} \times 2 = 2$$

$\therefore\ \dfrac{1}{g(1)} + g'(1) = 2 + 2 = 4$

답 4

096

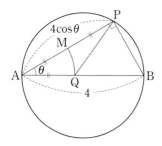

원의 지름의 원주각의 크기는 $\dfrac{\pi}{2}$이므로

$\angle APB = \dfrac{\pi}{2}$

따라서 직각삼각형 APB에서

$\overline{AP} = \overline{AB}\cos\theta = 4\cos\theta$

점 M이 선분 AP의 중점이므로

$\overline{AM} = \dfrac{1}{2} \times \overline{AP} = 2\cos\theta$

점 Q는 점 A를 중심으로 하고 반지름의 길이가 $\overline{AM}$인 원 위의 점이므로

$\overline{AQ} = \overline{AM} = 2\cos\theta$

$\therefore S(\theta) = (\text{삼각형 APQ의 넓이}) - (\text{부채꼴 AMQ의 넓이})$

$\qquad = \dfrac{1}{2} \times \overline{AP} \times \overline{AQ} \times \sin\theta - \dfrac{1}{2} \times (2\cos\theta)^2 \times \theta$

$\qquad = 4\cos^2\theta\sin\theta - 2\theta\cos^2\theta$

$\therefore \displaystyle\lim_{\theta \to 0+} \dfrac{S(\theta)}{\theta} = \lim_{\theta \to 0+} \dfrac{4\cos^2\theta\sin\theta - 2\theta\cos^2\theta}{\theta}$

$\qquad\qquad = \displaystyle\lim_{\theta \to 0+}\left(4\cos^2\theta \times \dfrac{\sin\theta}{\theta} - 2\cos^2\theta\right)$

$\qquad\qquad = 4 - 2 = 2$

답 ②

097

$f(x) = \dfrac{1}{x-2} - \dfrac{k}{x}$에서

$f'(x) = -\dfrac{1}{(x-2)^2} + \dfrac{k}{x^2}$

$\qquad = \dfrac{-x^2 + k(x-2)^2}{x^2(x-2)^2}$

$f'(x) = 0$에서 $-x^2 + k(x-2)^2 = 0$

$\therefore x^2 = k(x-2)^2$ $\qquad\qquad$ ……㉠

함수 $f(x)$가 $x > 1$에서 극값을 가지려면 방정식 ㉠이 1보다 큰 실근을 가져야 한다.

즉, 다음 그림과 같이 두 함수 $y = x^2$, $y = k(x-2)^2$의 그래프가 $x > 1$에서 서로 만나야 하므로

$k > 1$

따라서 자연수 k의 최솟값은 2이다.

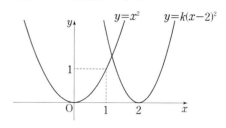

답 2

098

$\angle DAB = \beta$라 하면 $\angle DOB = 2\beta$이다.

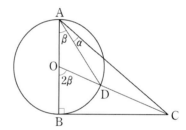

직각삼각형 OBC에서

$\tan(2\beta) = \dfrac{\overline{BC}}{\overline{OB}} = \dfrac{12}{5}$이므로

$\dfrac{2\tan\beta}{1 - \tan^2\beta} = \dfrac{12}{5}$에서

$6\tan^2\beta + 5\tan\beta - 6 = 0$,

$(2\tan\beta + 3)(3\tan\beta - 2) = 0$

$\therefore \tan\beta = \dfrac{2}{3}$ $(\because \tan\beta > 0)$

또한, 직각삼각형 ABC에서

$\tan(\alpha + \beta) = \dfrac{\overline{BC}}{\overline{AB}} = \dfrac{6}{5}$이다.

$\therefore \tan\alpha = \tan\{(\alpha + \beta) - \beta\}$

$\qquad = \dfrac{\tan(\alpha + \beta) - \tan\beta}{1 + \tan(\alpha + \beta)\tan\beta}$

$\qquad = \dfrac{\dfrac{6}{5} - \dfrac{2}{3}}{1 + \dfrac{6}{5} \times \dfrac{2}{3}} = \dfrac{8}{27}$

답 ③

099

구간 $\left(0, \frac{\pi}{2}\right)$에서 곡선 $y = f(x)$는 아래로 볼록하고,

두 곡선 $y = f(x)$, $y = g(x)$가 오직 한 점에서만 만나므로

곡선 $y = f(x)$와 직선 $y = x$는 서로 접한다.

$f(x) = \frac{1}{2}\tan x + k$에서 $f'(x) = \frac{1}{2}\sec^2 x$

곡선 $y = f(x)$와 직선 $y = x$의 접점의 x좌표를 t라 하면

$f'(t) = 1$에서 $\frac{1}{2}\sec^2 t = 1$

$\sec^2 t = 2$, $\cos t = \frac{\sqrt{2}}{2}$ $\left(\because 0 < t < \frac{\pi}{2}\right)$

$\therefore t = \frac{\pi}{4}$

즉, 곡선 $y = f(x)$와 직선 $y = x$는 점 $\left(\frac{\pi}{4}, \frac{\pi}{4}\right)$에서

접하므로 $f\left(\frac{\pi}{4}\right) = \frac{\pi}{4}$에서

$\frac{1}{2}\tan\frac{\pi}{4} + k = \frac{\pi}{4}$ $\quad \therefore k = \frac{\pi}{4} - \frac{1}{2}$

$\therefore g'\left(k + \frac{1}{2}\right) = g'\left(\frac{\pi}{4}\right) = \dfrac{1}{f'\left(\frac{\pi}{4}\right)} = \dfrac{1}{\frac{1}{2}\sec^2\frac{\pi}{4}} = 1$

$\therefore k \times g'\left(k + \frac{1}{2}\right) = \frac{\pi}{4} - \frac{1}{2}$

답 ④

100

조건 (가)의 $\lim\limits_{x \to \pi} \dfrac{f(x)}{\cos\frac{x}{2}} = -2$에서 극한값이 존재하고

$x \to \pi$일 때 (분모) $\to 0$이므로 (분자) $\to 0$이어야 한다.

즉, $\lim\limits_{x \to \pi} f(x) = 0$이므로 이차식 $f(x)$는 $x - \pi$를 인수로

갖는다.

$f(x) = (x - \pi)(ax + b)$ (단, a, b는 상수)라 하자.

이때 $x - \pi = t$라 하면 $x \to \pi$일 때 $t \to 0$이므로

$\lim\limits_{x \to \pi} \dfrac{f(x)}{\cos\frac{x}{2}} = \lim\limits_{x \to \pi} \dfrac{(x - \pi)(ax + b)}{\cos\frac{x}{2}}$

$= \lim\limits_{t \to 0} \dfrac{t\{a(\pi + t) + b\}}{\cos\left(\frac{\pi}{2} + \frac{t}{2}\right)}$

$= \lim\limits_{t \to 0}\left\{-2 \times \dfrac{\frac{t}{2}}{\sin\frac{t}{2}} \times (a\pi + at + b)\right\}$

$= (-2) \times 1 \times (a\pi + b)$

$= -2(a\pi + b) = -2$

$a\pi + b = 1$ $\qquad\qquad$ ……㉠

조건 (나)에서 $f(2\pi) = 2\pi$이므로

$f(2\pi) = \pi(2a\pi + b) = 2\pi$에서

$2a\pi + b = 2$ $\qquad\qquad$ ……㉡

㉠, ㉡에 의하여 $a = \frac{1}{\pi}$, $b = 0$

따라서 $f(x) = \frac{1}{\pi}x(x - \pi)$이다.

$\therefore f(4\pi) = 12\pi$

답 ②

101

$\sin(2x) = \sin(x + x) = 2\sin x \cos x$이므로

방정식 $\cos^2 x - \sin^2(2x) = 0$에서

$\cos^2 x - (2\sin x \cos x)^2 = 0$, $\cos^2 x(1 - 4\sin^2 x) = 0$

$\cos x = 0$ 또는 $\sin x = -\frac{1}{2}$ 또는 $\sin x = \frac{1}{2}$

$0 \le x \le 2\pi$에서

방정식 $\cos x = 0$의 해는 $x = \frac{\pi}{2}$ 또는 $x = \frac{3}{2}\pi$

방정식 $\sin x = -\frac{1}{2}$의 해는 $x = \frac{7}{6}\pi$ 또는 $x = \frac{11}{6}\pi$

방정식 $\sin x = \frac{1}{2}$의 해는 $x = \frac{\pi}{6}$ 또는 $x = \frac{5}{6}\pi$

따라서 구하는 모든 해의 합은

$\frac{\pi}{2} + \frac{3}{2}\pi + \frac{7}{6}\pi + \frac{11}{6}\pi + \frac{\pi}{6} + \frac{5}{6}\pi = 6\pi$

다른풀이

방정식 $\cos^2 x - \sin^2(2x) = 0$에서

$\{\cos x - \sin(2x)\}\{\cos x + \sin(2x)\} = 0$

$\sin(2x) = \cos x$ 또는 $\sin(2x) = -\cos x$

구하는 해는 곡선 $y = \sin(2x)$ $(0 \le x \le 2\pi)$가

곡선 $y = \cos x$ 또는 곡선 $y = -\cos x$와 만나는 점의

x좌표와 같다.

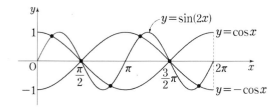

따라서 삼각함수의 그래프의 대칭성에 의하여 구하는 모든 해의 합은

$\pi \times 6 = 6\pi$이다.

답 ④

102

$\lim\limits_{x \to 0} \dfrac{2^{x+a} - 2 \times 4^a}{2^{bx} - 1} = \dfrac{1}{4}$에서 극한값이 존재하고

$x \to 0$일 때 (분모)$\to 0$이므로 (분자)$\to 0$이어야 한다.

즉, $\lim\limits_{x \to 0}(2^{x+a} - 2 \times 4^a) = 0$이므로

$2^a - 2 \times 4^a = 0$, $2^a = 2^{2a+1}$, $a = 2a+1$

$\therefore a = -1$

이때

$$\lim\limits_{x \to 0} \dfrac{2^{x+a} - 2 \times 4^a}{2^{bx} - 1} = \lim\limits_{x \to 0} \dfrac{2^{x-1} - 2^{-1}}{2^{bx} - 1}$$

$$= \dfrac{1}{2}\lim\limits_{x \to 0} \dfrac{2^x - 1}{2^{bx} - 1}$$

$$= \dfrac{1}{2b}\lim\limits_{x \to 0} \dfrac{\dfrac{2^x - 1}{x}}{\dfrac{2^{bx} - 1}{bx}}$$

$$= \dfrac{1}{2b} \times \dfrac{\ln 2}{\ln 2} = \dfrac{1}{2b} = \dfrac{1}{4}$$

이므로 $b = 2$

$\therefore a + b = 1$

답 ④

103

$f(x) = x^2 e^{-x}$에서

$f'(x) = 2xe^{-x} - x^2 e^{-x}$

$\qquad = (2x - x^2)e^{-x}$

$f''(x) = (2 - 2x)e^{-x} - (2x - x^2)e^{-x}$

$\qquad = (x^2 - 4x + 2)e^{-x}$

이때 $x = p$와 $x = q$의 좌우에서 $f''(x)$의 값의 부호가 변하기 위해서는

$f''(x) = 0$에서 이차방정식 $x^2 - 4x + 2 = 0$의 두 실근이 p와 q이어야 한다.

따라서 근과 계수의 관계에 의하여 구하는 값은

$p + q = 4$

답 ④

104

$g(x) = \dfrac{x^2 + 2}{f(x)}$에서

$$g'(x) = \dfrac{2xf(x) - (x^2+2)f'(x)}{\{f(x)\}^2}$$

$$= \dfrac{2xf(x) + (x^2+2)f(x)}{\{f(x)\}^2} \ (\because \ 조건 \ (가))$$

$$= \dfrac{x^2 + 2x + 2}{f(x)}$$

이때 $g'(2) = \dfrac{4+4+2}{f(2)} = 5$이므로

$f(2) = 2$

답 ②

105

$\lim\limits_{x \to 0} \dfrac{f(x) - 1}{x} = 2$에서 극한값이 존재하고

$x \to 0$일 때 (분모)$\to 0$이므로 (분자)$\to 0$이어야 한다.

즉, $\lim\limits_{x \to 0}\{f(x) - 1\} = 0$에서 $f(0) = 1$이므로

$\lim\limits_{x \to 0} \dfrac{f(x) - f(0)}{x - 0} = f'(0) = 2$이다.

이때 두 함수 $f(x)$와 $g(x)$는 서로 역함수이므로

$g(1) = 0$, $g'(1) = \dfrac{1}{f'(0)} = \dfrac{1}{2}$ ⋯⋯㉠

또한 $\lim\limits_{x \to 2} \dfrac{g(x) - 1}{x - 2} = \dfrac{1}{3}$에서 극한값이 존재하고

$x \to 2$일 때 (분모)$\to 0$이므로 (분자)$\to 0$이어야 한다.

즉, $\lim\limits_{x \to 2}\{g(x) - 1\} = 0$에서 $g(2) = 1$이므로

$\lim\limits_{x \to 2} \dfrac{g(x) - g(2)}{x - 2} = g'(2) = \dfrac{1}{3}$이다. ⋯⋯㉡

이때 $h(x) = (g \circ g)(x) = g(g(x))$에서

$h'(x) = g'(g(x))g'(x)$

$\therefore h'(2) = g'(g(2))g'(2)$

$\qquad\quad = g'(1) \times \dfrac{1}{3} \ (\because \ ㉡)$

$$= \frac{1}{2} \times \frac{1}{3} \ (\because \ \boxed{\scriptsize ㉠})$$

$$= \frac{1}{6}$$

답 ①

106

$\lim\limits_{x \to 2} \dfrac{3^{f(x)} - 1}{x - 2} = 4\ln 3$에서 극한값이 존재하고

$x \to 2$일 때 (분모)$\to 0$이므로 (분자)$\to 0$이어야 한다.

따라서 $\lim\limits_{x \to 2} \{3^{f(x)} - 1\} = 3^{f(2)} - 1 = 0$, 즉 $f(2) = 0$

$g(x) = 3^{f(x)}$이라 하면

$g'(x) = 3^{f(x)} \times \ln 3 \times f'(x)$이고

$g(2) = 3^{f(2)} = 1$이므로

$$\lim\limits_{x \to 2} \dfrac{3^{f(x)} - 1}{x - 2} = \lim\limits_{x \to 2} \dfrac{g(x) - g(2)}{x - 2}$$

$$= g'(2)$$

$$= 3^{f(2)} \times \ln 3 \times f'(2)$$

$$= f'(2)\ln 3$$

$$= 4\ln 3$$

$\therefore \ f'(2) = 4$

따라서 함수 $y = f(x)$의 그래프 위의 점 $(2, 0)$에서의 접선의 기울기는 4이므로

접선의 방정식은 $y = 4(x - 2)$, 즉 $y = 4x - 8$이다.

이때 접선 $y = 4x - 8$은 점 $(4, a)$를 지나므로

$a = 4 \times 4 - 8 = 8$

답 8

107

반원에 대한 원주각의 크기는 $\dfrac{\pi}{2}$이므로 $\angle \mathrm{ACB} = \dfrac{\pi}{2}$

따라서 직각삼각형 ABC에서 선분 AC의 길이 $l(\theta)$는

$l(\theta) = \overline{\mathrm{AC}} = \overline{\mathrm{AB}} \cos\theta = 2\cos\theta$

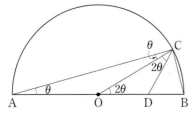

한편, $\overline{\mathrm{OA}} = \overline{\mathrm{OC}}$이므로 삼각형 OCA는 이등변삼각형이다.

즉, $\angle \mathrm{ACO} = \theta$이므로 $\angle \mathrm{OCD} = \angle \mathrm{COD} = 2\theta$

이등변삼각형 ODC에서

$$\cos 2\theta = \dfrac{\dfrac{1}{2}\overline{\mathrm{OC}}}{\overline{\mathrm{OD}}} = \dfrac{1}{2\overline{\mathrm{OD}}}$$

$$\therefore \ \overline{\mathrm{OD}} = \dfrac{1}{2\cos 2\theta}$$

따라서 삼각형 ODC의 넓이 $S(\theta)$는

$$S(\theta) = \dfrac{1}{2} \times \overline{\mathrm{OD}} \times \overline{\mathrm{OC}} \times \sin 2\theta$$

$$= \dfrac{1}{2} \times \dfrac{1}{2\cos 2\theta} \times 1 \times \sin 2\theta$$

$$= \dfrac{\sin 2\theta}{4\cos 2\theta}$$

$$= \dfrac{\tan 2\theta}{4}$$

이므로

$$\lim\limits_{\theta \to 0+} \dfrac{l(\theta) \times S(\theta)}{\theta} = \lim\limits_{\theta \to 0+} \dfrac{2\cos\theta \times \tan 2\theta}{4\theta}$$

$$= \lim\limits_{\theta \to 0+} \left(\dfrac{2\cos\theta}{2} \times \dfrac{\tan 2\theta}{2\theta} \right)$$

$$= 1 \times 1 = 1$$

답 ③

108

$x = te^{-t},\ y = -3(t+1)e^{-t}$에서

$$\dfrac{dx}{dt} = e^{-t} - te^{-t} = (-t+1)e^{-t},$$

$$\dfrac{dy}{dt} = -3e^{-t} + 3(t+1)e^{-t} = 3te^{-t}$$

이므로 점 P의 속력은

$$\sqrt{(-t+1)^2 e^{-2t} + 9t^2 e^{-2t}} = \sqrt{(10t^2 - 2t + 1)e^{-2t}}$$

이때 $f(t) = (10t^2 - 2t + 1)e^{-2t} \ (t > 0)$이라 하면

$$f'(t) = -2(10t^2 - 2t + 1)e^{-2t} + (20t - 2)e^{-2t}$$

$$= -4(5t - 1)(t - 1)e^{-2t}$$

$t = \dfrac{1}{5}$ 또는 $t = 1$일 때 $f'(t) = 0$이므로

$t > 0$에서 함수 $f(t)$의 증가와 감소를 표로 나타내면 다음과 같다.

t	(0)	$\cdots$	$\dfrac{1}{5}$	$\cdots$	1	$\cdots$
$f'(t)$		$-$	0	$+$	0	$-$
$f(t)$		$\searrow$	극소	$\nearrow$	극대	$\searrow$

$\lim\limits_{t \to 0+} f(t) = 1$, $\lim\limits_{t \to \infty} f(t) = 0$이고

함수 $f(t)$는 $t = 1$에서 극댓값 $f(1) = \dfrac{9}{e^2}$를 가지므로

함수 $y = f(t)$의 그래프는 다음과 같다.

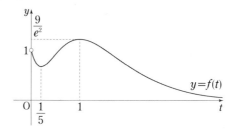

따라서 함수 $f(t)$는 $t = 1$에서 최댓값 $f(1) = \dfrac{9}{e^2}$를

가지므로

점 P의 속력의 최댓값은 $\sqrt{f(1)} = \sqrt{\dfrac{9}{e^2}} = \dfrac{3}{e}$이다.

답 ③

109

조건 (가)에서

$f(x) = f(-x)$의 양변을 x에 대하여 미분하면

$f'(x) = -f'(-x)$이므로 $x = 0$을 대입하면

$f'(0) = -f'(0)$에서 $f'(0) = 0$

조건 (나)에서

$f(1+x)f(1-x) = e^{x^2}$의 양변을 x에 대하여 미분하면

$f'(1+x)f(1-x) - f(1+x)f'(1-x) = 2xe^{x^2}$

$x = 1$을 대입하면

$f'(2)f(0) - f(2)f'(0) = 2e$에서

$f'(2)f(0) = 2e$ ......㉠

한편, 조건 (나)에 $x = 1$을 대입하면

$f(2)f(0) = e$ ......㉡

㉠$\div$㉡에 의하여 $\dfrac{f'(2)f(0)}{f(2)f(0)} = \dfrac{2e}{e}$

$\therefore \dfrac{f'(2)}{f(2)} = 2$

답 ④

110

함수 $g(x) = f(x)\ln x$의 정의역은 $\{x \mid x > 0\}$이고

$g'(x) = f'(x)\ln x + \dfrac{f(x)}{x}$

$g(x) = 0$, 즉 $f(x)\ln x = 0$에서

$f(x) = 0$ 또는 $x = 1$이므로

조건 (가)에 의하여

$f(x) = a(x - 3e)(x - b)$ (단, a, b는 상수)라 하면

$f'(x) = a(2x - 3e - b)$

이때 $g(e) = f(e)\ln e = f(e)$이므로

조건 (나)에 의하여

$f(e) = 4$에서 $2ae(b - e) = 4$ ......㉠

$g'(e) = f'(e)\ln e + \dfrac{f(e)}{e} = f'(e) + \dfrac{4}{e}$이므로

조건 (나)에 의하여

$f'(e) + \dfrac{4}{e} = 0$에서 $a(b + e) = \dfrac{4}{e}$ ......㉡

㉠, ㉡을 연립하면 $a = \dfrac{1}{e^2}$, $b = 3e$이므로

$f(x) = \dfrac{1}{e^2}(x - 3e)^2$

$\therefore f(9e) = 36$

답 36

111

$f(x) = e^{2x} - ax^2$에서

$f'(x) = 2e^{2x} - 2ax$,

$f''(x) = 4e^{2x} - 2a$

이때 변곡점의 x좌표가 1이므로

$f''(1) = 4e^2 - 2a = 0$

$\therefore a = 2e^2$

답 ②

112

두 직선 $y = \dfrac{1}{3}x$, $y = 2x$가 x축의 양의 방향과 이루는

예각의 크기를 각각 α, β라 하면

$\tan\alpha = \dfrac{1}{3}$, $\tan\beta = 2$이고

$\theta = \alpha + \dfrac{\beta - \alpha}{2}$에서 $2\theta = \alpha + \beta$

$\therefore \tan(2\theta) = \tan(\alpha + \beta) = \dfrac{\tan\alpha + \tan\beta}{1 - \tan\alpha\tan\beta}$

$= \dfrac{\dfrac{1}{3} + 2}{1 - \dfrac{1}{3} \times 2} = 7$

답 ②

113

점 $(1, a)$가 곡선 $x^2 - 2xy + 3y^2 = 6$ 위의 점이므로

$1 - 2a + 3a^2 = 6,\ 3a^2 - 2a - 5 = 0$

$(3a - 5)(a + 1) = 0$

$\therefore\ a = -1\ (\because\ a < 0)$

$x^2 - 2xy + 3y^2 = 6$의 양변을 x에 대하여 미분하면

$2x - 2y - 2x \times \dfrac{dy}{dx} + 6y \times \dfrac{dy}{dx} = 0$

위의 식에 $x = 1,\ y = -1$을 대입하면

$2 + 2 - 2 \times \dfrac{dy}{dx} - 6 \times \dfrac{dy}{dx} = 0$

$8 \times \dfrac{dy}{dx} = 4 \quad \therefore\ \dfrac{dy}{dx} = \dfrac{1}{2}$

따라서 점 $(1,\ -1)$에서의 접선의 기울기가 $\dfrac{1}{2}$이므로 $b = \dfrac{1}{2}$

$\therefore\ a + 2b = -1 + 1 = 0$

답 ③

114

$g(x) = \ln f(x)$라 하면 $g(1) = \ln f(1) = 1$이고

$g'(x) = \dfrac{f'(x)}{f(x)}$이므로

$\displaystyle \lim_{x \to 1} \dfrac{\ln f(x) - 1}{f(x) - e} = \lim_{x \to 1} \dfrac{\dfrac{g(x) - g(1)}{x - 1}}{\dfrac{f(x) - f(1)}{x - 1}}$

$\qquad\qquad = \dfrac{g'(1)}{f'(1)} = \dfrac{1}{f(1)} = \dfrac{1}{e}$

답 ②

115

$\displaystyle \lim_{x \to 1} \dfrac{2e^x f(x) - 7}{x^2 - 1} = 3e$ 에서 극한값이 존재하고

$x \to 1$일 때 (분모)$\to 0$이므로 (분자)$\to 0$이어야 한다.

따라서 $\displaystyle \lim_{x \to 1} \{2e^x f(x) - 7\} = 0$이므로

$2e f(1) - 7 = 0$

$\therefore\ f(1) = \dfrac{7}{2e}$

$g(x) = 2e^x f(x)$라 하면

$\displaystyle \lim_{x \to 1} \dfrac{2e^x f(x) - 7}{x^2 - 1} = \lim_{x \to 1} \dfrac{g(x) - g(1)}{x - 1} \times \lim_{x \to 1} \dfrac{1}{x + 1}$

$\qquad\qquad = g'(1) \times \dfrac{1}{2} = 3e$

에서 $g'(1) = 6e$

$g'(x) = 2e^x \{f(x) + f'(x)\}$이므로

$g'(1) = 2e\{f(1) + f'(1)\} = 6e$

$f(1) + f'(1) = 3$

$\therefore\ f'(1) = 3 - f(1) = 3 - \dfrac{7}{2e}$

답 ③

116

함수 $y = f(x)$의 그래프 위의 점 $(0, f(0))$에서의

접선의 방정식이 $y = -2x + 3$이므로

$f'(0) = -2,\ f(0) = 3$

이때 $g(x) = \dfrac{f(x)}{e^{2x}}$라 하면

$g'(x) = \dfrac{f'(x)e^{2x} - 2f(x)e^{2x}}{e^{4x}}$이므로

$x = 0$인 점에서의 접선의 기울기는

$g'(0) = f'(0) - 2f(0) = -2 - 2 \times 3 = -8$이고,

$g(0) = 3$이다.

따라서 곡선 $y = g(x)$ 위의 점 $(0, 3)$에서의 접선의

방정식은 $y = -8x + 3$

$\therefore\ a + b = (-8) + 3 = -5$

답 ③

117

함수 $f(x) = \dfrac{\sin x}{2 - \cos x}\ (0 < x < \pi)$의 도함수는

$f'(x) = \dfrac{\cos x \times (2 - \cos x) - \sin x \times \sin x}{(2 - \cos x)^2}$

$\qquad = \dfrac{2\cos x - 1}{(2 - \cos x)^2}\ (\because\ \sin^2 x + \cos^2 x = 1)$

$x = \dfrac{\pi}{3}$에서 $f'(x) = 0$이므로

$0 < x < \pi$일 때 함수 $f(x)$의 증가와 감소를 표로 나타내면 다음과 같다.

x	(0)	$\cdots$	$\dfrac{\pi}{3}$	$\cdots$	(π)
$f'(x)$		$+$	0	$-$	
$f(x)$		$\nearrow$	극대	$\searrow$	

따라서 함수 $f(x)$는 $x=\dfrac{\pi}{3}$에서 극댓값

$$f\left(\dfrac{\pi}{3}\right)=\dfrac{\sin\dfrac{\pi}{3}}{2-\cos\dfrac{\pi}{3}}=\dfrac{\dfrac{\sqrt{3}}{2}}{2-\dfrac{1}{2}}=\dfrac{\sqrt{3}}{3}$$ 을 갖는다.

$$\therefore\ 60a^2=60\times\left(\dfrac{\sqrt{3}}{3}\right)^2=20$$

답 20

118

$$f(x)=\dfrac{3}{2}\sin x-\dfrac{1}{2}\sin x\cos(2x)+\cos(2x)$$
$$=\dfrac{3}{2}\sin x-\dfrac{1}{2}\sin x(\cos^2 x-\sin^2 x)$$
$$+(\cos^2 x-\sin^2 x)$$
$$=\dfrac{3}{2}\sin x-\dfrac{1}{2}\sin x(1-2\sin^2 x)+(1-2\sin^2 x)$$
$$=\sin^3 x-2\sin^2 x+\sin x+1$$

$\sin x=t\ (-1\le t\le 1)$라 하고,

$g(t)=t^3-2t^2+t+1$이라 하면

$g'(t)=3t^2-4t+1=(3t-1)(t-1)$

$t=\dfrac{1}{3}$일 때 $g'(t)=0$이므로

$-1\le t\le 1$에서 함수 $g(t)$의 증가와 감소를 표로 나타내면 다음과 같다.

t	-1	$\cdots$	$\dfrac{1}{3}$	$\cdots$	1
$g'(t)$		$+$	0	$-$	
$g(t)$	-3	$\nearrow$	$\dfrac{31}{27}$	$\searrow$	1

따라서 함수 $g(t)$는

$t=\dfrac{1}{3}$일 때 최댓값 $M=\dfrac{31}{27}$을 갖고,

$t=-1$일 때 최솟값 $m=-3$을 갖는다.

$$\therefore\ Mm=\dfrac{31}{27}\times(-3)=-\dfrac{31}{9}$$

답 ②

119

모든 실수 x에서 $tx+2\le e^{x+a}$이 성립하려면

곡선 $y=e^{x+a}$이 직선 $y=tx+2$보다 항상 위쪽에 위치해야 한다.

이때 양수 a가 최소가 되는 때는 곡선 $y=e^{x+a}$이 직선 $y=tx+2$와 접하는 경우이다.

$g(x)=e^{x+a}$, $h(x)=tx+2$라 하고

곡선 $y=g(x)$와 직선 $y=h(x)$가 접하는 점의 x좌표를 k라 하자.

$g'(x)=e^{x+a}$, $h'(x)=t$이고

$g(k)=h(k)$, $g'(k)=h'(k)$이므로

$$\begin{cases} e^{k+a}=tk+2 & \cdots\cdots\text{㉠}\\ e^{k+a}=t & \cdots\cdots\text{㉡}\end{cases}$$

㉠, ㉡을 연립하면

$tk+2=t$, $tk=t-2$

$$\therefore\ k=1-\dfrac{2}{t}$$

이때 ㉡에서 $k+a=\ln t$이므로

$$a=-k+\ln t=-\left(1-\dfrac{2}{t}\right)+\ln t$$

$$\therefore\ f(t)=-1+\dfrac{2}{t}+\ln t$$

따라서 $f'(t)=-\dfrac{2}{t^2}+\dfrac{1}{t}$이므로

$$f'(2)=-\dfrac{2}{4}+\dfrac{1}{2}=0$$

답 ③

120

$\angle\mathrm{BAC}=\alpha$라 하면 두 삼각형 ABC, CDA는 서로 합동이므로

$\angle\mathrm{DCA}=\alpha$

삼각형 ABC의 외접원 O의 반지름의 길이가 $\sqrt{5}$이므로

사인법칙에 의하여 $\dfrac{2}{\sin\alpha}=2\sqrt{5}$에서

$$\sin\alpha=\dfrac{1}{\sqrt{5}},\ \cos\alpha=\dfrac{2}{\sqrt{5}} \qquad \cdots\cdots\text{㉠}$$

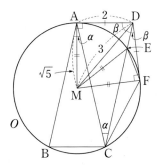

한편 원 O의 중심을 M, $\angle$MDA$=\angle$MDF$=\beta$라 하면

$\angle$MAD$=\dfrac{\pi}{2}$이므로

$\overline{\text{MD}}=\sqrt{(\sqrt{5})^2+2^2}=3$

$\therefore\ \sin\beta=\dfrac{\sqrt{5}}{3},\ \cos\beta=\dfrac{2}{3}$ ......ⓛ

$\angle$AMF$=2\angle$AMD$=\pi-2\beta$이고

$\angle$AME$=2\angle$ACE$=2\alpha$이므로

$\angle$EMF$=\angle$AMF$-\angle$AME$=\pi-2(\alpha+\beta)$

$\therefore\ \angle$ECF$=\dfrac{1}{2}\angle$EMF$=\dfrac{\pi}{2}-(\alpha+\beta)$

따라서 삼각형 CEF에서 사인법칙에 의하여

$\dfrac{\overline{\text{EF}}}{\sin\left(\dfrac{\pi}{2}-(\alpha+\beta)\right)}=2\sqrt{5}$이므로

$\begin{aligned}\overline{\text{EF}}&=2\sqrt{5}\cos(\alpha+\beta)\\&=2\sqrt{5}(\cos\alpha\cos\beta-\sin\alpha\sin\beta)\\&=2\sqrt{5}\left(\dfrac{2}{\sqrt{5}}\times\dfrac{2}{3}-\dfrac{1}{\sqrt{5}}\times\dfrac{\sqrt{5}}{3}\right)(\because\ \text{⊙},\text{ⓛ})\\&=\dfrac{2}{3}(4-\sqrt{5})\end{aligned}$

답 ①

121

$f(x)=\dfrac{x^2+2x}{e^x}$에서

$f'(x)=\dfrac{(2x+2)e^x-(x^2+2x)e^x}{(e^x)^2}=\dfrac{-x^2+2}{e^x}$

$\begin{aligned}\therefore\ \lim_{h\to0}&\dfrac{f(1+h)-f(1-3h)}{h}\\&=\lim_{h\to0}\left\{\dfrac{f(1+h)-f(1)}{h}+3\times\dfrac{f(1-3h)-f(1)}{-3h}\right\}\\&=f'(1)+3f'(1)=4f'(1)\\&=4\times\dfrac{1}{e}=\dfrac{4}{e}\end{aligned}$

답 ⑤

122

$x=t+5\cos t$에서 $\dfrac{dx}{dt}=1-5\sin t$,

$y=a\sin t$에서 $\dfrac{dy}{dt}=a\cos t$이므로

점 P의 시각 t에서의 속도는 $(1-5\sin t,\ a\cos t)$이다.

시각 $t=\dfrac{\pi}{6}$에서 속도는 $\left(-\dfrac{3}{2},\ \dfrac{\sqrt{3}}{2}a\right)$이고

속력은 3이므로

$\sqrt{\left(-\dfrac{3}{2}\right)^2+\left(\dfrac{\sqrt{3}}{2}a\right)^2}=3$에서

$\dfrac{9}{4}+\dfrac{3}{4}a^2=9,\ a^2=9$

$\therefore\ a=3\ (\because\ a>0)$

답 ③

123

$f(x)=\cos2x+ax^2$이라 하면

$f'(x)=-2\sin2x+2ax$

$f''(x)=-4\cos2x+2a$

곡선 $y=f(x)$가 변곡점을 갖지 않으려면 함수 $f''(x)$의 부호가 바뀌지 않아야 하므로

$-4+2a\le-4\cos2x+2a\le4+2a$에서

$-4+2a\ge0$ 또는 $4+2a\le0$

$\therefore\ a\ge2$ 또는 $a\le-2$

따라서 구하는 자연수 a의 최솟값은 2이다.

답 2

124

$f(x)=ax^2+bx+c$ $(a,\ b,\ c$는 상수)라 하면

$f(1)=5$에서 $a+b+c=5$ ......⊙

$\lim_{x\to0}\dfrac{e^{f(x)}-1}{3x}=1$에서 극한값이 존재하고

$x\to0$일 때, (분모)$\to0$이므로 (분자)$\to0$이어야 한다.

따라서 $\lim_{x\to0}(e^{f(x)}-1)=0$이므로 $e^{f(0)}-1=0$

$f(0)=0$이므로 $c=0$

따라서 $f(x)=ax^2+bx$이고

$$\lim_{x \to 0} \frac{e^{f(x)} - 1}{3x} = \lim_{x \to 0} \frac{e^{f(x)} - 1}{f(x)} \times \lim_{x \to 0} \frac{f(x)}{3x}$$
$$= 1 \times \lim_{x \to 0} \left(\frac{a}{3}x + \frac{b}{3} \right) = \frac{b}{3} = 1$$

에서 $b = 3$

이를 ㉠에 대입하면 $a = 2$

따라서 $f(x) = 2x^2 + 3x$이므로

$f(3) = 18 + 9 = 27$

답 27

125

함수 $h(x) = g(f(x))$라 하면

$\displaystyle\lim_{x \to 0} \frac{h(x)}{x} = 1$에서 극한값이 존재하고

$x \to 0$일 때 (분모)$\to 0$이므로 (분자)$\to 0$이어야 한다.

즉, $\displaystyle\lim_{x \to 0} h(x) = 0$이다.

이때 함수 $f(x) = \tan\left(2x + \dfrac{\pi}{4}\right)$는 $x = 0$에서 연속이고

함수 $g(x)$는 $x = f(0) = 1$에서 연속이므로

합성함수 $g(f(x))$는 $x = 0$에서 연속이다.

따라서 $h(0) = 0$이므로

$$\lim_{x \to 0} \frac{h(x)}{x} = \lim_{x \to 0} \frac{h(x) - h(0)}{x - 0} = h'(0) = 1 \quad \cdots\cdots ㉠$$

$f'(x) = 2\sec^2\left(2x + \dfrac{\pi}{4}\right)$에서

$f'(0) = 2\sec^2\dfrac{\pi}{4} = 2 \times (\sqrt{2})^2 = 4$이고

$h'(x) = g'(f(x)) \times f'(x)$에서

$h'(0) = g'(f(0)) \times f'(0) = g'(1) \times 4$

이므로 ㉠에서 $4g'(1) = 1$

$\therefore g'(1) = \dfrac{1}{4}$

답 ⑤

126

$x = f(t)$, $y = f(t^2)$에서

$\dfrac{dx}{dt} = f'(t)$, $\dfrac{dy}{dt} = 2tf'(t^2)$이므로

$$\frac{dy}{dx} = \frac{\dfrac{dy}{dt}}{\dfrac{dx}{dt}} = \frac{2tf'(t^2)}{f'(t)}$$

$t = 1$에 대응하는 점에서의 접선의 기울기는

$$\frac{2f'(1)}{f'(1)} = 2$$

$f(1) = a$라 하면 $t = 1$에 대응하는 점의 좌표는

(a, a)이므로 이 점에서의 접선의 방정식은

$$y - a = 2(x - a)$$

이 직선이 점 $(3, 4)$를 지나므로

$4 - a = 2(3 - a) \qquad \therefore a = 2$

$\therefore f(1) = 2$

답 2

127

$3\ln x + 2 = x + k$에서 $3\ln x - x + 2 = k$

$f(x) = 3\ln x - x + 2$라 하면

$$f'(x) = \frac{3}{x} - 1 = \frac{3 - x}{x}$$

로그의 진수 조건에 의하여 $x > 0$

$f'(x) = 0$에서 $x = 3$

$x > 0$에서 함수 $f(x)$의 증가와 감소를 표로 나타내면 다음과 같다.

x	(0)	$\cdots$	3	$\cdots$
$f'(x)$		$+$	0	$-$
$f(x)$		$\nearrow$	$3\ln 3 - 1$	$\searrow$

이때 $\displaystyle\lim_{x \to 0+} f(x) = -\infty$, $\displaystyle\lim_{x \to \infty} f(x) = -\infty$이므로 함수

$y = f(x)$의 그래프는 다음 그림과 같다.

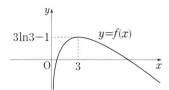

방정식 $f(x) = k$의 서로 다른 실근의 개수가 1이려면 함수 $y = f(x)$의 그래프와 직선 $y = k$가 한 점에서만 만나야 하므로

$k = 3\ln 3 - 1$

답 ④

128

$f^{-1}(x) = g(2x)$, 즉 함수 $g(2x)$가 $f(x)$의 역함수이므로

$f(g(2x)) = x$

위의 식의 양변을 x에 대하여 미분하면

$f'(g(2x)) \times 2g'(2x) = 1$

위의 식에 $x = 1$을 대입하면

$f'(g(2)) \times 2g'(2) = 1$

$g(2) = 1$이고 $f'(1) = 2$이므로

$4g'(2) = 1$

$\therefore g'(2) = \dfrac{1}{4}$

$\therefore 100g'(2) = 100 \times \dfrac{1}{4} = 25$

답 25

129

$\overline{OA} = 1$에서 $\overline{AB} = \tan\theta$, $\overline{OB} = \dfrac{1}{\cos\theta}$이고

$\overline{OC} = \overline{AB}$이므로

$\overline{BC} = \dfrac{1}{\cos\theta} - \tan\theta = \dfrac{1 - \sin\theta}{\cos\theta}$이다.

$S(\theta) = \dfrac{1}{2} \times \overline{BC} \times \overline{OD}$

$\qquad = \dfrac{1}{2} \times \dfrac{1 - \sin\theta}{\cos\theta} \times 1$

$\qquad = \dfrac{1 - \sin\theta}{2\cos\theta}$

이때 $t = \dfrac{\pi}{2} - \theta$라 하면 $\theta = \dfrac{\pi}{2} - t$이고

$\theta \to \dfrac{\pi}{2} -$ 일 때 $t \to 0+$이다.

$\therefore \lim\limits_{\theta \to \frac{\pi}{2}-} \dfrac{S(\theta)}{\dfrac{\pi}{2} - \theta} = \lim\limits_{t \to 0+} \dfrac{1 - \sin\left(\dfrac{\pi}{2} - t\right)}{2t\cos\left(\dfrac{\pi}{2} - t\right)}$

$\qquad\qquad\qquad = \lim\limits_{t \to 0+} \dfrac{1 - \cos t}{2t\sin t}$

$\qquad\qquad\qquad = \lim\limits_{t \to 0+} \dfrac{\sin^2 t}{2t\sin t(1 + \cos t)}$

$\qquad\qquad\qquad = \lim\limits_{t \to 0+} \left(\dfrac{1}{2(1 + \cos t)} \times \dfrac{\sin t}{t}\right)$

$\qquad\qquad\qquad = \dfrac{1}{4} \times 1 = \dfrac{1}{4}$

답 ①

130

$f(x) = x^2 + ax + b$ (단, a, b는 상수)라 하자.

$g(x) = f(x)e^{-|x|} = \begin{cases} f(x)e^x & (x < 0) \\ f(x)e^{-x} & (x \geq 0) \end{cases}$ 이고

$i(x) = f(x)e^x$, $j(x) = f(x)e^{-x}$이라 하면

$i'(x) = \{f'(x) + f(x)\}e^x$,

$j'(x) = \{f'(x) - f(x)\}e^{-x}$이고

함수 $g(x)$가 $x = 0$에서 미분가능하므로

$i(0) = j(0)$을 만족시키고

$i'(0) = j'(0)$에서

$f'(0) + f(0) = f'(0) - f(0)$이므로 $f(0) = 0$

$\therefore b = 0$

함수 $g(x)$는 $x = \sqrt{2}$에서 극값을 가지므로

$x \geq 0$일 때,

$g'(x) = (2x + a)e^{-x} - (x^2 + ax)e^{-x}$

$\qquad = \{-x^2 - (a - 2)x + a\}e^{-x}$

에서 $g'(\sqrt{2}) = 0$이므로

$-2 - (a - 2)\sqrt{2} + a = 0$

$\therefore a = 2$

따라서 $f(x) = x^2 + 2x$이므로 $f(3) = 15$이다.

답 15

131

$\dfrac{1}{n} = t$라 하면 $n \to \infty$일 때 $t \to 0+$이므로

$\lim\limits_{n \to \infty} n\left\{f\left(2 + \dfrac{1}{n}\right) - f\left(2 - \dfrac{1}{n}\right)\right\}$

$= \lim\limits_{t \to 0+} \dfrac{f(2 + t) - f(2 - t)}{t}$

$= \lim\limits_{t \to 0+} \dfrac{f(2 + t) - f(2) + f(2) - f(2 - t)}{t}$

$= \lim\limits_{t \to 0+} \dfrac{f(2 + t) - f(2)}{t} + \lim\limits_{t \to 0+} \dfrac{f(2 - t) - f(2)}{-t}$

$= f'(2) + f'(2) = 2f'(2)$

이때 $f(x) = 2^x - \log_4 x$에서

$f'(x) = 2^x \ln 2 - \dfrac{1}{x \ln 4}$이므로

$\lim\limits_{n \to \infty} n\left\{f\left(2 + \dfrac{1}{n}\right) - f\left(2 - \dfrac{1}{n}\right)\right\}$

$= 2f'(2) = 2\left(4\ln 2 - \dfrac{1}{2\ln 4}\right)$

$= 8\ln 2 - \dfrac{1}{2\ln 2}$

답 ③

132

$f(x)=x(\ln x)^2$에서

$f'(x)=(\ln x)^2+x\times 2\ln x\times\dfrac{1}{x}=\ln x(\ln x+2)$

$f'(x)=0$에서 $\ln x=-2$ 또는 $\ln x=0$

$\therefore x=e^{-2}$ 또는 $x=1$

함수 $f(x)$의 증가와 감소를 표로 나타내면 다음과 같다.

x	(0)	$\cdots$	e^{-2}	$\cdots$	1	$\cdots$
$f'(x)$		$+$	0	$-$	0	$+$
$f(x)$		↗	극대	↘	극소	↗

따라서 함수 $f(x)$는 $x=e^{-2}$에서 극댓값 $f(e^{-2})=\dfrac{4}{e^2}$,

$x=1$에서 극솟값 $f(1)=0$을 가지므로

$a+b=\dfrac{4}{e^2}+0=\dfrac{4}{e^2}$

답 ③

133

$\mathrm{P}(t,\,e^t)$이므로

점 Q의 좌표는 $\mathrm{Q}(0,\,e^t)$이고,

점 R의 좌표는 $\mathrm{R}(0,\,1)$이다.

따라서 삼각형 PQR의 넓이는

$f(t)=\dfrac{1}{2}\times\overline{\mathrm{PQ}}\times\overline{\mathrm{QR}}=\dfrac{1}{2}t(e^t-1)$

$\therefore \displaystyle\lim_{t\to0+}\dfrac{f(3t)}{t^2}=\lim_{t\to0+}\dfrac{3t(e^{3t}-1)}{2t^2}$

$\qquad\qquad =\displaystyle\lim_{t\to0+}\left(\dfrac{e^{3t}-1}{3t}\times\dfrac{9}{2}\right)=1\times\dfrac{9}{2}=\dfrac{9}{2}$

답 ⑤

134

$\sin f(x)=g(x)$라 하면

$g(1)=\sin f(1)=\sin\dfrac{\pi}{2}=1$

$g'(x)=\cos f(x)\times f'(x)$이므로

$\displaystyle\lim_{x\to1}\dfrac{\sin f(x)-1}{f(x)-\dfrac{\pi}{2}}=\lim_{x\to1}\dfrac{g(x)-g(1)}{f(x)-f(1)}$

$\qquad\qquad =\displaystyle\lim_{x\to1}\dfrac{\dfrac{g(x)-g(1)}{x-1}}{\dfrac{f(x)-f(1)}{x-1}}$

$\qquad\qquad =\dfrac{g'(1)}{f'(1)}=\cos f(1)$

$\qquad\qquad =\cos\dfrac{\pi}{2}=0$

답 ③

135

조건 (나)의 $\displaystyle\lim_{x\to3}\dfrac{f(x)-1}{x-3}=2$에서 극한값이 존재하고

$x\to3$일 때 (분모)$\to0$이므로 (분자)$\to0$이어야 한다.

즉, $\displaystyle\lim_{x\to3}\{f(x)-1\}=0$에서 $f(3)=1$이고

$\displaystyle\lim_{x\to3}\dfrac{f(x)-1}{x-3}=\lim_{x\to3}\dfrac{f(x)-f(3)}{x-3}$

$\qquad\qquad =f'(3)=2$

한편 조건 (가)에서 $f(-x)=-f(x)$ $\qquad$ ······㉠

㉠의 양변에 $x=3$을 대입하면

$f(-3)=-f(3)=-1$이므로

$g(-1)=-3$

㉠의 양변을 x에 대하여 미분하면

$f'(-x)=f'(x)$이므로

$f'(-3)=f'(3)=2$

$\therefore g'(-1)=\dfrac{1}{f'(-3)}=\dfrac{1}{2}$

답 ③

136

$x=\sqrt{2}\ln t,\ y=\dfrac{1}{2}t^2+t+1$에서

$\dfrac{dx}{dt}=\dfrac{\sqrt{2}}{t},\ \dfrac{dy}{dt}=t+1$

따라서 점 P의 속력은

$\sqrt{\left(\dfrac{\sqrt{2}}{t}\right)^2+(t+1)^2}=\sqrt{\dfrac{2}{t^2}+t^2+2t+1}$

$f(t)=\dfrac{2}{t^2}+t^2+2t+1$이라 하면

$f'(t)=-\dfrac{4}{t^3}+2t+2$

$\qquad =\dfrac{2t^4+2t^3-4}{t^3}$

$\qquad =\dfrac{(t-1)(2t^3+4t^2+4t+4)}{t^3}$

$f'(t) = 0$에서 $t = 1$

$t > 0$에서 함수 $f(t)$의 증가와 감소를 표로 나타내면 다음과 같다.

t	(0)	$\cdots$	1	$\cdots$
$f'(t)$		$-$	0	$+$
$f(t)$		$\searrow$	극소	$\nearrow$

함수 $f(t)$는 $t = 1$일 때 극소이면서 최소이므로 점 P의 속력의 최솟값은

$\sqrt{f(1)} = \sqrt{6}$

답 ⑤

137

양수 a에 대하여 $f(x) = a\ln x$, $g(x) = x^4$이라 하자. 이때 두 곡선 $y = f(x)$, $y = g(x)$가 한 점에서만 만나려면 두 곡선이 접해야 한다.

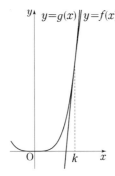

두 곡선 $y = f(x)$, $y = g(x)$의 교점의 x좌표를 $k(k > 0)$라 하면

$f(k) = g(k)$에서 $a\ln k = k^4$ ......㉠

$f'(x) = \dfrac{a}{x}$, $g'(x) = 4x^3$이므로

$f'(k) = g'(k)$에서 $\dfrac{a}{k} = 4k^3$ ......㉡

㉡에서 $k^4 = \dfrac{a}{4}$이므로 ㉠에서

$a\ln k = \dfrac{a}{4}$, $\ln k = \dfrac{1}{4}$

$\therefore k = e^{\frac{1}{4}}$

$\therefore a = 4k^4 = 4e$

답 ⑤

138

조건 (나)에서 $0 \le x \le 3$일 때, 부등식 $f(x) \le g(x)$가 성립하려면

$0 \le x \le 3$에서 직선 $y = g(x)$가 곡선 $y = f(x)$ 위쪽에 위치해야 한다.

이때 조건 (가)에서 $f(1) = g(1)$이므로 그림과 같이 직선 $y = g(x)$는 점 $\left(1, \dfrac{\sqrt{3}}{2}\pi\right)$에서 곡선 $y = f(x)$에 접해야 한다.

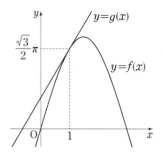

따라서 $f'(1) = g'(1)$

$f(x) = \pi\sin\dfrac{\pi}{3}x$에서 $f'(x) = \dfrac{\pi^2}{3}\cos\dfrac{\pi}{3}x$이므로

$g'(1) = f'(1) = \dfrac{\pi^2}{3} \times \dfrac{1}{2} = \dfrac{\pi^2}{6}$

기울기가 $\dfrac{\pi^2}{6}$이고 점 $\left(1, \dfrac{\sqrt{3}}{2}\pi\right)$를 지나는 직선의 방정식은

$g(x) = \dfrac{\pi^2}{6}(x - 1) + \dfrac{\sqrt{3}}{2}\pi$

$\therefore g(3) = 2 \times \dfrac{\pi^2}{6} + \dfrac{\sqrt{3}}{2}\pi = \dfrac{\pi^2}{3} + \dfrac{\sqrt{3}}{2}\pi$

답 ①

139

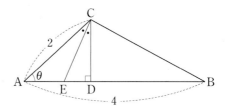

직각삼각형 ACD에서

$\overline{CD} = 2\sin\theta$, $\overline{AD} = 2\cos\theta$이므로

$\overline{BD} = \overline{AB} - \overline{AD} = 4 - 2\cos\theta$

$\overline{AE} = a$라 하면 $\overline{DE} = 2\cos\theta - a$이므로 각의 이등분선의 성질에 의하여

$\overline{AC} : \overline{CD} = \overline{AE} : \overline{ED}$에서

$2 : 2\sin\theta = a : 2\cos\theta - a$

$2a\sin\theta = 4\cos\theta - 2a$, $a(1 + \sin\theta) = 2\cos\theta$

$$\therefore \ a = \frac{2\cos\theta}{1+\sin\theta}$$

따라서 두 삼각형 ACE, CBD 의 넓이의 합은

$$f(\theta)+g(\theta) = \frac{1}{2} \times (\overline{AE}+\overline{BD}) \times \overline{CD}$$

$$= \frac{1}{2} \times \left(\frac{2\cos\theta}{1+\sin\theta}+4-2\cos\theta\right) \times 2\sin\theta$$

$$= \sin\theta \left(\frac{2\cos\theta}{1+\sin\theta}+4-2\cos\theta\right)$$

$$\therefore \ \lim_{\theta \to 0+} \frac{f(\theta)+g(\theta)}{\theta}$$

$$= \lim_{\theta \to 0+} \left\{\frac{\sin\theta}{\theta}\left(\frac{2\cos\theta}{1+\sin\theta}+4-2\cos\theta\right)\right\}$$

$$= \lim_{\theta \to 0+} \frac{\sin\theta}{\theta} \times \lim_{\theta \to 0+} \left(\frac{2\cos\theta}{1+\sin\theta}+4-2\cos\theta\right)$$

$$= 1 \times (2+4-2) = 4$$

답 ④

140

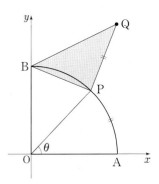

$O(0, 0)$, $A(1, 0)$, $B(0, 1)$이므로

$\angle POA = \theta \left(0 < \theta < \dfrac{\pi}{2}\right)$라 하면

$P(\cos\theta, \ \sin\theta)$

$$\overline{BP} = \sqrt{\cos^2\theta+(1-\sin\theta)^2}$$

$$= \sqrt{2-2\sin\theta}$$

호 AP 의 길이는 θ이므로 $\overline{PQ}=\theta$ ......㉠

이때 삼각형 BPQ 의 넓이가 최대가 되려면 우선

$\angle BPQ = \dfrac{\pi}{2}$ 이어야 하고, 이때의 삼각형 BPQ 의 넓이는

$$\frac{1}{2} \times \overline{BP} \times \overline{PQ} = \frac{1}{2} \times \sqrt{2-2\sin\theta} \times \theta$$

$$= \sqrt{\frac{1}{2}\theta^2(1-\sin\theta)}$$

또한 $f(\theta) = \dfrac{1}{2}\theta^2(1-\sin\theta)$라 하면

$$f'(\theta) = \frac{1}{2}\{2\theta \times (1-\sin\theta) + \theta^2 \times (-\cos\theta)\}$$

$$= \frac{1}{2}\theta\{2(1-\sin\theta) - \theta\cos\theta\}$$

이고, 삼각형 BPQ 의 넓이가 최대일 때의 θ 의 값을

$\alpha \left(0 < \alpha < \dfrac{\pi}{2}\right)$라 하면 $f(\theta)$는 $\theta = \alpha$에서 극대이다.

따라서 $f'(\alpha) = 0$에서 $\dfrac{1-\sin\alpha}{\cos\alpha} = \dfrac{\alpha}{2}$ ......㉡

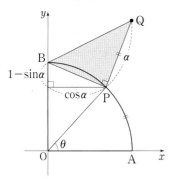

$\theta = \alpha$ 일 때, ㉠에서 선분 PQ 의 길이는 α,

㉡에서 직선 BP 의 기울기는 $-\dfrac{\alpha}{2}$이고 두 직선 BP,

PQ 가 서로 수직이므로 직선 PQ 의 기울기는 $\dfrac{2}{\alpha}$ 이다.

따라서 구하는 값은 $\alpha \times \dfrac{2}{\alpha} = 2$

답 ④

141

$g(x) = \dfrac{f(x)}{x^2+1}$에서

$$g'(x) = \frac{(x^2+1)f'(x)-2xf(x)}{(x^2+1)^2}$$

위의 식에 $x = -1$을 대입하면

$$g'(-1) = \frac{2f'(-1)+2f(-1)}{4} = 2$$

이므로 $2\{f'(-1)+f(-1)\} = 8$

$$\therefore \ f'(-1)+f(-1) = 4$$

답 ④

142

$$\lim_{x \to 0} \frac{g(x)}{x^2} = \lim_{x \to 0} \frac{f(x)\tan x}{x^2}$$

$$= \lim_{x \to 0} \frac{f(x)}{x} \times \lim_{x \to 0} \frac{\tan x}{x}$$

$$= \lim_{x \to 0} \frac{f(x)}{x} = 1$$

에서 $f(0) = 0$, $f'(0) = 1$

$f(x) = ax^2 + bx$라 하면 $f'(x) = 2ax + b$이므로

$f'(0) = b = 1$

$f(1) = 3$이므로 $a + b = 3$

$b = 1$을 위의 식에 대입하면 $a = 2$

따라서 $f(x) = 2x^2 + x$이므로

$f(2) = 8 + 2 = 10$

답 10

143

$g(x)$가 $f(x)$의 역함수이고,

곡선 $y = g(x)$가 점 $(a, 0)$을 지나므로

$g(a) = 0$에서 $f(0) = a$

이때 $f(x) = e^{2x} + 2x$에서 $f(0) = 1$이므로

$a = 1$

한편 $f'(x) = 2e^{2x} + 2$이므로

$g'(a) = \dfrac{1}{f'(0)} = \dfrac{1}{4}$

따라서 곡선 $y = g(x)$ 위의 점 $(1, 0)$에서의 접선의 방정식은

$y = \dfrac{1}{4}(x - 1)$

이 직선이 점 $\left(0, -\dfrac{1}{4}\right)$을 지나므로

$b = -\dfrac{1}{4}$

$\therefore a + b = 1 + \left(-\dfrac{1}{4}\right) = \dfrac{3}{4}$

답 ⑤

144

$\dfrac{dx}{dt} = t + 1 - \dfrac{4}{t+1}$, $\dfrac{dy}{dt} = 4$이므로

점 P의 시각 t에서의 속력은

$$\sqrt{\left(\dfrac{dx}{dt}\right)^2 + \left(\dfrac{dy}{dt}\right)^2} = \sqrt{\left(t + 1 - \dfrac{4}{t+1}\right)^2 + 4^2}$$

$$= \sqrt{\left(t + 1 + \dfrac{4}{t+1}\right)^2}$$

$$= t + 1 + \dfrac{4}{t+1}$$

점 P는 $t + 1 = \dfrac{4}{t+1}$일 때, 즉 $t = 1$일 때 속력이 최소이다.

한편, $\dfrac{d^2x}{dt^2} = 1 + \dfrac{4}{(t+1)^2}$, $\dfrac{d^2y}{dt^2} = 0$이므로 점 P의 가속도의 크기는

$$\sqrt{\left\{1 + \dfrac{4}{(t+1)^2}\right\}^2} = 1 + \dfrac{4}{(t+1)^2}$$

따라서 속력이 최소일 때, 점 P의 가속도의 크기는

$1 + \dfrac{4}{2^2} = 2$

답 2

145

$x = \cos^2\theta$, $y = a + \sin^3\theta$에서

$\dfrac{dx}{d\theta} = -2\sin\theta\cos\theta$, $\dfrac{dy}{d\theta} = 3\sin^2\theta\cos\theta$이므로

$$\dfrac{dy}{dx} = \dfrac{\dfrac{dy}{d\theta}}{\dfrac{dx}{d\theta}} = -\dfrac{3}{2}\sin\theta \qquad \cdots\cdots \text{㉠}$$

점 P에 대응하는 θ의 값을 α라 하면 $0 < \alpha < \dfrac{\pi}{2}$이므로

$x = \cos^2\alpha = \dfrac{8}{9}$에서

$\cos\alpha = \dfrac{2\sqrt{2}}{3}$

$\therefore \sin\alpha = \sqrt{1 - \cos^2\alpha} = \dfrac{1}{3}$

이때 $y = a + \sin^3\alpha = a + \dfrac{1}{27} = \dfrac{4}{27}$이므로

$a = \dfrac{1}{9}$

또한 ㉠에서 점 $P\left(\dfrac{8}{9}, \dfrac{4}{27}\right)$에서의 접선의 기울기는

$k = \dfrac{dy}{dx}$

$= -\dfrac{3}{2}\sin\alpha$

$= -\dfrac{3}{2} \times \dfrac{1}{3} = -\dfrac{1}{2}$

$\therefore a \times k = -\dfrac{1}{18}$

답 ②

146

$\lim\limits_{x \to 1} \dfrac{g(x)+1}{x-1} = \dfrac{1}{4}$ 에서 극한값이 존재하고

$x \to 1$일 때 (분모)$\to 0$이므로 (분자)$\to 0$이어야 한다.

따라서 $\lim\limits_{x \to 1}\{g(x)+1\}=0$이므로

$g(1)=-1$

이때 함수 $g(x)$가 $f(x)$의 역함수이므로

$f(-1)=1$에서 $-1-a+b=1$ ······ ㉠

한편

$$\lim\limits_{x \to 1}\dfrac{g(x)+1}{x-1} = \lim\limits_{x \to 1}\dfrac{g(x)-g(1)}{x-1}$$
$$= g'(1)=\dfrac{1}{4}$$

따라서 $f'(-1)=\dfrac{1}{g'(1)}=4$이므로

$f'(x)=3x^2+a$에서

$3+a=4$

$\therefore \ a=1$

이를 ㉠에 대입하면 $b=3$

따라서 $f(x)=x^3+x+3$이므로

$f(2)=8+2+3=13$

답 13

147

$$f'(x) = e^x(x^2+ax+3)+e^x(2x+a)$$
$$= e^x\{x^2+(a+2)x+(a+3)\}$$

방정식 $f(x)=t$의 실근의 개수 $g(t)$가 양의 실수 전체의
집합에서 연속이려면

함수 $f(x)$가 모든 실수에서 증가하거나 감소해야 한다.

즉, 모든 실수 x에 대하여 $f'(x) \ge 0$이거나

$f'(x) \le 0$이어야 한다.

이때 $e^x > 0$이므로 모든 실수 x에 대하여

$x^2+(a+2)x+a+3 \ge 0$이어야 한다.

방정식 $x^2+(a+2)x+a+3=0$의 판별식을 D라 하면

$D=(a+2)^2-4(a+3)=a^2-8 \le 0$

$(a+2\sqrt{2})(a-2\sqrt{2}) \le 0$

$\therefore \ -2\sqrt{2} \le a \le 2\sqrt{2}$

따라서 구하는 정수 a는 $-2, -1, 0, 1, 2$의 5개이다.

답 5

148

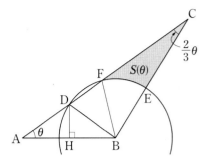

$\angle DBA = \angle DAB = \theta$이므로 점 D에서 선분 AB에
내린 수선의 발을 H라 하면

$\overline{AH}=\overline{BH}=1$

$\therefore \ \overline{AD}=\overline{BD}=\overline{BF}=\dfrac{1}{\cos\theta}$ ······ ㉠

또한 $\angle BDF = \angle BFD = 2\theta$이므로 삼각형 BCF에서

$\angle CBF = 2\theta - \dfrac{2}{3}\theta = \dfrac{4}{3}\theta$ ······ ㉡

한편 삼각형 ABC에서 사인법칙에 의하여

$$\dfrac{\overline{BC}}{\sin\theta} = \dfrac{2}{\sin\dfrac{2}{3}\theta}$$

$\therefore \ \overline{BC} = \dfrac{2\sin\theta}{\sin\dfrac{2}{3}\theta}$ ······ ㉢

$S(\theta)$의 값은 삼각형 BCF의 넓이에서 부채꼴 BEF의
넓이를 뺀 것과 같으므로 ㉠, ㉡, ㉢에 의하여

$$S(\theta) = \dfrac{1}{2} \times \dfrac{1}{\cos\theta} \times \dfrac{2\sin\theta}{\sin\dfrac{2}{3}\theta} \times \sin\dfrac{4}{3}\theta$$
$$\qquad\qquad - \dfrac{1}{2} \times \left(\dfrac{1}{\cos\theta}\right)^2 \times \dfrac{4}{3}\theta$$
$$= \dfrac{1}{\cos\theta}\left(\dfrac{\sin\dfrac{4}{3}\theta}{\sin\dfrac{2}{3}\theta} \times \sin\theta - \dfrac{2}{3} \times \dfrac{\theta}{\cos\theta}\right)$$

$$\therefore \ \lim_{\theta \to 0+}\dfrac{S(\theta)}{\theta}$$
$$= \lim_{\theta \to 0+}\dfrac{1}{\cos\theta}\left(\dfrac{\sin\dfrac{4}{3}\theta}{\sin\dfrac{2}{3}\theta} \times \dfrac{\sin\theta}{\theta} - \dfrac{2}{3} \times \dfrac{1}{\cos\theta}\right)$$
$$= 1 \times \left(\dfrac{\dfrac{4}{3}}{\dfrac{2}{3}} \times 1 - \dfrac{2}{3} \times 1\right) = \dfrac{4}{3}$$

답 ②

149

$h(x) = |f(x) - g(x)|$ 라 하면

함수 $h(x)$의 최솟값이 3이므로 모든 실수 x에 대하여

$f(x) - g(x) \geq 3$이거나

모든 실수 x에 대하여 $f(x) - g(x) \leq -3$이다.

이때 $\lim\limits_{x \to 0+} \{f(x) - g(x)\} = \infty$,

$\lim\limits_{x \to \infty} \{f(x) - g(x)\} = \infty$ 이므로

모든 실수 x에 대하여 $f(x) - g(x) \geq 3$이다.

따라서 $h(x) = f(x) - g(x)$이다.

$f(x) = x^2 + ax + b$에서

$f'(x) = 2x + a$

$g(x) = \ln x$에서 $g'(x) = \dfrac{1}{x}$이므로

$h'(x) = f'(x) - g'(x) = 2x + a - \dfrac{1}{x}$

함수 $h(x)$가 $x = 1$에서 극소이면서 최소이고, 최솟값은 3이므로

$h'(1) = f'(1) - g'(1) = 0$에서

$2 + a - 1 = 0$

$\therefore a = -1$

$h(1) = f(1) - g(1) = 3$에서

$1 + a + b = 3$

$\therefore b = 3$

따라서 $f(x) = x^2 - x + 3$이므로

$f(3) = 9 - 3 + 3 = 9$

답 9

150

$y = \ln x$에서 $y' = \dfrac{1}{x}$이므로

접점의 좌표를 $(a, \ln a)$라 하면 접선의 방정식은

$y = \dfrac{1}{a}(x - a) + \ln a$, 즉 $y = \dfrac{1}{a}x - 1 + \ln a$

이 직선이 직선 $y = tx$와 같으려면

$\dfrac{1}{a} = t$, $-1 + \ln a = 0$

$\therefore a = e$, $t = \dfrac{1}{e}$

방정식 $\ln x = tx$의 서로 다른 실근의 개수는 곡선

$y = \ln x$와 직선 $y = tx$의 교점의 개수와 같으므로

다음 그림과 같이 $t = 0$일 때, $t = \dfrac{1}{e}$일 때를 기준으로

나누어 생각해보면

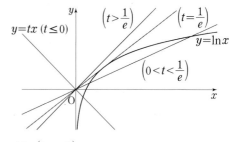

$f(t) = \begin{cases} 1 & (t \leq 0) \\ 2 & (0 < t < \dfrac{1}{e}) \\ 1 & (t = \dfrac{1}{e}) \\ 0 & (t > \dfrac{1}{e}) \end{cases}$

함수 $f(x)$가 $x = 0$, $x = \dfrac{1}{e}$일 때 불연속이고 $g(x)$가 실수

전체의 집합에서 연속이므로

함수 $f(x)g(x)$가 실수 전체의 집합에서 연속이려면 $x = 0$,

$x = \dfrac{1}{e}$에서 연속임을 보이면 된다.

$\lim\limits_{x \to 0+} f(x)g(x) = \lim\limits_{x \to 0-} f(x)g(x) = f(0)g(0)$이어야

하므로

$2g(0) = g(0)$에서 $g(0) = 0$

$\lim\limits_{x \to \frac{1}{e}+} f(x)g(x) = \lim\limits_{x \to \frac{1}{e}-} f(x)g(x) = f\left(\dfrac{1}{e}\right)g\left(\dfrac{1}{e}\right)$

이어야 하므로

$g\left(\dfrac{1}{e}\right) = 2g\left(\dfrac{1}{e}\right) = 0$에서 $g\left(\dfrac{1}{e}\right) = 0$

따라서 $g(x) = x\left(x - \dfrac{1}{e}\right)$이므로

$g(e) = e\left(e - \dfrac{1}{e}\right) = e^2 - 1$

답 ④

151

$f(2x^2 + 1) = e^x(x^2 + 1)$의 양변을 x에 대하여 미분하면

$f'(2x^2 + 1) \times 4x = e^x(x^2 + 1) + e^x \times 2x$

$f'(2x^2 + 1) = \dfrac{e^x(x + 1)^2}{4x}$

위의 식에 $x = 1$을 대입하면

$$f'(3) = \frac{4e}{4} = e$$

답 ⑤

152

$$x^3 + y^3 + axy = b \qquad \cdots\cdots \text{㉠}$$

주어진 곡선이 점 $(1, 1)$을 지나므로 ㉠의 양변에 $x = 1$을 대입하면

$$2 + a = b \qquad \cdots\cdots \text{㉡}$$

㉠의 양변을 x에 대하여 미분하면

$$3x^2 + 3y^2 \times \frac{dy}{dx} + ay + ax \times \frac{dy}{dx} = 0$$

점 $(1, 1)$에서의 접선의 기울기가 -2이므로

$$3 + 3 \times (-2) + a + a \times (-2) = 0, \quad -3 - a = 0$$

$$\therefore a = -3$$

이를 ㉡에 대입하면

$$b = -1$$

$$\therefore a^2 + b^2 = 9 + 1 = 10$$

답 10

153

조건 (가)에서 $f(0) = 0$이므로

$f(x) = xh(x)$ ($h(x)$는 다항함수)라 하면

$$\lim_{x \to \infty} f(x) \ln\left(1 + \frac{2}{x}\right) = \lim_{x \to \infty} xh(x)\ln\left(1 + \frac{2}{x}\right)$$

$$= \lim_{x \to \infty}\left\{2h(x)\ln\left(1 + \frac{2}{x}\right)^{\frac{x}{2}}\right\}$$

조건 (나)에서 $\displaystyle\lim_{x \to \infty} f(x)\ln\left(1 + \frac{2}{x}\right) = 4$이므로

$$\lim_{x \to \infty}\left\{2h(x)\ln\left(1 + \frac{2}{x}\right)^{\frac{x}{2}}\right\} = 4$$에서

$$\lim_{x \to \infty} 2h(x) \times \lim_{x \to \infty} \ln\left(1 + \frac{2}{x}\right)^{\frac{x}{2}} = 2\lim_{x \to \infty} h(x) \times 1 = 4$$

$$\therefore \lim_{x \to \infty} h(x) = 2$$

$h(x)$는 다항함수이므로 위의 조건을 만족시키려면

$$h(x) = 2$$

따라서 $f(x) = 2x$이므로

$g'(x) = e^x f(x) + e^x f'(x)$에서

$$g'(2) = e^2 f(2) + e^2 f'(2) = 4e^2 + 2e^2 = 6e^2$$

답 ②

154

$x = 2\cos^3 t$, $y = 3\sin^3 t$에서

$$\frac{dx}{dt} = 6\cos^2 t \times (-\sin t), \quad \frac{dy}{dt} = 9\sin^2 t \cos t$$

$$\therefore \frac{dy}{dx} = \frac{\dfrac{dy}{dt}}{\dfrac{dx}{dt}} = \frac{9\sin^2 t \cos t}{6\cos^2 t \times (-\sin t)} = -\frac{3}{2}\tan t$$

이때 $t = \dfrac{\pi}{4}$에 대응하는 점에서의 접선의 기울기는

$-\dfrac{3}{2}\tan\dfrac{\pi}{4} = -\dfrac{3}{2}$이고 곡선 위의 점의 좌표는

$x = 2\cos^3\dfrac{\pi}{4} = \dfrac{\sqrt{2}}{2}$, $y = 3\sin^3\dfrac{\pi}{4} = \dfrac{3\sqrt{2}}{4}$에서

$\left(\dfrac{\sqrt{2}}{2}, \dfrac{3\sqrt{2}}{4}\right)$이므로

구하는 접선의 방정식은 $y - \dfrac{3\sqrt{2}}{4} = -\dfrac{3}{2}\left(x - \dfrac{\sqrt{2}}{2}\right)$,

즉 $y = -\dfrac{3}{2}x + \dfrac{3\sqrt{2}}{2}$이다.

이 접선의 x절편은 $\sqrt{2}$, y절편은 $\dfrac{3\sqrt{2}}{2}$이므로

$$S = \frac{1}{2} \times \sqrt{2} \times \frac{3\sqrt{2}}{2} = \frac{3}{2}$$

$$\therefore 12S = 18$$

답 18

155

직각삼각형 OBA에서

$$\overline{AB} = \overline{OA} \times \sin\theta = \sin\theta,$$

$$\overline{OB} = \overline{OA} \times \cos\theta = \cos\theta$$

정사각형 $ABCD$의 넓이는 $\overline{AB}^2 = \sin^2\theta$,

부채꼴 OAP의 넓이는 $\dfrac{1}{2} \times 1^2 \times \theta = \dfrac{1}{2}\theta$,

삼각형 AOB의 넓이는 $\dfrac{1}{2} \times \sin\theta \times \cos\theta$이므로

$$S(\theta) = (\text{정사각형 } ABCD \text{의 넓이})$$
$$- \{(\text{부채꼴 } OAP \text{의 넓이})$$
$$- (\text{삼각형 } AOB \text{의 넓이})\}$$
$$= \sin^2\theta - \left(\frac{1}{2}\theta - \frac{1}{2}\sin\theta\cos\theta\right)$$
$$= \sin^2\theta - \frac{1}{2}\theta + \frac{1}{2}\sin\theta\cos\theta$$

$$S'(\theta) = 2\sin\theta\cos\theta - \frac{1}{2} + \frac{1}{2}(\cos^2\theta - \sin^2\theta)$$

$$\therefore\ S'\left(\frac{\pi}{4}\right) = 1 - \frac{1}{2} + 0 = \frac{1}{2}$$

답 ④

156

$f(x) = (x^2 - 3x + 3)e^x$에서

$$f'(x) = (2x - 3)e^x + (x^2 - 3x + 3)e^x$$
$$= (x^2 - x)e^x$$
$$= x(x - 1)e^x$$

$f'(x) = 0$에서 $x = 0$ 또는 $x = 1$

함수 $f(x)$의 증가와 감소를 표로 나타내면 다음과 같다.

x	$\cdots$	0	$\cdots$	1	$\cdots$
$f'(x)$	$+$	0	$-$	0	$+$
$f(x)$	$\nearrow$	3	$\searrow$	e	$\nearrow$

이때 $\lim\limits_{x \to -\infty} f(x) = 0,\ \lim\limits_{x \to \infty} f(x) = \infty$이므로 함수

$y = f(x)$의 그래프는 다음 그림과 같다.

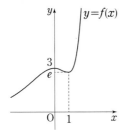

함수 $g(x) = |f(x) - k|$가 양의 실수 전체의 집합에서

미분가능하려면 모든 양의 실수 x에 대하여

$f(x) - k \geq 0$이어야 하므로

$e - k \geq 0$　$\therefore\ k \leq e$

따라서 실수 k의 최댓값은 e이다.

답 ④

157

함수 $f(x) = x^3 + x + a$의 역함수를 $h(x)$라 하면

$f'(x) = 3x^2 + 1$이므로

$$g(x) = h(3x^2 + 1)$$

이때 $g(2) = h(13) = k$라 하면 $k < 0$이고

$$f(k) = k^3 + k + a = 13 \qquad \cdots\cdots \text{㉠}$$

또한 $g'(x) = h'(3x^2 + 1) \times 6x$에서

$g'(2) = 12h'(13) = 3$이므로

$$h'(13) = \frac{1}{4}$$

역함수의 미분법에 의하여

$$h'(13) = \frac{1}{f'(k)} = \frac{1}{3k^2 + 1}\ (\because\ h(13) = k)$$

이므로 $\dfrac{1}{3k^2 + 1} = \dfrac{1}{4}$에서

$k = -1\ (\because\ k < 0)$

이를 ㉠에 대입하면

$-1 - 1 + a = 13$

$\therefore\ a = 15$

답 15

158

$\angle ABO = \theta$라 하면 $\tan\theta = \dfrac{\overline{OA}}{\overline{OB}} = 2$이므로

$$\sin\theta = \frac{2}{\sqrt{5}},\ \cos\theta = \frac{1}{\sqrt{5}}\ \text{이다.} \qquad \cdots\cdots \text{㉠}$$

$\angle ABP = 75°$이므로 $\angle OBP = 75° - \theta$이고

$\overline{OP} = \overline{OB}$이므로 $\angle OPB = 75° - \theta$이다.

$\angle COP = 90° + 2 \times (75° - \theta) = 240° - 2\theta$이고

$\overline{OP} = \overline{OC}$이므로 $\angle OCP = \theta - 30°$이다.

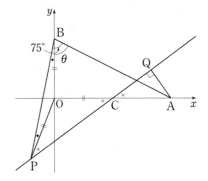

따라서 $\angle ACQ = \theta - 30°$이고 $\overline{AC} = 1$이므로

$$\overline{AQ} = \sin(\theta - 30°)$$
$$= \sin\theta\cos 30° - \cos\theta\sin 30°$$
$$= \frac{2}{\sqrt{5}} \times \frac{\sqrt{3}}{2} - \frac{1}{\sqrt{5}} \times \frac{1}{2}$$
$$= \frac{2\sqrt{3} - 1}{2\sqrt{5}}\ (\because\ \text{㉠})$$

$$\overline{AQ}^2 = \frac{13 - 4\sqrt{3}}{20} = \frac{13}{20} - \frac{1}{5}\sqrt{3}\ \text{이므로}$$

$$100pq = 100 \times \frac{13}{20} \times \frac{1}{5} = 13$$

답 13

159

$f(x) = \dfrac{1}{3}x^3 - \dfrac{1}{2}x^2$에서 $f'(x) = x^2 - x = x(x-1)$

$f'(x) = 0$에서 $x = 0$ 또는 $x = 1$

$g(x) = f(2\cos x)$에서

$g'(x) = f'(2\cos x) \times (-2\sin x)$

$g'(x) = 0$에서 $f'(2\cos x) = 0$ 또는 $\sin x = 0$ ······㉠

즉, ㉠을 만족시키면서 $g'(x)$의 값의 부호가 음에서 양으로 바뀌는 x의 값에서 $g(x)$는 극소이다.

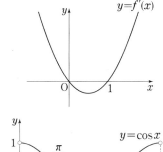

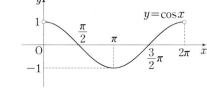

(i) $\sin x = 0$인 경우

$\sin x = 0$에서 $x = \pi$

$x = \pi$의 좌우에서 $\sin x$의 값의 부호는 양에서 음으로 바뀌고, $x \to \pi$일 때 $f'(2\cos x)$는 양수이므로 $g'(x)$의 값의 부호는 음에서 양으로 바뀐다.

즉, 함수 $g(x)$는 $x = \pi$에서 극소이다.

(ii) $f'(2\cos x) = 0$인 경우

$f'(2\cos x) = 0$에서

$2\cos x = 0$ 또는 $2\cos x = 1$

$\cos x = 0$ 또는 $\cos x = \dfrac{1}{2}$

$\therefore x = \dfrac{\pi}{3}$ 또는 $\dfrac{\pi}{2}$ 또는 $\dfrac{3}{2}\pi$ 또는 $\dfrac{5}{3}\pi$

$x = \dfrac{\pi}{3}$의 좌우에서 $f'(2\cos x)$의 부호가 양에서 음으로 바뀌고 $x \to \dfrac{\pi}{3}$일 때 $\sin x$는 양수이므로 $g'(x)$의 값의 부호는 음에서 양으로 바뀐다.

즉, 함수 $g(x)$는 $x = \dfrac{\pi}{3}$에서 극소이다.

$x = \dfrac{\pi}{2}$의 좌우에서 $f'(2\cos x)$의 부호가 음에서 양으로 바뀌고 $x \to \dfrac{\pi}{2}$일 때 $\sin x$는 양수이므로

$g'(x)$의 값의 부호는 양에서 음으로 바뀐다.

즉, 함수 $g(x)$는 $x = \dfrac{\pi}{2}$에서 극대이다.

$x = \dfrac{3}{2}\pi$의 좌우에서 $f'(2\cos x)$의 부호가 양에서 음으로 바뀌고 $x \to \dfrac{3}{2}\pi$일 때 $\sin x$는 음수이므로 $g'(x)$의 값의 부호는 양에서 음으로 바뀐다.

즉, 함수 $g(x)$는 $x = \dfrac{3}{2}\pi$에서 극대이다.

$x = \dfrac{5}{3}\pi$의 좌우에서 $f'(2\cos x)$의 부호가 음에서 양으로 바뀌고 $x \to \dfrac{5}{3}\pi$일 때 $\sin x$는 음수이므로 $g'(x)$의 값의 부호는 음에서 양으로 바뀐다.

즉, 함수 $g(x)$는 $x = \dfrac{5}{3}\pi$에서 극소이다.

(i), (ii)에서 함수 $g(x)$는 $x = \dfrac{\pi}{3}$, $x = \pi$, $x = \dfrac{5}{3}\pi$에서 극소이므로 구하는 x의 개수는 3이다.

답 3

160

$f(x) = \begin{cases} \sin x & (0 < x \le \dfrac{\pi}{2}) \\ 2 - \sin x & (\dfrac{\pi}{2} < x < 2\pi) \end{cases}$ 에서

$\displaystyle \lim_{x \to \frac{\pi}{2}-} f(x) = \lim_{x \to \frac{\pi}{2}-} \sin x = 1$

$\displaystyle \lim_{x \to \frac{\pi}{2}+} f(x) = \lim_{x \to \frac{\pi}{2}+} (2 - \sin x) = 1$

$f\left(\dfrac{\pi}{2}\right) = 1$

이므로 $f(x)$는 $x = \dfrac{\pi}{2}$에서 연속이다.

함수 $f(x)$의 $x = \dfrac{\pi}{2}$에서의 좌미분계수는

$\displaystyle \lim_{h \to 0-} \frac{f\left(\dfrac{\pi}{2}+h\right) - f\left(\dfrac{\pi}{2}\right)}{h}$

$\displaystyle = \lim_{h \to 0-} \frac{\sin\left(\dfrac{\pi}{2}+h\right) - 1}{h}$

$\displaystyle = \lim_{h \to 0-} \frac{\cos h - 1}{h}$

$$= \lim_{h \to 0-} \frac{-\sin^2 h}{h(1+\cos h)}$$

$$= \lim_{h \to 0-} \left\{ \left(\frac{\sin h}{h}\right)^2 \times \frac{-h}{1+\cos h} \right\}$$

$$= 1^2 \times 0 = 0$$

$x = \dfrac{\pi}{2}$ 에서의 우미분계수는

$$\lim_{h \to 0+} \frac{f\left(\dfrac{\pi}{2}+h\right)-f\left(\dfrac{\pi}{2}\right)}{h}$$

$$= \lim_{h \to 0+} \frac{2-\sin\left(\dfrac{\pi}{2}+h\right)-1}{h}$$

$$= \lim_{h \to 0+} \frac{1-\cos h}{h}$$

$$= \lim_{h \to 0+} \frac{\sin^2 h}{h(1+\cos h)}$$

$$= \lim_{h \to 0+} \left\{ \left(\frac{\sin h}{h}\right)^2 \times \frac{h}{1+\cos h} \right\}$$

$$= 1^2 \times 0 = 0$$

이므로 $f(x)$ 는 $x = \dfrac{\pi}{2}$ 에서 미분가능하다.

즉, 함수 $f(x)$ 는 구간 $(0,\ 2\pi)$ 에서 미분가능하고
$f'\left(\dfrac{\pi}{2}\right) = f'\left(\dfrac{3}{2}\pi\right) = 0$ 이다.

따라서 함수 $f(x) = \begin{cases} \sin x & \left(0 < x \leq \dfrac{\pi}{2}\right) \\ 2-\sin x & \left(\dfrac{\pi}{2} < x < 2\pi\right) \end{cases}$ 의

그래프는 다음 그림과 같다.

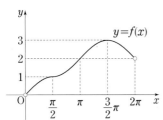

곡선 $y = f(x)$ 와 직선 $y = t$ 가 만나지 않거나 접하면 함수
$y = |f(x)-t|$ 가 구간 $(0,\ 2\pi)$ 에서 미분가능하므로
t 의 값의 범위를 나누어 $g(t)$ 를 구하면 다음과 같다.

$$g(t) = \begin{cases} 0 & (t \leq 0) \\ 1 & (0 < t < 1) \\ 0 & (t = 1) \\ 1 & (1 < t \leq 2) \\ 2 & (2 < t < 3) \\ 0 & (t \geq 3) \end{cases}$$

따라서 함수 $y = g(t)$ 의 그래프는 다음과 같다.

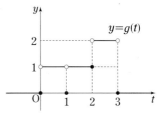

a 가 정수일 때 $\left| \lim\limits_{t \to a+} g(t) - \lim\limits_{t \to a-} g(t) \right|$ 의 값을 구해 보면

$a < 0$ 일 때 $\left| \lim\limits_{t \to a+} g(t) - \lim\limits_{t \to a-} g(t) \right| = |0-0| = 0$

$a = 0$ 일 때 $\left| \lim\limits_{t \to a+} g(t) - \lim\limits_{t \to a-} g(t) \right| = |1-0| = 1$

$a = 1$ 일 때 $\left| \lim\limits_{t \to a+} g(t) - \lim\limits_{t \to a-} g(t) \right| = |1-1| = 0$

$a = 2$ 일 때 $\left| \lim\limits_{t \to a+} g(t) - \lim\limits_{t \to a-} g(t) \right| = |2-1| = 1$

$a = 3$ 일 때 $\left| \lim\limits_{t \to a+} g(t) - \lim\limits_{t \to a-} g(t) \right| = |0-2| = 2$

$a \geq 4$ 일 때 $\left| \lim\limits_{t \to a+} g(t) - \lim\limits_{t \to a-} g(t) \right| = |0-0| = 0$

따라서 조건을 만족시키는 모든 정수 a 의 값의 합은
$0 + 2 + 3 = 5$

답 5

161

$1 + \sin x = t$라 하면 $\cos x \, dx = dt$이므로

$$f(x) = \int (1 + \sin x)^2 \cos x \, dx$$

$$= \int t^2 \, dt = \frac{1}{3}t^3 + C \text{ (단, } C \text{는 적분상수)}$$

$$= \frac{(1 + \sin x)^3}{3} + C$$

$f(\pi) = 0$이므로 $\dfrac{1}{3} + C = 0$

$$\therefore \ C = -\frac{1}{3}$$

따라서 $f(x) = \dfrac{(1 + \sin x)^3}{3} - \dfrac{1}{3}$이므로

$$f(2\pi) = \frac{(1 + 0)^3}{3} - \frac{1}{3} = 0$$

답 ③

162

$$\lim_{n \to \infty} \sum_{k=1}^{n} \frac{k}{n^2 + k^2} f\left(\frac{k}{n}\right) = \lim_{n \to \infty} \sum_{k=1}^{n} \frac{\frac{k}{n}}{1 + \left(\frac{k}{n}\right)^2} f\left(\frac{k}{n}\right) \frac{1}{n}$$

$$= \int_0^1 \frac{xf(x)}{1 + x^2} \, dx$$

$$= \int_0^1 \frac{6x^3 + 6x}{x^2 + 1} \, dx$$

$$= \int_0^1 \frac{6x(x^2 + 1)}{x^2 + 1} \, dx$$

$$= \int_0^1 6x \, dx = \left[3x^2\right]_0^1 = 3$$

답 ③

163

$f'(x) = \begin{cases} 3x^2 & (x < 1) \\ 3\sqrt{x} & (x > 1) \end{cases}$ 이므로

$f(x) = \begin{cases} x^3 + C_1 & (x < 1) \\ 2x^{\frac{3}{2}} + C_2 & (x > 1) \end{cases}$ (단, C_1, C_2는 적분상수)

함수 $f(x)$가 $x = 1$에서 연속이므로

$$1 + C_1 = 2 + C_2 \qquad\qquad \cdots\cdots ㉠$$

$f(4) = 17$이므로 $2 \times (4)^{\frac{3}{2}} + C_2 = 17$

$$16 + C_2 = 17$$

$$\therefore \ C_2 = 1$$

이를 ㉠에 대입하면

$$C_1 = 2$$

따라서 $x < 1$일 때 $f(x) = x^3 + 2$이므로

$$f(-2) = (-2)^3 + 2 = -6$$

답 ③

164

$\displaystyle\int_0^x f(t) \, dt = xf(x) + x^2 \sin x$의 양변을 x에 대하여

미분하면

$f(x) = f(x) + xf'(x) + 2x \sin x + x^2 \cos x$에서

$f'(x) = -2\sin x - x \cos x$이므로

$$f(x) = 2\cos x - \left(x \sin x - \int \sin x \, dx\right)$$

$$= \cos x - x \sin x + C \text{ (단, } C \text{는 적분상수)}$$

이때 $f\left(\dfrac{\pi}{2}\right) = -\dfrac{\pi}{2} + C = \dfrac{\pi}{2}$에서 $C = \pi$이므로

$$f(x) = \cos x - x \sin x + \pi$$

$$\therefore \ f(\pi) = \pi - 1$$

답 ④

165

두 영역 A와 B의 넓이가 서로 같으므로

$$\int_0^4 \{f(x) - g(x)\} \, dx = 0 \text{이다.}$$

$$\int_0^4 \{f(x) - g(x)\} \, dx$$

$$= \int_0^4 \left\{(x + k) - \left(\frac{6}{x + 2} - 1\right)\right\} dx$$

$$= \left[\frac{1}{2}x^2 + (k+1)x - 6\ln(x + 2)\right]_0^4$$

$$= 8 + 4(k+1) - 6\ln 3 = 0$$

이므로 $k = -3 + \dfrac{3}{2}\ln 3$

$$\therefore\ 20(p^2+q^2)=20\left\{(-3)^2+\left(\frac{3}{2}\right)^2\right\}=225$$

답 225

166

$$\int_0^2 xf(x)f'(x)dx$$

$$=\left[x\{f(x)\}^2\right]_0^2-\int_0^2\{f(x)+xf'(x)\}f(x)dx$$

$$=2\{f(2)\}^2-\int_0^2 xf(x)f'(x)dx-\int_0^2\{f(x)\}^2dx$$

$$\int_0^2 xf(x)f'(x)dx=\{f(2)\}^2-\frac{1}{2}\int_0^2\{f(x)\}^2dx$$

$$4=9-\frac{1}{2}\int_0^2\{f(x)\}^2dx$$

$$\therefore\ \int_0^2\{f(x)\}^2dx=10$$

답 ③

167

$$f(x)=\begin{cases}1-e^x & (x<0)\\ e^x-1 & (x\ge 0)\end{cases}$$

한편,

$$g(x)=\int_{-1}^x(x-t)f(t)dt$$

$$=x\int_{-1}^x f(t)dt-\int_{-1}^x tf(t)dt$$

이므로

$$g'(x)=\int_{-1}^x f(t)dt+xf(x)-xf(x)=\int_{-1}^x f(t)dt$$

$$\therefore\ g'(1)=\int_{-1}^1 f(t)dt$$

$$=\int_{-1}^0(1-e^x)dx+\int_0^1(e^x-1)dx$$

$$=\left[x-e^x\right]_{-1}^0+\left[e^x-x\right]_0^1$$

$$=\{(0-e^0)-(-1-e^{-1})\}$$
$$\qquad\qquad+\{(e-1)-(e^0-0)\}$$

$$=e+\frac{1}{e}-2$$

답 ①

168

$f(x)=ae^{2x}-5x^2$에서 $f'(x)=2ae^{2x}-10x$이므로

$2f(x)-f'(x)=0$에서 $-10x^2+10x=0$

$-10x(x-1)=0$ $\quad\therefore\ x=0$ 또는 $x=1$

따라서 곡선 $y=f(x)$와 x축 및 두 직선 $x=0$, $x=1$로 둘러싸인 부분을 밑면으로 하고 x축에 수직인 평면으로 자른 단면이 모두 정사각형인 입체도형의 부피는

$$\int_0^1\{f(x)\}^2dx$$

$$=\int_0^1(a^2e^{4x}-10ax^2e^{2x}+25x^4)dx$$

$$=\left[\frac{a^2}{4}e^{4x}-5a\left(x^2-x+\frac{1}{2}\right)e^{2x}+5x^5\right]_0^1 \quad\text{참고}$$

$$=\left(\frac{a^2}{4}e^4-\frac{5a}{2}e^2+5\right)-\left(\frac{a^2}{4}-\frac{5a}{2}\right)$$

$$=\frac{e^4-1}{4}a^2-\frac{5(e^2-1)}{2}a+5=5$$

이므로 $\dfrac{e^4-1}{4}a=\dfrac{5(e^2-1)}{2}$ $(\because\ a>1)$

$$\therefore\ a=\frac{5(e^2-1)}{2}\times\frac{4}{e^4-1}=\frac{10}{e^2+1}$$

답 ①

> **참고**
>
> $\int 2x^2e^{2x}dx=\left(x^2-x+\dfrac{1}{2}\right)e^{2x}$임을 확인해 보자.
>
> 세 실수 b, c, d에 대하여 함수 $g(x)=2x^2e^{2x}$의 한 부정적분을
> $G(x)=(bx^2+cx+d)e^{2x}$이라 하면
> $G'(x)=(2bx+c)e^{2x}+(bx^2+cx+d)\times 2e^{2x}$
> $\qquad=\{2bx^2+2(b+c)x+(c+2d)\}e^{2x}$
> $2b=2$, $2(b+c)=0$, $c+2d=0$에서
> $b=1$, $c=-1$, $d=\dfrac{1}{2}$이다.

169

$f(x)=\displaystyle\int_{-1}^x(t-t^2)e^t dt$에서

$f'(x)=(x-x^2)e^x=-x(x-1)e^x$

$x=0$ 또는 $x=1$에서 $f'(x)=0$이므로

함수 $f(x)$의 증가와 감소를 표로 나타내면 다음과 같다.

x	$\cdots$	0	$\cdots$	1	$\cdots$
$f'(x)$	$-$	0	$+$	0	$-$
$f(x)$	$\searrow$	극소	$\nearrow$	극대	$\searrow$

따라서 함수 $f(x)$의 극댓값은 $f(1)$, 극솟값은 $f(0)$이므로

$$f(1) - f(0) = \int_{-1}^{1} (t - t^2)e^t \, dt - \int_{-1}^{0} (t - t^2)e^t \, dt$$

$$= \int_{0}^{1} (t - t^2)e^t \, dt$$

$$= \left[(t - t^2)e^t \right]_{0}^{1} - \int_{0}^{1} (1 - 2t)e^t \, dt$$

$$= \int_{0}^{1} (2t - 1)e^t \, dt$$

$$= \left[(2t - 1)e^t \right]_{0}^{1} - \int_{0}^{1} 2e^t \, dt$$

$$= (e + 1) - (2e - 2)$$

$$= 3 - e$$

$$\therefore p^2 + q^2 = 3^2 + (-1)^2 = 10$$

답 10

170

함수 $g(x)$가 $f(x)$의 역함수이므로

$$f(g(x)) = x$$

위의 식의 양변을 x에 대하여 미분하면

$$f'(g(x))g'(x) = 1$$

$f(x) = x + \ln x$에서 $f'(x) = 1 + \dfrac{1}{x}$이므로

$$f'(g(x)) = 1 + \frac{1}{g(x)} = \frac{1 + g(x)}{g(x)} = \frac{1}{g'(x)}$$

$$\therefore \frac{1}{1 + g(x)} = \frac{g'(x)}{g(x)}$$

한편, $f(1) = 1$에서 $g(1) = 1$, $f(e^2) = e^2 + 2$에서 $g(e^2 + 2) = e^2$이므로

$$\int_{1}^{e^2 + 2} \frac{1}{1 + g(x)} \, dx = \int_{1}^{e^2 + 2} \frac{g'(x)}{g(x)} \, dx$$

$$= \left[\ln |g(x)| \right]_{1}^{e^2 + 2}$$

$$= \ln |g(e^2 + 2)| - \ln |g(1)|$$

$$= \ln e^2 - \ln 1$$

$$= 2 - 0 = 2$$

답 ②

171

$0 \le x \le 1$일 때 $(x + 1)e^{2x} \ge 0$이므로 구하는 넓이는

$$\int_{0}^{1} (x + 1)e^{2x} \, dx = \left[\frac{1}{2}(x + 1)e^{2x} \right]_{0}^{1} - \int_{0}^{1} \frac{1}{2}e^{2x} \, dx$$

$$= \left(e^2 - \frac{1}{2} \right) - \left[\frac{1}{4}e^{2x} \right]_{0}^{1}$$

$$= \left(e^2 - \frac{1}{2} \right) - \left(\frac{1}{4}e^2 - \frac{1}{4} \right)$$

$$= \frac{3}{4}e^2 - \frac{1}{4}$$

답 ④

172

$f(x) = \dfrac{1}{4}x^2 - \dfrac{1}{2}\ln x$에서 $f'(x) = \dfrac{1}{2}x - \dfrac{1}{2x}$이므로

$x = 1$에서 $x = 4$까지의 곡선 $y = f(x)$의 길이는

$$\int_{1}^{4} \sqrt{1 + \{f'(x)\}^2} \, dx = \int_{1}^{4} \sqrt{1 + \left(\frac{1}{2}x - \frac{1}{2x} \right)^2} \, dx$$

$$= \int_{1}^{4} \sqrt{\frac{1}{4}x^2 + \frac{1}{4x^2} + \frac{1}{2}} \, dx$$

$$= \int_{1}^{4} \sqrt{\left(\frac{1}{2}x + \frac{1}{2x} \right)^2} \, dx$$

$$= \int_{1}^{4} \left(\frac{1}{2}x + \frac{1}{2x} \right) dx$$

$$= \left[\frac{1}{4}x^2 + \frac{1}{2}\ln x \right]_{1}^{4}$$

$$= \frac{15}{4} + \frac{1}{2}\ln 4 = \frac{15}{4} + \ln 2$$

답 ②

173

$$\int_{a}^{x+1} f(t) \, dt = \ln(x^2 + a) \qquad \cdots\cdots ㉠$$

의 양변에 $x = a - 1$을 대입하면

$$0 = \ln\{(a - 1)^2 + a\}$$

$$0 = \ln(a^2 - a + 1)$$

$a^2 - a + 1 = 1$에서 $a = 0$ 또는 $a = 1$

$$\therefore a = 1 \ (\because a > 0)$$

$f(x)$의 한 부정적분을 $F(x)$라 하면

㉠에서 $F(x+1)-F(1)=\ln(x^2+1)$

위의 식의 양변을 x에 대하여 미분하면

$$f(x+1)=\frac{2x}{x^2+1}$$

$$\therefore f(0)=\frac{2\times(-1)}{1+1}=-1$$

답 ②

174

단면인 정사각형의 한 변의 길이가 $\sin x+\cos x$이므로
단면의 넓이는

$$(\sin x+\cos x)^2=1+2\sin x\cos x=1+\sin 2x$$

따라서 입체도형의 부피를 V라 하면

$$V=\int_0^{\frac{3}{4}\pi}(1+\sin 2x)dx$$

$$=\left[x-\frac{1}{2}\cos 2x\right]_0^{\frac{3}{4}\pi}$$

$$=\frac{3}{4}\pi+\frac{1}{2}$$

답 ②

175

삼차함수 $f(x)=x^3-6x^2-16x=x(x+2)(x-8)$의
그래프는 그림과 같다.

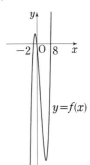

이때 $\displaystyle\lim_{n\to\infty}\frac{1}{n}\sum_{k=1}^{n}f\left(m+\frac{k}{n}\right)=\int_m^{m+1}f(x)dx$이므로

$\displaystyle\int_m^{m+1}f(x)dx>0$을 만족시키는 자연수 m의 최솟값은

8이다.

답 8

176

주어진 식에서

$$f'(x)=\left(\frac{1}{x}-\frac{1}{x^2}\right)\ln x$$이므로

$$f(x)=\int\left(\frac{1}{x}-\frac{1}{x^2}\right)\ln x\,dx$$

$$=\int\frac{\ln x}{x}dx-\int\frac{\ln x}{x^2}dx$$

$\ln x=t$라 하면 $\dfrac{1}{x}dx=dt$이므로

$$\int\frac{\ln x}{x}dx=\int t\,dt=\frac{t^2}{2}+C_1$$

$$=\frac{(\ln x)^2}{2}+C_1 \text{ (단, } C_1\text{은 적분상수)}$$

또한

$$\int\frac{\ln x}{x^2}dx=-\frac{\ln x}{x}+\int\frac{1}{x^2}dx$$

$$=-\frac{\ln x}{x}-\frac{1}{x}+C_2 \text{ (단, } C_2\text{는 적분상수)}$$

이므로

$$f(x)=\frac{(\ln x)^2}{2}+\frac{\ln x}{x}+\frac{1}{x}+C \text{ (단, } C\text{는 적분상수)}$$

$$f(e)=\frac{1}{2}+\frac{2}{e}+C=\frac{2}{e}-\frac{3}{2}\text{에서 } C=-2$$

$$\therefore f(e^2)=\frac{2^2}{2}+\frac{2}{e^2}+\frac{1}{e^2}-2=\frac{3}{e^2}$$

답 ③

177

$x-t=k$라 하면 $-dt=dk$이고

$t=0$일 때 $k=x$, $t=x$일 때 $k=0$이므로

$$F(x)=\int_0^x tf(x-t)dt$$

$$=-\int_x^0(x-k)f(k)dk$$

$$=\int_0^x(x-k)f(k)dk$$

$$=x\int_0^x f(k)dk-\int_0^x kf(k)dk$$

$$F'(x)=\int_0^x f(k)dk+xf(x)-xf(x)$$

$$=\int_0^x\frac{1}{k+2}dk$$

$$= \left[\ln(k+2) \right]_0^x$$

$$= \ln(x+2) - \ln 2 = \ln \frac{x+2}{2}$$

이때 $F'(a) = 2$이므로 $\ln \frac{a+2}{2} = 2$에서

$$\frac{a+2}{2} = e^2$$

$$\therefore\ a = 2e^2 - 2$$

답 ⑤

178

조건 (나)의 좌변은

$$\int_1^2 f'(x)\ln x \, dx = \left[f(x)\ln x \right]_1^2 - \int_1^2 \frac{f(x)}{x} dx$$

$$= f(2)\ln 2 - \int_1^2 \frac{f(x)}{x} dx$$

조건 (나)의 우변은 $\ln x = t$라 하면 $\frac{1}{x} dx = dt$이고

$x = e$일 때 $t = 1$, $x = e^2$일 때 $t = 2$이므로

$$\int_e^{e^2} \frac{f(\ln x)}{x \ln x} dx = \int_1^2 \frac{f(t)}{t} dt$$

즉, $f(2)\ln 2 - \int_1^2 \frac{f(x)}{x} dx = \int_1^2 \frac{f(x)}{x} dx$에서

$$\int_1^2 \frac{f(x)}{x} dx = \frac{1}{2} f(2)\ln 2$$이고

조건 (가)에서 $f(2) = 2$이므로

$$\int_1^2 \frac{f(x)}{x} dx = \ln 2$$

답 ③

179

함수 $f(x)$의 역함수가 $g(x)$이므로

$$f(g(x)) = x$$

양변을 x에 대하여 미분하면

$$f'(g(x))g'(x) = 1$$

이므로

$$f'(g(x))g(x) = f'(g(x))g'(x) \times \frac{g(x)}{g'(x)}$$

$$\frac{1}{x^2+2} = \frac{g(x)}{g'(x)}$$

$$\therefore\ \frac{g'(x)}{g(x)} = x^2 + 2$$

$$\ln |g(x)| = \frac{1}{3} x^3 + 2x + C \text{ (단, } C \text{는 적분상수)}$$

조건 (가)에서 $f(e) = 0$이므로 $g(0) = e > 0$

$$g(x) = e^{\frac{1}{3}x^3 + 2x + C}$$

위의 식에 $x = 0$을 대입하면

$$g(0) = e^C = e$$

$$\therefore\ C = 1$$

따라서 $g(x) = e^{\frac{1}{3}x^3 + 2x + 1}$이므로

$$g(1) = e^{\frac{10}{3}}$$

답 ⑤

180

$g(x) = |f(x)| - f(x)$라 하면

$$g(x) = \begin{cases} 0 & (f(x) \geq 0) \\ -2f(x) & (f(x) < 0) \end{cases}$$

함수 $y = g(x)$의 그래프는 다음 그림과 같다.

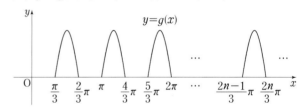

$$\int_0^{\frac{2}{3}\pi} g(x)dx = \int_{\frac{\pi}{3}}^{\frac{2}{3}\pi} -2\sin 3x \, dx$$

$$= \left[\frac{2}{3}\cos 3x \right]_{\frac{\pi}{3}}^{\frac{2}{3}\pi} = \frac{2}{3} - \left(-\frac{2}{3} \right) = \frac{4}{3}$$

$$\int_0^{2\pi} g(x)dx = 3\int_0^{\frac{2}{3}\pi} g(x)dx = 4$$

$$\int_0^{\frac{7}{3}\pi} g(x)dx = 3\int_0^{\frac{2}{3}\pi} g(x)dx + \int_{2\pi}^{\frac{7}{3}\pi} g(x)dx$$

$$= 4 + 0 = 4$$

$\int_0^k g(x)dx = 4$를 만족시키는 k의 값의 범위는

$$2\pi \leq k \leq \frac{7}{3}\pi$$

$2\pi = 6.2\cdots$, $\frac{7}{3}\pi = 7.3\cdots$이므로

자연수 k의 값은 7이다.

답 7

181

$\int_1^a \dfrac{\sqrt{\ln x}}{x}\,dx$에서 $\ln x = t$라 하면 $\dfrac{1}{x}dx = dt$이고,

$x = 1$일 때 $t = 0$, $x = a$일 때 $t = \ln a$이므로

$$\int_1^a \dfrac{\sqrt{\ln x}}{x}\,dx = \int_0^{\ln a} \sqrt{t}\,dt$$

$$= \left[\dfrac{2}{3}t^{\frac{3}{2}}\right]_0^{\ln a}$$

$$= \dfrac{2}{3}(\ln a)^{\frac{3}{2}} = \dfrac{16}{3}$$

에서 $(\ln a)^{\frac{3}{2}} = 8$, $\ln a = 4$

$\therefore\ a = e^4$

답 ④

182

단면인 정사각형의 한 변의 길이가 $\sqrt{x} + \dfrac{1}{x}$이므로

단면의 넓이는 $\left(\sqrt{x} + \dfrac{1}{x}\right)^2 = x + \dfrac{2}{\sqrt{x}} + \dfrac{1}{x^2}$

따라서 구하는 입체도형의 부피 V는

$$V = \int_1^2 \left(x + \dfrac{2}{\sqrt{x}} + \dfrac{1}{x^2}\right)dx$$

$$= \left[\dfrac{1}{2}x^2 + 4\sqrt{x} - \dfrac{1}{x}\right]_1^2$$

$$= 2 + 4\sqrt{2} - \dfrac{1}{2} - \left(\dfrac{1}{2} + 4 - 1\right)$$

$$= -2 + 4\sqrt{2}$$

답 ②

183

$t - x = z$로 놓으면 $1 = \dfrac{dz}{dt}$이고

$t = 0$일 때 $z = -x$, $t = x$일 때 $z = 0$이므로

$$f(x) = \int_0^x t\sin(t - x)\,dt$$

$$= \int_{-x}^0 (x + z)\sin z\,dz$$

$$= x\int_{-x}^0 \sin z\,dz + \int_{-x}^0 z\sin z\,dz$$

$$= x\left[-\cos z\right]_{-x}^0 + \left[-z\cos z\right]_{-x}^0$$

$$\qquad - \int_{-x}^0 (-\cos z)\,dz$$

$$= -x + x\cos(-x) - x\cos(-x) - \left[-\sin z\right]_{-x}^0$$

$$= -x + \sin x$$

따라서 $f(a) = 1 - a$에서 $\sin a = 1$

$\therefore\ a = 2n\pi + \dfrac{\pi}{2}$ (단, n은 정수)

즉, 양수 a의 최솟값은 $\dfrac{\pi}{2}$이다.

답 ①

184

조건 (나)에서

$\{f'(x)\}^2 = \{f(x)\}^2 - 4f(x) + 3$

따라서 $x = 0$에서 $x = 2$까지 곡선 $y = f(x)$의 길이는

$$\int_0^2 \sqrt{1 + \{f'(x)\}^2}\,dx$$

$$= \int_0^2 \sqrt{\{f(x)\}^2 - 4f(x) + 4}\,dx$$

$$= \int_0^2 \sqrt{\{f(x) - 2\}^2}\,dx$$

$$= \int_0^2 \{f(x) - 2\}\,dx\ (\because\ f(x) \geq 2)$$

$$= \int_0^2 f(x)\,dx - \left[2x\right]_0^2$$

$$= \int_0^2 f(x)\,dx - 4 = 4$$

$\therefore\ \displaystyle\int_0^2 f(x)\,dx = 8$

답 8

185

주어진 식의 양변을 x에 대하여 미분하면

$f(x) = f(x) + (x - 1)f'(x) - x - 1$

$(x - 1)f'(x) = x + 1$

이때 $x > 1$이므로

$$f'(x) = \dfrac{x + 1}{x - 1} = 1 + \dfrac{2}{x - 1}$$

$$f(x) = \int f'(x)\,dx = \int \left(1 + \frac{2}{x-1}\right)dx$$

$$= x + 2\ln(x-1) + C \ (\text{단, } C\text{는 적분상수})$$

$f(2) = 3$이므로 $C = 1$

즉, $f(x) = x + 2\ln(x-1) + 1$이다.

$f(10) = 10 + 2\ln(10-1) + 1 = 11 + 4\ln 3$

$\therefore p + q = 11 + 4 = 15$

답 15

186

$f(x) = 2^x$에서 $f'(x) = 2^x \times \ln 2$이므로

$f'(1) = 2\ln 2$

따라서 직선 l의 방정식은 $y = 2\ln 2(x-1) + 2$이다.

곡선 $y = f(x)$와 직선 l 및 두 직선 $x = 0$, $x = 2$로 둘러싸인 부분의 넓이를 S라 하면

$$S = \int_0^2 2^x\,dx - \frac{1}{2} \times (2 - 2\ln 2 + 2 + 2\ln 2) \times 2$$

$$= \left[\frac{2^x}{\ln 2}\right]_0^2 - 4 = \frac{3}{\ln 2} - 4$$

$a = 3$, $b = -4$이므로

$10a + b = 10 \times 3 + (-4) = 26$

답 ①

187

$$\lim_{n\to\infty} \frac{1}{n}\sum_{k=1}^{n} g\left(\frac{n+k}{2n}\right) = 2\lim_{n\to\infty}\frac{1}{2n}\sum_{k=1}^{n}g\left(\frac{1}{2} + \frac{k}{2n}\right)$$

$$= 2\int_{\frac{1}{2}}^{1} g(x)\,dx$$

이때 $f\left(\dfrac{1}{6}\right) = \sin\dfrac{\pi}{6} = \dfrac{1}{2}$이고

$f\left(\dfrac{1}{2}\right) = \sin\dfrac{\pi}{2} = 1$이므로

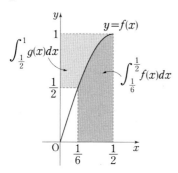

$$\int_{\frac{1}{2}}^{1} g(x)dx = \frac{1}{2} \times 1 - \frac{1}{6} \times \frac{1}{2} - \int_{\frac{1}{6}}^{\frac{1}{2}} \sin(\pi x)dx$$

$$= \frac{5}{12} - \left[-\frac{1}{\pi}\cos(\pi x)\right]_{\frac{1}{6}}^{\frac{1}{2}}$$

$$= \frac{5}{12} - \frac{\sqrt{3}}{2\pi}$$

$$\therefore \lim_{n\to\infty}\frac{1}{n}\sum_{k=1}^{n}g\left(\frac{n+k}{2n}\right) = 2\int_{\frac{1}{2}}^{1}g(x)dx$$

$$= 2\left(\frac{5}{12} - \frac{\sqrt{3}}{2\pi}\right)$$

$$= \frac{5}{6} - \frac{\sqrt{3}}{\pi}$$

답 ②

188

$\left\{\dfrac{f(x)}{x}\right\}' = \dfrac{xf'(x) - f(x)}{x^2}$이므로

조건 (나)에서 $xf'(x) - f(x) = x^3\ln x$의 식을 변형하면

$$\frac{xf'(x) - f(x)}{x^2} = x\ln x$$

$$\int \frac{xf'(x) - f(x)}{x^2}dx = \int x\ln x\,dx$$

$$\frac{f(x)}{x} = \frac{1}{2}x^2\ln x - \int \frac{1}{2}x\,dx$$

$$\frac{f(x)}{x} = \frac{1}{2}x^2\ln x - \frac{1}{4}x^2 + C \ (\text{단, } C\text{는 적분상수})$$

조건 (가)에서 $f(1) = 1$이므로 위의 식에 $x = 1$을 대입하면

$$f(1) = -\frac{1}{4} + C = 1, \ C = \frac{5}{4}$$

$$\therefore f(x) = \frac{1}{2}x^3\ln x - \frac{1}{4}x^3 + \frac{5}{4}x$$

$$\therefore f(4) = \frac{1}{2} \times 64 \times \ln 4 - 16 + 5$$

$$= 64\ln 2 - 11$$

답 ④

189

$g(x) = \displaystyle\int_x^{x+2} |f(t)|\,dt$의 양변을 x에 대하여 미분하면

$g'(x) = |f(x+2)| - |f(x)|$

$f(x) = 2\ln x - \ln 3$이므로 두 함수 $y = |f(x+2)|$,

$y = |f(x)|$ 의 그래프는 다음 그림과 같다.

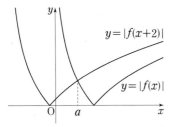

두 함수의 그래프의 교점의 x좌표를 a라 하면

$x < a$일 때 $|f(x+2)| < |f(x)|$이므로 $g'(x) < 0$

$x > a$일 때 $|f(x+2)| > |f(x)|$이므로 $g'(x) > 0$

따라서 함수 $g(x)$는 $x = a$에서 극소이면서 최솟값을 갖는다.

$|f(a+2)| - |f(a)| = 0$에서

$|2\ln(a+2) - \ln 3| - |2\ln a - \ln 3| = 0$

$2\ln(a+2) - \ln 3 + 2\ln a - \ln 3 = 0$

$2\ln\{a(a+2)\} = 2\ln 3$

$a^2 + 2a = 3,\ a^2 + 2a - 3 = 0$

$(a+3)(a-1) = 0$

$\therefore\ a = 1\ (\because\ a > 0)$

따라서 구하는 k의 값은 1이다.

답 1

190

주어진 상황을 그림으로 나타내면 다음과 같다.

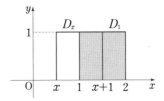

위의 그림에서

$x < 0$일 때, $f(x) = 0$

$0 \le x < 1$일 때, $f(x) = \{(x+1) - 1\} \times 1 = x$

$1 \le x < 2$일 때, $f(x) = (2-x) \times 1 = 2 - x$

$x \ge 2$일 때, $f(x) = 0$

이므로 함수 $y = f(x)$의 그래프는 그림과 같다.

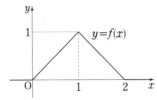

한편, $x - t = k$라 하면 $-dt = dk$이고,

$t = 0$일 때 $k = x$, $t = 1$일 때 $k = x - 1$이므로

$$\int_0^1 f(x-t)\,dt = \int_{x-1}^x f(k)\,dk$$ **참고**

$h(x) = \displaystyle\int_{x-1}^x f(k)\,dk$라 하면

$h'(x) = f(x) - f(x-1)$

$= \begin{cases} 0 & (x < 0) \\ x & (0 \le x < 1) \\ -2x + 3 & (1 \le x < 2) \\ x - 3 & (2 \le x < 3) \\ 0 & (x \ge 3) \end{cases}$

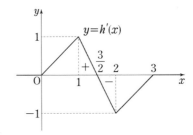

$x = \dfrac{3}{2}$의 좌우에서 $h'(x)$의 부호가 양에서 음으로 바뀌므로

함수 $h(x)$는 $x = \dfrac{3}{2}$에서 극대이자 최댓값을 갖는다.

따라서 구하는 최댓값은

$h\left(\dfrac{3}{2}\right) = \displaystyle\int_{\frac{1}{2}}^{\frac{3}{2}} f(k)\,dk$

$= 2 \times \left\{ \dfrac{1}{2} \times \left(\dfrac{1}{2} + 1 \right) \times \dfrac{1}{2} \right\} = \dfrac{3}{4}$

답 ③

참고

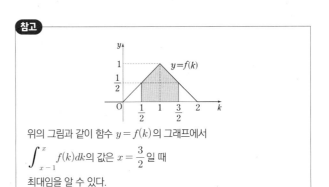

위의 그림과 같이 함수 $y = f(k)$의 그래프에서

$\displaystyle\int_{x-1}^x f(k)\,dk$의 값은 $x = \dfrac{3}{2}$일 때

최대임을 알 수 있다.

191

$\cos(2x) = \cos(x + x)$

$= \cos^2 x - \sin^2 x$

$= 1 - 2\sin^2 x$

이므로

$$\int_0^{\frac{\pi}{6}} \cos x \cos(2x)\,dx = \int_0^{\frac{\pi}{6}} \cos x (1-2\sin^2 x)\,dx$$

이때 $\sin x = t$라 하면 $\cos x\,dx = dt$이고,

$x=0$일 때 $t=0$, $x=\dfrac{\pi}{6}$일 때 $t=\dfrac{1}{2}$이므로

$$\int_0^{\frac{\pi}{6}} \cos x (1-2\sin^2 x)\,dx = \int_0^{\frac{1}{2}} (1-2t^2)\,dt$$

$$= \left[t - \frac{2}{3}t^3 \right]_0^{\frac{1}{2}}$$

$$= \frac{1}{2} - \frac{1}{12} = \frac{5}{12}$$

답 ⑤

192

$$\int_\pi^{2\pi} \frac{\cos x}{x^2}\,dx$$

$$= \int_\pi^{2\pi} \left(\cos x \times \frac{1}{x^2} \right) dx$$

$$= \left[\cos x \times \left(-\frac{1}{x} \right) \right]_\pi^{2\pi} - \int_\pi^{2\pi} \left\{ (-\sin x) \times \left(-\frac{1}{x} \right) \right\} dx$$

$$= -\frac{3}{2\pi} - \int_\pi^{2\pi} \frac{\sin x}{x}\,dx \qquad \cdots\cdots \text{㉠}$$

$\displaystyle \int_0^\pi \frac{\sin x}{x+\pi}\,dx$에서 $x+\pi = t$라 하면

$dx = dt$이고 $x=0$일 때 $t=\pi$, $x=\pi$일 때 $t=2\pi$이므로

$$\int_0^\pi \frac{\sin x}{x+\pi}\,dx = \int_\pi^{2\pi} \frac{\sin(t-\pi)}{t}\,dt$$

$$= -\int_\pi^{2\pi} \frac{\sin t}{t}\,dt \qquad \cdots\cdots \text{㉡}$$

㉡$-$㉠에서

$$\int_0^\pi \frac{\sin x}{x+\pi}\,dx - \int_\pi^{2\pi} \frac{\cos x}{x^2}\,dx = \frac{3}{2\pi}$$

답 ②

193

주어진 그래프에서 대칭성에 의하여

넓이가 같은 부분을 A와 B로 나타내면 다음과 같다.

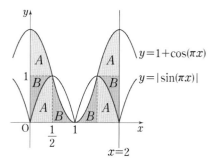

따라서 구하는 넓이는

$$\int_0^2 |\sin(\pi x)|\,dx = 2\int_0^1 \sin(\pi x)\,dx$$

$$= \left[-\frac{2}{\pi}\cos(\pi x) \right]_0^1 = \frac{4}{\pi}$$

다른풀이

두 곡선 $y = |\sin(\pi x)|$, $y = 1+\cos(\pi x)$는

모두 직선 $x=1$에 대하여 대칭이므로

$0 \le x \le 2$에서 두 곡선이 만나는 점의 x좌표는

$\dfrac{1}{2}$, 1, $\dfrac{3}{2}$이다.

이때 구하는 넓이를 S라 하면

$$\frac{1}{2}S = \int_0^{\frac{1}{2}} [\{1+\cos(\pi x)\} - \sin(\pi x)]\,dx$$

$$+ \int_{\frac{1}{2}}^1 [\sin(\pi x) - \{1+\cos(\pi x)\}]\,dx$$

$$= \left[x + \frac{1}{\pi}\sin(\pi x) + \frac{1}{\pi}\cos(\pi x) \right]_0^{\frac{1}{2}}$$

$$+ \left[-\frac{1}{\pi}\cos(\pi x) - x - \frac{1}{\pi}\sin(\pi x) \right]_{\frac{1}{2}}^1$$

$$= \frac{1}{2} + \left(\frac{2}{\pi} - \frac{1}{2} \right) = \frac{2}{\pi}$$

$$\therefore S = 2 \times \frac{2}{\pi} = \frac{4}{\pi}$$

답 ④

194

점 P의 x좌표가 t일 때 단면인 정삼각형의 한 변의 길이가

$\sqrt{4t\ln t}$이므로 그 넓이는

$$\frac{\sqrt{3}}{4}(\sqrt{4t\ln t})^2 = \sqrt{3}\,t\ln t$$

따라서 구하는 입체도형의 부피는

$$\int_1^e \sqrt{3}\, t\ln t\, dt$$

$$= \left[\frac{\sqrt{3}}{2} t^2 \ln t\right]_1^e - \int_1^e \left(\frac{\sqrt{3}}{2} t^2 \times \frac{1}{t}\right) dt$$

$$= \frac{\sqrt{3}}{2} e^2 \ln e - \left[\frac{\sqrt{3}}{4} t^2\right]_1^e$$

$$= \frac{\sqrt{3}}{2} e^2 - \frac{\sqrt{3}}{4}(e^2 - 1)$$

$$= \frac{\sqrt{3}}{4}(e^2 + 1)$$

답 ②

195

$$\lim_{x \to 2}\frac{1}{x-2}\int_2^x (x - 3t)f'(t)dt$$

$$= \lim_{x \to 2}\frac{x}{x-2}\int_2^x f'(t)dt - \lim_{x \to 2}\frac{3}{x-2}\int_2^x tf'(t)dt$$

$$= \lim_{x \to 2} x \times \lim_{x \to 2}\frac{1}{x-2}\int_2^x f'(t)dt$$

$$\qquad\qquad\qquad - 3\lim_{x \to 2}\frac{1}{x-2}\int_2^x tf'(t)dt$$

$$= 2f'(2) - 3 \times 2f'(2) = -4f'(2)$$

$f'(x) = e^{1-x} - xe^{1-x} = (1-x)e^{1-x}$ 이므로

$$-4f'(2) = -4 \times (-1) \times e^{-1} = \frac{4}{e}$$

답 ③

196

$x = 4t$, $y = t^2 - 2\ln t$ 에서

$\dfrac{dx}{dt} = 4$, $\dfrac{dy}{dt} = 2t - \dfrac{2}{t}$ 이므로 점 P 의 속력은

$$\sqrt{\left(\frac{dx}{dt}\right)^2 + \left(\frac{dy}{dt}\right)^2} = \sqrt{16 + \left(2t - \frac{2}{t}\right)^2}$$

$$= \sqrt{4t^2 + \frac{4}{t^2} + 8}$$

$$= \sqrt{\left(2t + \frac{2}{t}\right)^2}$$

$$= 2t + \frac{2}{t} \ (\because \ t > 0)$$

이때 산술평균과 기하평균의 관계에 의하여

$$2t + \frac{2}{t} \geq 2\sqrt{2t \times \frac{2}{t}} = 4$$

이고 $2t = \dfrac{2}{t}$, 즉 $t = 1$ 일 때 점 P 의 속력이 최소이므로

$a = 1$

따라서 시각 $t = 1$ 에서 $t = 4$ 까지 점 P 가 움직인 거리는

$$\int_1^4 \sqrt{\left(\frac{dx}{dt}\right)^2 + \left(\frac{dy}{dt}\right)^2}\, dt = \int_1^4 \left(2t + \frac{2}{t}\right)dt$$

$$= \left[t^2 + 2\ln|t|\right]_1^4$$

$$= 16 + 2\ln 4 - 1$$

$$= 15 + 4\ln 2$$

답 ④

197

$x_k = 1 + \dfrac{2k}{n}$ 이므로

$$S_k = \frac{1}{2}\left(1 + \frac{2k}{n}\right)f\left(1 + \frac{2k}{n}\right)$$

$$\therefore \lim_{n \to \infty}\frac{1}{n}\sum_{k=1}^n S_k = \lim_{n \to \infty}\frac{1}{n}\sum_{k=1}^n \frac{1}{2}\left(1 + \frac{2k}{n}\right)f\left(1 + \frac{2k}{n}\right)$$

$$= \frac{1}{4}\lim_{n \to \infty}\frac{2}{n}\sum_{k=1}^n \left(1 + \frac{2k}{n}\right)f\left(1 + \frac{2k}{n}\right)$$

$$= \frac{1}{4}\int_1^3 xf(x)dx$$

$$= \frac{1}{4}\int_1^3 \left(6x - \frac{1}{2}x^3\right)dx$$

$$= \frac{1}{4}\left[3x^2 - \frac{1}{8}x^4\right]_1^3 = \frac{7}{2}$$

답 ⑤

198

조건 (가)에서 식의 양변에 $x = 0$ 을 대입하면

$f(0) = 4$ ……㉠

조건 (가)에서 식의 양변을 x 에 대하여 미분하면

$f'(x) + g(x) = 2\cos(2x)$ 에서

$f'(x) = 2\cos(2x) - g(x)$

이를 조건 (나)의 식에 대입하면

$\{2\cos(2x) - g(x)\}g(x) = \cos^2(2x)$

$\{g(x)\}^2 - 2g(x)\cos(2x) + \cos^2(2x) = 0$

$\{g(x) - \cos(2x)\}^2 = 0$에서

$g(x) = \cos(2x)$이므로

$f'(x) = \cos(2x)$

$f(x) = \displaystyle\int \cos(2x)dx = \dfrac{1}{2}\sin(2x) + C$

(단, C는 적분상수)

㉠에 의하여 $f(0) = 0 + C = 4$에서 $C = 4$이므로

$f(x) = \dfrac{1}{2}\sin(2x) + 4$

$\therefore f\left(\dfrac{\pi}{4}\right) + g\left(\dfrac{\pi}{3}\right) = \dfrac{9}{2} + \left(-\dfrac{1}{2}\right) = 4$

답 4

199

$f(2t) = f(t) - \dfrac{2}{t}$의 양변을 t로 나누면

$\dfrac{f(2t)}{t} = \dfrac{f(t)}{t} - \dfrac{2}{t^2}$

$g(t) = \dfrac{f(t)}{t}\ (t > 0)$라 하면

$2g(2t) = g(t) - \dfrac{2}{t^2}$이므로

$2\displaystyle\int_1^x g(2t)dt = \int_1^x g(t)dt - \int_1^x \dfrac{2}{t^2}dt$ ……㉠

$2t = u$라 하면 $2dt = du$이고

$t = 1$일 때, $u = 2$, $t = x$일 때, $u = 2x$이므로

$2\displaystyle\int_1^x g(2t)dt = \int_2^{2x} g(u)du = \int_2^{2x} g(t)dt$

$\qquad = \displaystyle\int_1^{2x} g(t)dt - \int_1^2 g(t)dt$

$\qquad = \displaystyle\int_1^{2x} g(t)dt - 4$

$\left(\because \displaystyle\int_1^2 g(t)dt = \int_1^2 \dfrac{f(t)}{t}dt = 4\right)$

이를 ㉠에 대입하여 정리하면

$\displaystyle\int_1^{2x} g(t)dt - 4 = \int_1^x g(t)dt + \left[\dfrac{2}{t}\right]_1^x$

$\displaystyle\int_1^{2x} g(t)dt + \int_x^1 g(t)dt = \dfrac{2}{x} + 2$

$\displaystyle\int_x^{2x} g(t)dt = \dfrac{2}{x} + 2$

위의 식의 양변에 $x = 2$를 대입하면

$\displaystyle\int_2^4 g(t)dt = \int_2^4 \dfrac{f(t)}{t}dt$

$\qquad = \displaystyle\int_2^4 \dfrac{f(x)}{x}dx$

$\qquad = 1 + 2 = 3$

답 3

200

함수 $y = f(x)$의 그래프는 y축에 대하여 대칭이고,

방정식 $\dfrac{1+x}{k} = 1$에서 $x = k - 1$이므로

함수 $y = f(x)$의 그래프가 x축과 만나는 점의 x좌표는 $-k+1$ 또는 $k-1$이다.

(i) $k = 1$일 때

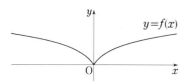

모든 실수 x에 대하여 $f(x) \geq 0$이므로

$|f(x)| = f(x)$이다.

따라서 부등식 $\displaystyle\int_a^{a+1} f(x)dx < \int_a^{a+1} |f(x)|dx$를

만족시키는 정수 a는 존재하지 않는다.

(ii) $k \geq 2$일 때

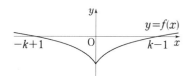

이때 부등식 $\displaystyle\int_a^{a+1} f(x)dx < \int_a^{a+1} |f(x)|dx$를

만족시키려면

구간 $[a, a+1]$에서 $f(x) < 0$인 값이 존재해야 한다.

따라서 a의 값의 범위는 $-k < a < k - 1$이므로

정수 a의 값은 $-k+1, -k+2, \cdots, k-2$이고,

그 개수는 $(k-2) - (-k+1) + 1 = 2k - 2$이다.

따라서 $2k - 2 = 14$에서 $k = 8$

(i), (ii)에 의하여 $k = 8$이므로

$\displaystyle\int_{1-k}^{k-1} f(x)dx$

$= \displaystyle\int_{-7}^7 f(x)dx = 2\int_0^7 \log_2 \dfrac{1+x}{8}dx$

$$= 2\int_0^7 \{-3 + \log_2(1+x)\}dx$$

$$= 2\left\{\left[-3x\right]_0^7\right.$$

$$\left. + \left(\left[(1+x)\log_2(1+x)\right]_0^7 - \int_0^7 \frac{1}{\ln 2}dx\right)\right\}$$

$$= 2\left\{-21 + \left(8\log_2 8 - \left[\frac{x}{\ln 2}\right]_0^7\right)\right\}$$

$$= 6 - \frac{14}{\ln 2}$$

$$\therefore\ p + q = 6 + 14 = 20$$

🅰 20

201

$x^2 - 4 = t$ 라 하면 $2x\,dx = dt$ 이고,

$x = 1$ 일 때 $t = -3$, $x = 2$ 일 때 $t = 0$ 이므로

$$\int_1^2 2x^3 e^{x^2-4}dx = \int_{-3}^0 (t+4)e^t dt$$

$$= \left[(t+4)e^t\right]_{-3}^0 - \int_{-3}^0 e^t dt$$

$$= (4 - e^{-3}) - \left[e^t\right]_{-3}^0$$

$$= (4 - e^{-3}) - (1 - e^{-3}) = 3$$

🅰 ⑤

202

$$\int_e^{e^2} \frac{f(f(x))}{xf(x)}dx = \int_e^{e^2} \frac{\ln(\ln x)}{x\ln x}dx \text{에서}$$

$\ln x = t$ 라 하면 $\dfrac{1}{x} = \dfrac{dt}{dx}$ 이고

$x = e$ 일 때 $t = 1$, $x = e^2$ 일 때 $t = 2$ 이므로

$$\int_e^{e^2} \frac{\ln(\ln x)}{x\ln x}dx = \int_1^2 \frac{\ln t}{t}dt$$

$\ln t = s$ 라 하면 $\dfrac{1}{t} = \dfrac{ds}{dt}$ 이고

$t = 1$ 일 때 $s = 0$, $t = 2$ 일 때 $s = \ln 2$ 이므로

$$\int_1^2 \frac{\ln t}{t}dt = \int_0^{\ln 2} s\,ds = \left[\frac{1}{2}s^2\right]_0^{\ln 2} = \frac{1}{2}(\ln 2)^2$$

🅰 ③

203

$$\int_1^x ef(t)\,dt = \frac{1}{2}e^{2x-1} - ax \qquad \cdots\cdots ㉠$$

㉠의 양변에 $x = 1$ 을 대입하면

$0 = \dfrac{e}{2} - a$ 에서 $a = \dfrac{e}{2}$

㉠의 양변을 x 에 대하여 미분하면

$$ef(x) = e^{2x-1} - \frac{e}{2}$$

$$f(x) = e^{2x-2} - \frac{1}{2}$$

$$\therefore\ f\left(\frac{2a}{e}\right) = f(1) = e^0 - \frac{1}{2} = \frac{1}{2}$$

🅰 ②

204

$$\int_1^x f(t)\,dt = \sin(\pi x) + \cos\left(\frac{\pi}{2}x\right) \text{의}$$

양변을 x 에 대하여 미분하면

$$f(x) = \pi\cos(\pi x) - \frac{\pi}{2}\sin\left(\frac{\pi}{2}x\right)$$

이때 함수 $f(x)$ 의 한 부정적분을 $F(x)$ 라 하면

$$\lim_{x\to 0}\frac{1}{x^2+x}\int_{1-x}^{1+x}f(t)\,dt$$

$$= \lim_{x\to 0}\left[\frac{1}{x+1}\times\left\{\frac{F(1+x)-F(1)}{x} + \frac{F(1-x)-F(1)}{-x}\right\}\right]$$

$$= \frac{1}{1}\times\{f(1) + f(1)\} = 2f(1)$$

$$= 2\times\left(-\pi - \frac{\pi}{2}\right) = -3\pi$$

🅰 ①

205

$0 \le h \le 2$ 인 실수 h 에 대하여

함수 $y = \dfrac{1}{(x+1)^2}$ 의 그래프와 x축 및

두 직선 $x = h$, $x = h+3$ 으로 둘러싸인 부분의 넓이를 $S(h)$ 라 하면

$$S(h) = \int_h^{h+3} \frac{1}{(x+1)^2}dx = \left[-\frac{1}{x+1}\right]_h^{h+3}$$

$$= \frac{1}{h+1} - \frac{1}{h+4}$$

이므로 구하는 입체도형의 부피 V는

$$V = \int_0^2 S(h)dh$$

$$= \int_0^2 \left(\frac{1}{h+1} - \frac{1}{h+4} \right) dh$$

$$= \left[\ln(h+1) - \ln(h+4) \right]_0^2 = \ln 2$$

답 ①

206

구간 $[0, 2\pi]$에서 곡선 $y = x \cos x$와 직선 $y = x$가 만나는 점의 x좌표는

$x \cos x = x$, $x(\cos x - 1) = 0$에서

$x = 0$ 또는 $\cos x = 1$

$\therefore$ $x = 0$ 또는 $x = 2\pi$

$f(x) = x \cos x$라 하면

$f'(x) = \cos x - x \sin x$

$f'(0) = f'(2\pi) = 1$

또한 모든 실수 x에 대하여 $\cos x \le 1$이므로

$x \ge 0$일 때 $x \cos x \le x$이다.

따라서 그림과 같이 구간 $[0, 2\pi]$에서 곡선 $y = x \cos x$는 직선 $y = x$보다 아래쪽에 있다.

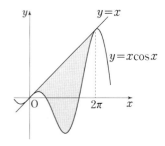

구간 $[0, 2\pi]$에서 곡선 $y = x \cos x$와 직선 $y = x$로 둘러싸인 부분의 넓이를 S라 하면

$$S = \int_0^{2\pi} (x - x \cos x) dx$$

$$= \int_0^{2\pi} x(1 - \cos x) dx$$

$$= \left[x(x - \sin x) \right]_0^{2\pi} - \int_0^{2\pi} (x - \sin x) dx$$

$$= 4\pi^2 - \left[\frac{1}{2}x^2 + \cos x \right]_0^{2\pi}$$

$$= 4\pi^2 - 2\pi^2 = 2\pi^2$$

답 ⑤

207

$1 \le k \le n$인 모든 자연수 k에 대하여

$x_k = 2 + \dfrac{3}{n}k$이고

$$\overline{OA_k} = \sqrt{(x_k)^2 + (x_k \sqrt{5 - x_k})^2}$$

$$= x_k \sqrt{6 - x_k}$$

따라서

$$\lim_{n \to \infty} \frac{1}{n} \sum_{k=1}^{n} \overline{OA_k}$$

$$= \lim_{n \to \infty} \frac{1}{n} \sum_{k=1}^{n} x_k \sqrt{6 - x_k}$$

$$= \frac{1}{3} \lim_{n \to \infty} \frac{3}{n} \sum_{k=1}^{n} \left(2 + \frac{3}{n}k \right) \sqrt{6 - \left(2 + \frac{3}{n}k \right)}$$

$$= \frac{1}{3} \int_2^5 x \sqrt{6 - x} \, dx$$

이때 $6 - x = t$라 하면 $-dx = dt$이고

$x = 2$일 때 $t = 4$, $x = 5$일 때 $t = 1$이므로

$$\frac{1}{3} \int_2^5 x \sqrt{6 - x} \, dx = \frac{1}{3} \int_4^1 \{ -(6 - t)\sqrt{t} \} dt$$

$$= \frac{1}{3} \int_1^4 \left(6t^{\frac{1}{2}} - t^{\frac{3}{2}} \right) dt$$

$$= \frac{1}{3} \left[4t^{\frac{3}{2}} - \frac{2}{5}t^{\frac{5}{2}} \right]_1^4$$

$$= \frac{1}{3} \times \frac{78}{5} = \frac{26}{5}$$

$\therefore$ $p + q = 5 + 26 = 31$

답 31

208

$$f(x) = \int_a^x (x - t)e^{-t} dt + a$$

$$= x \int_a^x e^{-t} dt - \int_a^x te^{-t} dt + a$$

위의 등식의 양변을 x에 대하여 미분하면

$$f'(x) = \int_a^x e^{-t} dt + xe^{-x} - xe^{-x}$$

$$= \int_a^x e^{-t} dt = \left[-e^{-t} \right]_a^x$$

$$= -e^{-x} + e^{-a}$$

이므로 $f'(x) = 0$에서 $x = a$

$x = a$의 좌우에서 $f'(x)$의 부호가 음에서 양으로 바뀌므로
함수 $f(x)$는 $x = a$에서 극소이면서 최소이다.
이때 함수 $f(x)$의 최솟값이 2이므로
$f(a) = 2$

$f(x) = x\displaystyle\int_a^x e^{-t}dt - \int_a^x te^{-t}dt + a$의 양변에 $x = a$를

대입하면
$f(a) = a$

$\therefore\ a = 2$

따라서 $f'(x) = -e^{-x} + e^{-2}$이므로

$f(x) = e^{-x} + e^{-2}x + C$ (C는 적분상수)

$f(2) = 2$에서 $C = 2 - 3e^{-2}$

$\therefore\ f(x) = e^{-x} + e^{-2}x + 2 - 3e^{-2}$

$\therefore\ f(3) = e^{-3} + 3e^{-2} + 2 - 3e^{-2} = 2 + \dfrac{1}{e^3}$

답 ④

209

함수 $f(x)$의 이계도함수가 존재하고
모든 실수 x에 대하여 $f(-x) = -f(x)$이므로
$f'(-x) = f'(x)$이고 $f''(-x) = -f''(x)$이다.
함수 $g(x) = f(f'(x))$에 대하여
$g'(x) = f'(f'(x))f''(x)$에서
$g'(-x) = f'(f'(-x))f''(-x)$
$\qquad\quad = -f'(f'(x))f''(x)$
$\qquad\quad = -g'(x)$
이므로 $h(x) = xg'(x)$라 하면
모든 실수 x에 대하여
$h(-x) = -xg'(-x) = xg'(x) = h(x)$이다.

$\displaystyle\int_{-2}^2 xg'(x)dx = 2\int_0^2 xg'(x)dx$

$\qquad\qquad\qquad = 2\Big[xg(x)\Big]_0^2 - 2\int_0^2 g(x)dx$

$\qquad\qquad\qquad = 4g(2) - 2\int_0^2 g(x)dx$

$\qquad\qquad\qquad = 4f(f'(2)) - 2\int_0^2 g(x)dx$

$\qquad\qquad\qquad = 4f(1) - 2\int_0^2 g(x)dx$

$\qquad\qquad\qquad = 4\{f(1) - 8\}$

$\therefore\ \displaystyle\int_0^2 g(x)dx = 16$

답 ④

210

조건 (가)에서 $0 \le x \le \pi$일 때, $f(x) = 2x + \sin x$이므로
$x = \pi$를 대입하면 $f(\pi) = 2\pi + \sin\pi = 2\pi$
$f'(x) = 2 + \cos x\ (0 < x < \pi)$
함수 $f(x)$가 실수 전체의 집합에서 이계도함수를 가지므로
$f(x)$는 실수 전체의 집합에서 미분가능하다.

$\therefore\ f'(\pi) = \displaystyle\lim_{x \to \pi^-} f'(x) = \lim_{x \to \pi^-}(2 + \cos x)$

$\qquad\qquad = 2 + \cos\pi = 1$

조건 (나)에서 $f(t + \pi) \ge f(t) + \pi$이므로
$f(t + \pi) - f(t) \ge \pi$

$\dfrac{f(t + \pi) - f(t)}{\pi} \ge 1$

$\displaystyle\int_\pi^{2\pi} \sqrt{1 + \{f'(x)\}^2}\,dx$는 $\pi \le x \le 2\pi$에서

곡선 $y = f(x)$의 길이이므로

곡선의 길이가 최소가 되려면 $0 \le t \le \pi$에서

$\dfrac{f(t + \pi) - f(t)}{\pi} = 1$, 즉 $\pi \le x \le 2\pi$에서 곡선

$y = f(x)$는 다음 그림과 같은 직선이 되어야 한다.

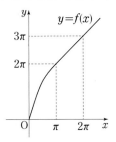

구하는 곡선의 길이의 최솟값이 $\sqrt{\pi^2 + \pi^2} = \sqrt{2}\,\pi$이므로
$a = \sqrt{2}$

$\therefore\ 10a^2 = 20$

답 20

211

$x + 1 = t$라 하면 $dx = dt$이고
$x = 1$일 때 $t = 2$, $x = 3$일 때 $t = 4$이다.

$$\therefore \int_1^3 x\ln(x+1)dx$$

$$= \int_2^4 (t-1)\ln t\,dt = \int_2^4 t\ln t\,dt - \int_2^4 \ln t\,dt$$

$$= \left(\left[\frac{1}{2}t^2\ln t\right]_2^4 - \int_2^4 \frac{t}{2}dt\right) - \left(\left[t\ln t\right]_2^4 - \int_2^4 1\,dt\right)$$

$$= \left(14\ln 2 - \left[\frac{t^2}{4}\right]_2^4\right) - \left(6\ln 2 - \left[t\right]_2^4\right)$$

$$= (14\ln 2 - 3) - (6\ln 2 - 2) = -1 + 8\ln 2$$

답 ⑤

212

$x=0$에서 $x=a$까지 곡선 $y=f(x)$의 길이 l은

$$l = \int_0^a \sqrt{1+\{f'(x)\}^2}\,dx$$

$$= \int_0^a \sqrt{1+(x^2+4x+3)}\,dx$$

$$= \int_0^a \sqrt{(x+2)^2}\,dx = \int_0^a (x+2)\,dx$$

$$= \left[\frac{1}{2}x^2 + 2x\right]_0^a = \frac{1}{2}a^2 + 2a = 6$$

이므로

$$a^2 + 4a - 12 = 0, \ (a+6)(a-2) = 0$$

$$\therefore a = 2 \ (\because a > 0)$$

답 ⑤

213

$$\lim_{n\to\infty}\sum_{k=1}^{n}\frac{\pi}{n}f\left(\frac{(n+2k)\pi}{2n}\right)$$

$$= \lim_{n\to\infty}\sum_{k=1}^{n}\frac{\pi}{n}f\left(\frac{\pi}{2} + \frac{k\pi}{n}\right)$$

$$= \int_{\frac{\pi}{2}}^{\frac{3}{2}\pi} f(x)dx = \int_{\frac{\pi}{2}}^{\frac{3}{2}\pi} 2x\cos x\,dx$$

$$= \left[2x\sin x\right]_{\frac{\pi}{2}}^{\frac{3}{2}\pi} - \int_{\frac{\pi}{2}}^{\frac{3}{2}\pi} 2\sin x\,dx$$

$$= (-3\pi - \pi) - \left[-2\cos x\right]_{\frac{\pi}{2}}^{\frac{3}{2}\pi} = -4\pi$$

답 ①

214

$$f(x) + \cos^3 x = \int_0^x (x-t)f'(t)dt \text{의}$$

양변에 $x=0$을 대입하면

$f(0) + 1 = 0$이므로 $f(0) = -1$　　　……㉠

한편,

$$\int_0^x (x-t)f'(t)dt = x\int_0^x f'(t)dt - \int_0^x tf'(t)dt$$

이므로

$$f(x) + \cos^3 x = x\int_0^x f'(t)dt - \int_0^x tf'(t)dt$$

위 식의 양변을 x에 대하여 미분하면

$$f'(x) - 3\cos^2 x \sin x$$

$$= \int_0^x f'(t)dt + xf'(x) - xf'(x)$$

$$= \int_0^x f'(t)dt$$

$$= \left[f(t)\right]_0^x$$

$$= f(x) - f(0)$$

$$= f(x) + 1 \ (\because ㉠)$$

따라서 $f'(x) - f(x) = 3\cos^2 x \sin x + 1$이므로

$$f'\left(\frac{\pi}{6}\right) - f\left(\frac{\pi}{6}\right) = 3 \times \left(\frac{\sqrt{3}}{2}\right)^2 \times \frac{1}{2} + 1$$

$$= \frac{17}{8}$$

$$\therefore p + q = 8 + 17 = 25$$

답 25

215

단면인 정삼각형의 한 변의 길이가 $\sqrt{\ln x} + \dfrac{1}{x}$ 이므로

단면의 넓이는

$$\frac{\sqrt{3}}{4}\left(\sqrt{\ln x} + \frac{1}{x}\right)^2 = \frac{\sqrt{3}}{4}\left(\ln x + \frac{2\sqrt{\ln x}}{x} + \frac{1}{x^2}\right)$$

따라서 구하는 입체도형의 부피를 V라 하면

$$V = \frac{\sqrt{3}}{4}\int_1^e \left(\ln x + \frac{2\sqrt{\ln x}}{x} + \frac{1}{x^2}\right)dx$$

$$= \frac{\sqrt{3}}{4}\left(\int_1^e \ln x\,dx + \int_1^e \frac{2\sqrt{\ln x}}{x}\,dx + \int_1^e \frac{1}{x^2}\,dx\right)$$

$$\int_1^e \ln x\, dx = \Big[x\ln x - x \Big]_1^e = 1$$

$\displaystyle\int_1^e \frac{2\sqrt{\ln x}}{x}\,dx$에서 $\ln x = t$라 하면 $\dfrac{1}{x}dx = dt$이고

$x = 1$일 때 $t = 0$, $x = e$일 때 $t = 1$이므로

$$\int_1^e \frac{2\sqrt{\ln x}}{x}\,dx = \int_0^1 2\sqrt{t}\,dt = \Big[\frac{4}{3}t^{\frac{3}{2}} \Big]_0^1 = \frac{4}{3}$$

$$\int_1^e \frac{1}{x^2}\,dx = \Big[-\frac{1}{x} \Big]_1^e = -\frac{1}{e} + 1$$

따라서 구하는 입체도형의 부피는

$$V = \frac{\sqrt{3}}{4}\Big(1 + \frac{4}{3} - \frac{1}{e} + 1 \Big)$$

$$= \frac{\sqrt{3}}{4}\Big(\frac{10}{3} - \frac{1}{e} \Big)$$

답 ②

216

$\displaystyle\int_0^1 f'(2\sqrt{x})\,dx$에서 $2\sqrt{x} = t$로 놓으면

$\dfrac{1}{\sqrt{x}} = \dfrac{dt}{dx}$이고 $x = 0$일 때 $t = 0$, $x = 1$일 때

$t = 2$이므로

$$\int_0^1 f'(2\sqrt{x})\,dx = \int_0^2 \frac{t}{2}f'(t)\,dt$$

$$= \Big[\frac{t}{2}f(t) \Big]_0^2 - \int_0^2 \frac{1}{2}f(t)\,dt$$

$$= f(2) - \frac{1}{2}\int_0^2 f(t)\,dt$$

이때 $f(0) = 0$, $f(2) = 4$이고 함수 $f(x)$가 실수 전체의 집합에서 증가하므로 조건 (나)에서

$$\int_0^2 f(x)\,dx = 5$$

$$\therefore \int_0^1 f'(2\sqrt{x})\,dx = f(2) - \frac{1}{2}\int_0^2 f(t)\,dt$$

$$= 4 - \frac{1}{2}\times 5 = \frac{3}{2}$$

답 ③

217

반원의 중심을 O라 하면 $\angle P_0 O P_k = \dfrac{k\pi}{2n}$이다.

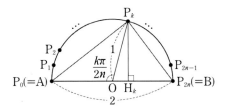

이때 점 P_k에서 선분 $P_0 P_{2n}$에 내린 수선의 발을 H_k라 하면

$$\overline{P_k H_k} = \overline{OP_k}\times \sin\frac{k\pi}{2n} = \sin\frac{k\pi}{2n}$$

따라서 삼각형 $P_0 P_k P_{2n}$의 넓이는

$$S_k = \frac{1}{2}\times \overline{P_0 P_{2n}} \times \overline{P_k H_k}$$

$$= \frac{1}{2}\times 2 \times \sin\frac{k\pi}{2n} = \sin\frac{k\pi}{2n}$$

$$\therefore \lim_{n\to\infty} \frac{\pi}{n^2} \sum_{k=1}^{2n-1} k S_k$$

$$= \frac{4}{\pi}\lim_{n\to\infty} \frac{\pi}{2n}\sum_{k=1}^{2n-1} \frac{k\pi}{2n}\sin\frac{k\pi}{2n}$$

$$= \frac{4}{\pi}\lim_{n\to\infty} \frac{\pi}{2n}\sum_{k=1}^{2n} \frac{k\pi}{2n}\sin\frac{k\pi}{2n}$$

$$= \frac{4}{\pi}\lim_{m\to\infty} \frac{\pi}{m}\sum_{k=1}^{m} \frac{k\pi}{m}\sin\frac{k\pi}{m} \;(\because\; m = 2n)$$

$$= \frac{4}{\pi}\int_0^\pi x\sin x\,dx$$

$$= \frac{4}{\pi}\Big\{ \Big[-x\cos x \Big]_0^\pi - \int_0^\pi (-\cos x)\,dx \Big\}$$

$$= \frac{4}{\pi}\times \Big(\pi - \Big[-\sin x \Big]_0^\pi \Big) = \frac{4}{\pi}\times \pi = 4$$

답 4

218

$x - t = s$라 하면 $-dt = ds$이고

$t = 0$일 때 $s = x$, $t = x$일 때 $s = 0$이므로

$$\int_0^x tf(x-t)\,dt = -\int_x^0 (x-s)f(s)\,ds$$

$$= \int_0^x (x-s)f(s)\,ds$$

$$= x\int_0^x f(s)\,ds - \int_0^x sf(s)\,ds$$

$$\therefore x\int_0^x f(s)\,ds - \int_0^x sf(s)\,ds$$

$$= (x+1)^2 - e^{kx} \qquad \cdots\cdots ㉠$$

㉠의 양변을 x에 대하여 미분하면

$$\int_0^x f(s)\,ds + xf(x) - xf(x) = 2(x+1) - ke^{kx}$$

$$\therefore \int_0^x f(s)\,ds = 2(x+1) - ke^{kx} \qquad \cdots\cdots ㉡$$

㉡의 양변에 $x=0$을 대입하면

$$0 = 2 - k$$

$$\therefore k = 2$$

이를 ㉡에 대입하면

$$\int_0^x f(s)\,ds = 2(x+1) - 2e^{2x}$$

이므로 위의 식의 양변을 x에 대하여 미분하면

$$f(x) = 2 - 4e^{2x}$$

$$\therefore f(2) = 2 - 4e^4$$

답 ②

219

$f(x) = ax + b$ (단, $a \neq 0$)라 하면

조건 (가)에서 $-\dfrac{a}{2} + b = 10$, 즉 $2b - a = 20$이다.

조건 (나)에서 $2x = t$라 하면 $2dx = dt$이고,

$x = -\dfrac{\pi}{12}$일 때 $t = -\dfrac{\pi}{6}$, $x = \dfrac{\pi}{12}$일 때 $t = \dfrac{\pi}{6}$이므로

$$\int_{-\frac{\pi}{12}}^{\frac{\pi}{12}} f(x)\cos(2x)\,dx$$

$$= \frac{1}{2}\int_{-\frac{\pi}{6}}^{\frac{\pi}{6}} f\left(\frac{t}{2}\right)\cos t\,dt$$

$$= \frac{1}{2}\int_{-\frac{\pi}{6}}^{\frac{\pi}{6}} \left(\frac{a}{2}t + b\right)\cos t\,dt$$

$$= \frac{1}{2}\int_{-\frac{\pi}{6}}^{\frac{\pi}{6}} \frac{a}{2}t\cos t\,dt + \frac{1}{2}\int_{-\frac{\pi}{6}}^{\frac{\pi}{6}} b\cos t\,dt$$

이때 함수 $y = x\cos x$의 그래프는 원점에 대하여 대칭이고,
함수 $y = \cos x$의 그래프는 y축에 대하여 대칭이므로

$$\int_{-\frac{\pi}{6}}^{\frac{\pi}{6}} \frac{a}{2}t\cos t\,dt = 0,$$

$$\int_{-\frac{\pi}{6}}^{\frac{\pi}{6}} b\cos t\,dt = 2\int_0^{\frac{\pi}{6}} b\cos t\,dt$$

따라서

$$\int_{-\frac{\pi}{12}}^{\frac{\pi}{12}} f(x)\cos(2x)\,dx = \int_0^{\frac{\pi}{6}} b\cos t\,dt$$

$$= \Big[b\sin t\Big]_0^{\frac{\pi}{6}} = \frac{b}{2}$$

즉, $\dfrac{b}{2} = 8$에서 $b = 16$이고,

$2b - a = 20$에서 $a = 12$이므로

$f(x) = 12x + 16$이다.

$$\therefore f(2) = 12 \times 2 + 16 = 40$$

답 40

220

구간 $\left[t,\ t+\dfrac{1}{2}\right]$에서 함수 $y = |\cos \pi x|$의 최댓값은

극댓값 또는 구간의 양 끝인 $x = t$, $x = t + \dfrac{1}{2}$일 때의

함숫값이다.

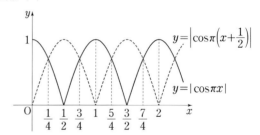

따라서 주어진 두 함수 $y = |\cos \pi x|$,

$y = \left|\cos \pi\left(x + \dfrac{1}{2}\right)\right|$의 그래프를 이용하여 함수

$y = f(t)$의 그래프를 그리면 다음과 같다.

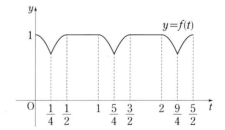

이때

$$\int_0^{\frac{1}{4}} f(t)\,dt = \int_0^{\frac{1}{4}} \cos \pi t\,dt = \left[\frac{1}{\pi}\sin \pi t\right]_0^{\frac{1}{4}} = \frac{\sqrt{2}}{2\pi}$$

이므로

$$\int_0^2 f(t)\,dt = \int_0^1 f(t)\,dt + \int_1^2 f(t)\,dt$$

$$= 2\int_0^1 f(t)\,dt$$

$$= 2\left(\int_0^{\frac{1}{4}} f(t)dt + \int_{\frac{1}{4}}^{\frac{1}{2}} f(t)dt + \int_{\frac{1}{2}}^1 f(t)dt\right)$$

$$= 2\left(2\int_0^{\frac{1}{4}} f(t)dt + \int_{\frac{1}{2}}^1 1dt\right)$$

$$= 2 \times \left(\frac{\sqrt{2}}{\pi} + \frac{1}{2}\right)$$

$$= \frac{2\sqrt{2}}{\pi} + 1$$

답 ③

221

$$\lim_{n\to\infty} \frac{1}{n^2} \sum_{k=1}^{n} (-n+k)f\left(-1+\frac{k}{n}\right)$$

$$= \lim_{n\to\infty} \frac{1}{n} \sum_{k=1}^{n} \left(-1+\frac{k}{n}\right)f\left(-1+\frac{k}{n}\right)$$

$$= \int_{-1}^0 xe^x dx$$

$$= \left[xe^x\right]_{-1}^0 - \int_{-1}^0 e^x dx$$

$$= \frac{1}{e} - \left[e^x\right]_{-1}^0$$

$$= \frac{1}{e} - \left(1 - \frac{1}{e}\right) = \frac{2}{e} - 1$$

답 ②

222

$3x+1 = t$라 하면 $3dx = dt$이고

$x = 0$일 때 $t = 1$, $x = 1$일 때 $t = 4$이므로

$$\int_0^1 f(3x+1)dx = \frac{1}{3}\int_1^4 f(t)dt$$

$$= \frac{1}{3}(3\times 3 + 1\times 3) = 4$$

답 4

223

$x = a\sin^3 t$에서 $\dfrac{dx}{dt} = 3a\sin^2 t\cos t$

$y = a\cos^3 t$에서 $\dfrac{dy}{dt} = -3a\cos^2 t\sin t$

점 P가 시각 $t = 0$에서 시각 $t = \theta\,(0 \le \theta \le \frac{\pi}{2})$까지

움직인 거리는

$$\int_0^\theta \sqrt{(3a\sin^2 t\cos t)^2 + (-3a\cos^2 t\sin t)^2}\,dt$$

$$= \int_0^\theta |3a\sin t\cos t|\,dt \;(\because\; \sin^2 t + \cos^2 t = 1)$$

$$= \int_0^\theta 3a\sin t\cos t\,dt \;(\because\; a > 0)$$

$$= \left[\frac{3}{2}a\sin^2 t\right]_0^\theta$$

$$= \frac{3}{2}a\sin^2\theta$$

이므로 $\dfrac{3}{2}a\sin^2\theta = \sin^2\theta$에서

$$a = \frac{2}{3}$$

$\therefore\; 60a = 40$

답 40

224

$\displaystyle\int_0^x f(t)dt = e^{2x} + ae^x + 8x + 9$의 양변에 $x = 0$을

대입하면

$0 = 1 + a + 9$이므로 $a = -10$

$\displaystyle\int_0^x f(t)dt = e^{2x} - 10e^x + 8x + 9$의 양변을 x에 대하여

미분하면

$f(x) = 2e^{2x} - 10e^x + 8$

$\qquad = 2(e^x - 1)(e^x - 4)$

x에 대한 방정식 $f(x) = 0$에서 $x = 0$ 또는 $x = \ln 4$이다.

구간 $[0,\, \ln 4]$에서 $f(x) \le 0$이므로

곡선 $y = f(x)$와 x축으로 둘러싸인 부분의 넓이를 S라 하면

$$S = -\int_0^{\ln 4} f(x)dx$$

$$= -(e^{2\ln 4} - 10e^{\ln 4} + 8\ln 4 + 9)$$

$$= -(16 - 40 + 8\ln 4 + 9)$$

$$= 15 - 16\ln 2$$

$\therefore\; p + q = 15 + 16 = 31$

답 31

225

$$f(x) = e^{x-1} + \int_1^x \left\{ 4 - \frac{f(t)}{t} \right\} dt \qquad \cdots\cdots \text{㉠}$$

㉠의 양변에 $x=1$을 대입하면

$$f(1) = 1$$

㉠의 양변을 x에 대하여 미분하면

$$f'(x) = e^{x-1} + 4 - \frac{f(x)}{x}$$

$$xf'(x) = xe^{x-1} + 4x - f(x)$$

$$xf'(x) + f(x) = xe^{x-1} + 4x$$

$$\{xf(x)\}' = xe^{x-1} + 4x$$

$$xf(x) = \int (xe^{x-1} + 4x) dx$$

$$= (x-1)e^{x-1} + 2x^2 + C \text{ (단, } C \text{는 적분상수)}$$

$f(1) = 2 + C = 1$이므로 $C = -1$

따라서 $f(x) = \dfrac{(x-1)e^{x-1}}{x} + 2x - \dfrac{1}{x}$ 이므로

$$f(2) = \frac{e}{2} + 4 - \frac{1}{2} = \frac{e}{2} + \frac{7}{2}$$

답 ②

226

$f(x) = \dfrac{e^{2x}}{e^x - a}$ 에서

$$f'(x) = \frac{2e^{2x}(e^x - a) - e^{2x} \times e^x}{(e^x - a)^2} = \frac{e^{2x}(e^x - 2a)}{(e^x - a)^2}$$

이때 함수 $f(x)$는 $x = \ln a$를 제외한 모든 실수 x에 대하여
미분가능하고, $x = \ln 6$에서 극값을 가지므로
$f'(\ln 6) = 0$이다.

즉, $e^{\ln 6} - 2a = 6 - 2a = 0$에서 $a = 3$

$$\therefore f(x) = \frac{e^{2x}}{e^x - 3}$$

$\displaystyle\int_0^{\ln 2} \dfrac{e^{2x}}{e^x - 3} dx$에서 $e^x - 3 = t$라 하면 $e^x dx = dt$이고,

$x = 0$일 때 $t = -2$, $x = \ln 2$일 때 $t = -1$이므로

$$\int_0^{\ln 2} \frac{e^{2x}}{e^x - 3} dx = \int_{-2}^{-1} \frac{t+3}{t} dt = \int_{-2}^{-1} \left(1 + \frac{3}{t} \right) dt$$

$$= \Big[t + 3\ln|t| \Big]_{-2}^{-1}$$

$$= 1 - 3\ln 2 = \ln \frac{e}{8}$$

답 ②

227

입체도형을 x축에 수직인 평면으로 자른 단면인
정사각형의 한 변의 길이가 $|f(x)|$이므로
단면의 넓이는 $\{f(x)\}^2$이다.
따라서 입체도형의 부피는

$$\int_0^t \{f(x)\}^2 dx = (t+1)\ln(t+1) - t$$

위 식의 양변을 t에 대하여 미분하면

$$\{f(t)\}^2 = \ln(t+1) + (t+1) \times \frac{1}{t+1} - 1 = \ln(t+1)$$

$$\therefore \int_0^{e-1} f(x)f'(x) dx = \frac{1}{2} \int_0^{e-1} 2f(x)f'(x) dx$$

$$= \frac{1}{2} \int_0^{e-1} [\{f(x)\}^2]' dx$$

$$= \frac{1}{2} \Big[\{f(x)\}^2 \Big]_0^{e-1}$$

$$= \frac{1}{2} \Big[\ln(x+1) \Big]_0^{e-1} = \frac{1}{2}$$

답 ①

228

$$\int_0^{\ln 3} xg''(x) dx = \Big[xg'(x) \Big]_0^{\ln 3} - \int_0^{\ln 3} g'(x) dx$$

$$= \ln 3 \times g'(\ln 3) - \{g(\ln 3) - g(0)\}$$

$$\qquad\qquad \cdots\cdots \text{㉠}$$

이때 $g(0) = \alpha$라 하면 $f(\alpha) = 2\ln(\tan\alpha) = 0$에서

$\tan\alpha = 1$, 즉 $\alpha = \dfrac{\pi}{4}$이다. $\left(\because \ 0 < \alpha < \dfrac{\pi}{2} \right)$

$g(\ln 3) = \beta$라 하면 $f(\beta) = 2\ln(\tan\beta) = \ln 3$에서

$\tan\beta = \sqrt{3}$, 즉 $\beta = \dfrac{\pi}{3}$이다. $\left(\because \ 0 < \beta < \dfrac{\pi}{2} \right)$

또한 함수 $f(x) = 2\ln(\tan x)$에서

$$f'(x) = 2 \times \frac{\sec^2 x}{\tan x} = \frac{2}{\sin x \cos x}$$

이므로 역함수의 미분법에 의하여

$$g'(\ln 3) = \frac{1}{f'\left(\dfrac{\pi}{3} \right)} \ \left(\because \ g(\ln 3) = \frac{\pi}{3} \right)$$

$$= \frac{\sin \dfrac{\pi}{3} \cos \dfrac{\pi}{3}}{2} = \frac{\sqrt{3}}{8}$$

따라서 ㉠에서

$$\int_0^{\ln 3} x g''(x) dx = \ln 3 \times \frac{\sqrt{3}}{8} - \left(\frac{\pi}{3} - \frac{\pi}{4}\right)$$

$$= \frac{1}{8}\sqrt{3}\ln 3 - \frac{1}{12}\pi$$

이므로 $p = \dfrac{1}{8}$, $q = \dfrac{1}{12}$ 이다.

$$\therefore \ \frac{1}{pq} = 96$$

답 96

229

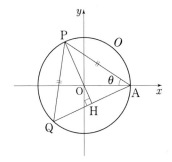

삼각형 APQ는 $\overline{PA} = \overline{PQ}$ 인 이등변삼각형이므로
점 P에서 선분 AQ에 내린 수선의 발을 H라 하면
원의 중심 O를 지나는 직선 PH는 선분 AQ의
수직이등분선이고 두 삼각형 APH, QPH는 서로
합동이다.

$$\therefore \ \angle APH = \angle QPH = \theta$$

삼각형 AOP에서 $\angle PAO = \angle APO = \theta$ 이므로
$\angle AOP = \pi - 2\theta$ 이고,
이때 점 P의 좌표는 $(\cos(\pi - 2\theta),\ \sin(\pi - 2\theta))$, 즉
$(-\cos 2\theta,\ \sin 2\theta)$ 이므로

$$\overline{AP}^2 = (1 + \cos 2\theta)^2 + \sin^2 2\theta = 2 + 2\cos 2\theta$$

$$\therefore \ S(\theta) = \frac{1}{2} \times \overline{PA} \times \overline{PQ} \times \sin(\angle APQ)$$

$$= \frac{1}{2} \times \overline{AP}^2 \times \sin 2\theta$$

$$= (1 + \cos 2\theta)\sin 2\theta$$

$$\int_{\frac{\pi}{6}}^{\frac{\pi}{3}} S(\theta)\, d\theta = \int_{\frac{\pi}{6}}^{\frac{\pi}{3}} (1 + \cos 2\theta)\sin 2\theta\, d\theta \text{에서}$$

$1 + \cos 2\theta = t$ 라 하면 $-2\sin 2\theta = \dfrac{dt}{d\theta}$ 이고

$\theta = \dfrac{\pi}{6}$ 일 때 $t = \dfrac{3}{2}$, $\theta = \dfrac{\pi}{3}$ 일 때 $t = \dfrac{1}{2}$ 이므로

$$\int_{\frac{\pi}{6}}^{\frac{\pi}{3}} (1 + \cos 2\theta)\sin 2\theta\, d\theta = \int_{\frac{3}{2}}^{\frac{1}{2}} \left(-\frac{1}{2}t\right) dt$$

$$= \frac{1}{2}\int_{\frac{1}{2}}^{\frac{3}{2}} t\, dt = \frac{1}{2}\left[\frac{1}{2}t^2\right]_{\frac{1}{2}}^{\frac{3}{2}}$$

$$= \frac{1}{2} \times 1 = \frac{1}{2}$$

답 ③

230

조건 (가), (다)에 의하여
$f(0) = 1$, $f'(0) = -1$ 이고
$0 < x < \dfrac{\pi}{2}$ 에서 $f''(x) = -\cos x$ 이므로
$f'(x) = -\sin x + C_1$ 에서 $-1 = 0 + C_1$,
즉 $C_1 = -1$ 이고
$f(x) = \cos x - x + C_2$ 에서 $1 = 1 + C_2$,
즉 $C_2 = 0$ 이다. (단, C_1 과 C_2 는 적분상수)

따라서 구간 $\left(0, \dfrac{\pi}{2}\right)$ 에서 $f(x) = \cos x - x$ 이고,
함수 $f(x)$ 가 실수 전체의 집합에서 미분가능하므로
구간 $\left[0, \dfrac{\pi}{2}\right]$ 에서 $f(x) = \cos x - x$ 이고
$f\left(\dfrac{\pi}{2}\right) = -\dfrac{\pi}{2}$, $f'\left(\dfrac{\pi}{2}\right) = -2$ 이다.

조건 (나)에 의하여
$\dfrac{\pi}{2} \leq x < \pi$ 에서 $f'\left(\dfrac{\pi}{2}\right) \geq f'(x)$,
즉 $-2 \geq f'(x)$ 이므로
양변을 적분하여 정리하면

$$\int_{\frac{\pi}{2}}^{x} (-2)\, dt \geq \int_{\frac{\pi}{2}}^{x} f'(t)\, dt,$$

$$-2x + \pi \geq f(x) - f\left(\frac{\pi}{2}\right),$$

$$-2x + \frac{\pi}{2} \geq f(x) \text{ 이다.}$$

따라서 그림과 같이
구간 $\left[\dfrac{\pi}{2}, \pi\right]$ 에서
함수 $y = f(x)$ 의 그래프는
직선 $y = -2x + \dfrac{\pi}{2}$ 와
일치하거나 아래에 놓여
있으므로

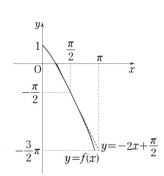

$$\int_0^\pi f(x)dx$$

$$= \int_0^{\frac{\pi}{2}} f(x)dx + \int_{\frac{\pi}{2}}^\pi f(x)dx$$

$$\leq \int_0^{\frac{\pi}{2}} (\cos x - x)dx + \int_{\frac{\pi}{2}}^\pi \left(-2x + \frac{\pi}{2} \right)dx$$

$$= \left[\sin x - \frac{1}{2}x^2 \right]_0^{\frac{\pi}{2}} + \left[-x^2 + \frac{\pi}{2}x \right]_{\frac{\pi}{2}}^\pi$$

$$= \left(1 - \frac{\pi^2}{8} \right) + \left(-\frac{\pi^2}{2} \right) = 1 - \frac{5}{8}\pi^2$$

에서 최댓값은 $1 - \dfrac{5}{8}\pi^2$ 이다.

$$\therefore\ 16(p+q) = 16\left\{ 1 + \left(-\frac{5}{8} \right) \right\} = 6$$

답 6

231

$$\lim_{n\to\infty} \sum_{k=1}^n f\left(1 + \frac{2k}{n} \right)\frac{1}{n} = \frac{1}{2}\lim_{n\to\infty} \sum_{k=1}^n f\left(1 + \frac{2k}{n} \right)\frac{2}{n}$$

$$= \frac{1}{2}\int_1^3 f(x)dx$$

$1 + x^2 = t$ 라 하면 $2xdx = dt$ 이고

$x = 1$ 일 때 $t = 2$, $x = 3$ 일 때 $t = 10$ 이므로

$$\frac{1}{2}\int_1^3 f(x)dx = \frac{1}{2}\int_1^3 \frac{x}{1+x^2}dx$$

$$= \frac{1}{4}\int_2^{10} \frac{1}{t}dt = \frac{1}{4}\left[\ln t \right]_2^{10}$$

$$= \frac{1}{4}(\ln 10 - \ln 2) = \frac{\ln 5}{4}$$

답 ①

232

단면인 정사각형의 한 변의 길이가 $\sqrt{x\sin x}$ 이므로

단면의 넓이는 $x\sin x$

따라서 구하는 입체도형의 부피 V 는

$$V = \int_{-\pi}^\pi x\sin x\, dx = \left[-x\cos x \right]_{-\pi}^\pi + \int_{-\pi}^\pi \cos x\, dx$$

$$= 2\pi + \left[\sin x \right]_{-\pi}^\pi = 2\pi$$

답 ②

233

조건 (나)에서 모든 양수 x 에 대하여 $f(x) > 0$ 이고

$f(x)\ln x = 2x^2 f'(x)$ 이므로

$$\frac{f'(x)}{f(x)} = \frac{\ln x}{2x^2}$$

$$\int \frac{f'(x)}{f(x)}dx = \int \frac{\ln x}{2x^2}dx$$

좌변의 식을 정리하면

$$\int \frac{f'(x)}{f(x)}dx = \ln|f(x)| = \ln f(x)\ (\because\ f(x) > 0)$$

우변의 식을 정리하면

$$\int \frac{\ln x}{2x^2}dx = -\frac{1}{2x}\ln x + \int \frac{1}{2x^2}dx \quad \boxed{\text{참고}}$$

$$= -\frac{1}{2x}\ln x - \frac{1}{2x} + C\ (\text{단, } C\text{는 적분상수})$$

$$\therefore\ \ln f(x) = -\frac{1}{2x}\ln x - \frac{1}{2x} + C$$

조건 (가)에서 $f(1) = 1$ 이므로

$\ln f(1) = -\dfrac{1}{2} + C = 0$ 에서 $C = \dfrac{1}{2}$

따라서 $\ln f(x) = -\dfrac{1}{2x}\ln x - \dfrac{1}{2x} + \dfrac{1}{2}$ 이므로

$$\ln f(e) = -\frac{1}{2e} - \frac{1}{2e} + \frac{1}{2} = \frac{1}{2} - \frac{1}{e}$$

답 ③

> **참고**
>
> $\displaystyle\int \frac{\ln x}{2x^2}dx$ 에서 $u(x) = \ln x$, $v'(x) = \dfrac{1}{2x^2}$ 이라 하면
>
> $u'(x) = \dfrac{1}{x}$, $v(x) = -\dfrac{1}{2x}$ 이므로 부분적분법에 의하여
>
> $\displaystyle\int \frac{\ln x}{2x^2}dx = -\frac{1}{2x}\ln x + \int \frac{1}{2x^2}dx$

234

$f(x) = \displaystyle\int_0^x (t-a)e^t dt$ 의 양변을 x 에 대하여 미분하면

$f'(x) = (x-a)e^x$

방정식 $f'(x) = 0$ 의 해는 $x = a$ 뿐이고 $(\because\ e^x > 0)$

$x = a$ 의 좌우에서 $f'(x)$ 의 부호가 음에서 양으로 바뀌므로

함수 $f(x)$ 는 $x = a$ 에서 극소이면서 최소이다.

$$g(a) = f(a) = \int_0^a (t-a)e^t dt$$

$$= \left[(t-a)e^t\right]_0^a - \int_0^a e^t dt$$

$$= a - \left[e^t\right]_0^a = a + 1 - e^a$$

$$g'(a) = 1 - e^a$$

$g(k) = g'(k)$에서

$$k + 1 - e^k = 1 - e^k$$

$$\therefore \ k = 0$$

답 ③

235

$\displaystyle\int_1^9 \frac{g(\sqrt{x})}{\sqrt{x}}dx$에서 $\sqrt{x} = s$로 놓으면

$\dfrac{1}{2\sqrt{x}} = \dfrac{ds}{dx}$이고 $x = 1$일 때 $s = 1$, $x = 9$일 때

$s = 3$이므로

$$\int_1^9 \frac{g(\sqrt{x})}{\sqrt{x}}dx = \int_1^3 2g(s)ds = 2\int_1^3 g(s)ds$$

함수 $f(x)$가 양의 실수 전체의 집합에서 미분가능하고
$f'(x) > 0$이므로 두 함수 $y = f(x)$, $y = g(x)$의
그래프의 개형은 다음 그림과 같이 생각할 수 있다.

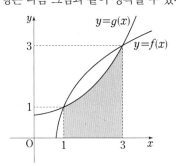

이때 $\displaystyle\int_1^3 g(s)ds$의 값은 색칠한 부분의 넓이를 의미하므로

조건 (가), (나)에 의하여

$$\int_1^3 g(s)ds = 3 \times 3 - 1 \times 1 - \int_1^3 f(s)ds$$

$$= 9 - 1 - 5 = 3$$

$$\therefore \int_1^9 \frac{g(\sqrt{x})}{\sqrt{x}}dx = 2\int_1^3 g(s)ds = 2 \times 3 = 6$$

답 6

236

$\displaystyle\int_{-1}^1 f\left(\dfrac{x}{t}\right)dx$에서 $\dfrac{x}{t} = s$로 놓으면 $\dfrac{1}{t} = \dfrac{ds}{dx}$이고

$x = -1$일 때 $s = -\dfrac{1}{t}$, $x = 1$일 때 $s = \dfrac{1}{t}$이므로

$$\int_{-1}^1 f\left(\frac{x}{t}\right)dx = \int_{-\frac{1}{t}}^{\frac{1}{t}} tf(s)ds = t\int_{-\frac{1}{t}}^{\frac{1}{t}} f(s)ds$$

따라서 $t\displaystyle\int_{-\frac{1}{t}}^{\frac{1}{t}} f(s)ds = t\sin\dfrac{1}{t}$이고 $t \neq 0$이므로

$$\int_{-\frac{1}{t}}^{\frac{1}{t}} f(s)ds = \sin\frac{1}{t}$$

위의 식의 양변을 t에 대하여 미분하면

$$-\frac{1}{t^2}f\left(\frac{1}{t}\right) - \frac{1}{t^2}f\left(-\frac{1}{t}\right) = -\frac{1}{t^2}\cos\frac{1}{t}$$ 참고

$$\therefore \ f\left(\frac{1}{t}\right) + f\left(-\frac{1}{t}\right) = \cos\frac{1}{t}$$

위의 식의 양변에 $t = \dfrac{3}{\pi}$을 대입하면

$$f\left(\frac{\pi}{3}\right) + f\left(-\frac{\pi}{3}\right) = \cos\frac{\pi}{3} = \frac{1}{2}$$

답 ④

참고

$\displaystyle\int_{-\frac{1}{t}}^{\frac{1}{t}} f(s)ds$에서 $f(s)$의 한 부정적분을 $F(s)$라 하면

$$\int_{-\frac{1}{t}}^{\frac{1}{t}} f(s)ds = F\left(\frac{1}{t}\right) - F\left(-\frac{1}{t}\right)$$

따라서 $F\left(\dfrac{1}{t}\right) - F\left(-\dfrac{1}{t}\right)$을 t에 대하여 미분하면

$$F'\left(\frac{1}{t}\right) \times \left(-\frac{1}{t^2}\right) - F'\left(-\frac{1}{t}\right) \times \frac{1}{t^2} = -\frac{1}{t^2}f\left(\frac{1}{t}\right) - \frac{1}{t^2}f\left(-\frac{1}{t}\right)$$

237

$\displaystyle\int_0^{g(x+1)} f(t)dt = xe^x$의 양변을 x에 대하여 미분하면

$$\frac{d}{dx}\int_0^{g(x+1)} f(t)dt = (x+1)e^x$$

$f(t)$의 한 부정적분을 $F(t)$라 하면

$$\frac{d}{dx}\left[F(t)\right]_0^{g(x+1)} = \frac{d}{dx}\{F(g(x+1)) - F(0)\}$$

$F'(g(x+1))g'(x+1) = (x+1)e^x$

$f(g(x+1))g'(x+1) = (x+1)e^x$ ......㉠

함수 $f(x)$의 역함수가 $g(x)$이므로 $f(g(x)) = x$에서

$f(g(x+1)) = x+1$

위의 식을 ㉠에 대입하면

$g'(x+1) = e^x$

$\therefore g'(x) = e^{x-1}$

$\therefore g(x) = e^{x-1} + C$ (C는 적분상수)

이때 방정식 $g(x) = 0$의 해가 존재하므로 $g(\alpha+1) = 0$인 α에 대하여

$$\int_0^{g(\alpha+1)} f(t)dt = \int_0^0 f(t)dt$$
$$= \alpha e^\alpha = 0$$

$\therefore \alpha = 0$ ($\because e^\alpha > 0$)

따라서 $g(1) = e^0 + C = 0$이므로 $C = -1$

$\therefore g(x) = e^{x-1} - 1$

$\therefore g(5) = e^4 - 1$

답 ③

238

곡선 $y = 2^x$을 x축에 대하여 대칭이동시키면 $y = -2^x$이고 이를 y축의 방향으로 4만큼 평행이동시키면

$y = -2^x + 4$이다.

곡선 $y = -2^x + 4$는 점 $(2, 0)$을 지나므로 직선 l의 방정식은 $x = 2$이다.

두 곡선 $y = 2^x$, $y = -2^x + 4$는 점 $(1, 2)$에서 만난다.

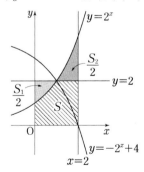

이때, 두 곡선 $y = 2^x$, $y = -2^x + 4$는 서로 직선 $y = 2$에 대하여 대칭이므로

곡선 $y = 2^x$와 x축, y축, 직선 $x = 2$, 직선 $y = 2$로 둘러싸인 부분의 넓이를 S라 하면

$$\frac{S_2}{2} - \frac{S_1}{2} = \left(\frac{S_2}{2} + S\right) - \left(\frac{S_1}{2} + S\right)$$
$$= \int_0^2 2^x dx - 2 \times 2$$
$$= \frac{3}{\ln 2} - 4$$

이므로 $S_2 - S_1 = \dfrac{6}{\ln 2} - 8$이다.

$\therefore m + n = 6 + 8 = 14$

답 14

239

조건 (가)에서 $0 < x < 1$일 때 $f(x) = e^{-x+1} - 1$이므로

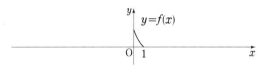

조건 (나)에서 곡선 $y = f(x)$는 y축에 대하여 대칭이므로

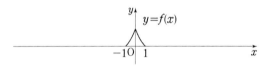

조건 (다)에서 곡선 $y = f(x)$는 점 $(1, 0)$에 대하여 대칭이므로

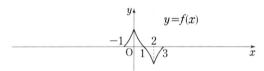

다시 조건 (나)에 의하여

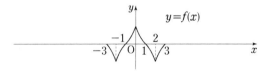

다시 조건 (다)에 의하여

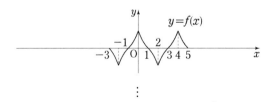

$\vdots$

따라서 닫힌구간 $[-10, 10]$에서 함수 $y = f(x)$의 그래프는 다음과 같다.

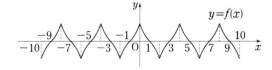

$$\int_0^1 f(x)dx = \int_0^1 (e^{-x+1}-1)dx$$

$$= \left[-e^{-x+1}-x\right]_0^1 = e-2$$

따라서 $-10 \le x \le 10$일 때

$$\int_0^x f(t)dt = e-2$$를 만족시키는 x의 값은

$-7, -3, 1, 5, 9$이므로

모든 해의 합은 $(-7)+(-3)+1+5+9 = 5$

답 5

240

조건 (가)에서

$$\int f''(2x)dx = -\pi \int f(x)f'(x)dx$$

$$= -\frac{\pi}{2}\int 2f(x)f'(x)dx$$

$$= -\frac{\pi}{2}\{f(x)\}^2 + C_1 \text{ (단, } C_1 \text{은 적분상수)}$$

이때 $f''(2x)$의 한 부정적분은 $\frac{1}{2}f'(2x)$이므로

$$\int f''(2x)dx = \frac{1}{2}f'(2x) + C_2 \text{ (단, } C_2 \text{는 적분상수)}$$

따라서 $-\frac{\pi}{2}\{f(x)\}^2 + C_1 = \frac{1}{2}f'(2x) + C_2$에서

$$\{f(x)\}^2 = -\frac{1}{\pi}f'(2x) + C \text{ (단, } C \text{는 적분상수)} \quad \cdots\cdots \text{㉠}$$

한편, 조건 (나)에서 $f(0) = 0$, $f'(0) = \frac{\pi}{2}$이므로

㉠에 $x = 0$을 대입하면 $C = \frac{1}{2}$

$$\therefore \pi \int_0^{\frac{1}{2}} \{f(x)\}^2 dx = \pi \int_0^{\frac{1}{2}}\left\{-\frac{1}{\pi}f'(2x) + \frac{1}{2}\right\}dx$$

$$= \int_0^{\frac{1}{2}}\left\{-f'(2x) + \frac{\pi}{2}\right\}dx$$

$$= \left[-\frac{1}{2}f(2x) + \frac{\pi}{2}x\right]_0^{\frac{1}{2}}$$

$$= -\frac{f(1)-f(0)}{2} + \frac{\pi}{4}$$

$$= -\frac{1-0}{2} + \frac{\pi}{4} = \frac{\pi-2}{4}$$

답 ②